云南家蚕种质资源与育成推广品种

● 董占鹏　廖鹏飞　主编

中国农业科学技术出版社

图书在版编目（CIP）数据

云南家蚕种质资源与育成推广品种 / 董占鹏，廖鹏飞主编 . -- 北京：中国农业科学技术出版社，2024.1

ISBN 978-7-5116-6617-8

Ⅰ.①云⋯　Ⅱ.①董⋯②廖⋯　Ⅲ.①家蚕—种质资源—云南
Ⅳ.① S882.1

中国国家版本馆 CIP 数据核字（2023）第 233488 号

责任编辑	崔改泵
责任校对	李向荣
责任印制	姜义伟　王思文

出 版 者	中国农业科学技术出版社
	北京市中关村南大街 12 号　　邮编：100081
电　　话	（010）82109194（出版中心）　（010）82106624（发行部）
	（010）82109709（读者服务部）
网　　址	https://castp.caas.cn
经 销 者	各地新华书店
印 刷 者	北京建宏印刷有限公司
开　　本	210 mm×285 mm　1/16
印　　张	19.5
字　　数	498 千字
版　　次	2024 年 1 月第 1 版　2024 年 1 月第 1 次印刷
定　　价	298.00 元

贵挥种质资源优势为新

时期云南蚕桑高质量发

展作出新贡献

向仲怀书

二〇二三年十二月十四日于嘉华宫

《云南家蚕种质资源与育成推广品种》
编委会

主　　编：董占鹏　廖鹏飞

副 主 编：刘　敏　朱红涛　罗顺高　朱水芬

参编人员：李继娅　李琼艳　李　涛　吴克军

　　　　　陈　松　杨　文　白红英　范永慧

　　　　　陈海佺　刘增虎　杨伟克　胡昌雄

　　　　　黎勇谋　罗智明　李　刚　刘建波

　　　　　杨继芬　杨　海　白兴荣　王永生

　　　　　白　旭　邓　欢　骆红莲　普秀珍

　　　　　姚琼莲　李　红　黄俊荣

编写单位：云南省农业科学院蚕桑蜜蜂研究所

主编简介

董占鹏，云南省玉溪市江川区人，研究员，博士，云南省技术创新人才，硕士生导师。现为云南省农业科学院蚕桑蜜蜂研究所所长、云南省现代农业蚕桑产业技术体系首席科学家、云南蚕桑育种与高效生产工程研究中心主任，兼任中国蚕学会副理事长、国家畜禽遗传资源委员会蚕专业委员会委员、云南蚕学会理事长、云南省作物学会理事。1991年毕业于西南农业大学蚕学专业，获农学学士学位，2002年获西南农业大学特种经济动物饲养专业农学硕士学位，2011年获  西南大学博士学位。1991年本科毕业后一直在云南省农业科学院蚕桑蜜蜂研究所工作，主要研究方向为蚕种质资源收集、改良、评价利用和家蚕品种选育与示范推广。先后主持和参与云南省重大科技专项、云南省科技攻关项目、云南省国际合作项目、云南省农业生物技术重点实验室开放基金资助项目、云南省自然科学基金项目、国家茧丝绸发展风险基金项目、国家科技基础性工作专项、国家公益性行业（农业）科研专项、国家自然科学基金项目、国家蚕桑产业技术体系等项目30余项。主持育成春用雄蚕品种2个和强健性家蚕品种2个，引进筛选夏秋用雄蚕品种2个，参与育成家蚕春秋用品种8个、细纤度雄蚕品种1个，获国家审定家蚕品种2个，省级审定（鉴定）家蚕品种8个，良种累计推广应用150余万张，农业产值超10亿元；获得9项专利，参与制定6项省级地方标准；研究成果3次获云南省科学技术进步奖三等奖；发表科技论文50余篇，SCI论文5篇；主编论著1部；培养硕士研究生4名，培训人员3000余人；主导开展了23项技术创新与集成，推动6项技术集成与示范推广应用，辐射带动桑园面积80万余亩，新增产值超过亿元。

廖鹏飞，男，汉族，1973年10月生，四川中江人，研究员。1999年7月毕业于西南农业大学蚕学专业，2011年获中国农业科学院农业推广硕士学位。现为云南省现代农业蚕桑产业技术体系家蚕育种与繁育研究岗位专家，主要从事家蚕种质资源的保存创新、遗传育种及家蚕新品种试验示范等工作。主持或参与国家自然科学基金、云南省科技厅重点新产品科技计划及云南省商务厅茧丝绸产业发展等10余项项目的研发。创建性连锁平衡致死系、限性斑纹、限性茧色、彩色茧、3眠蚕和转蜘蛛丝基因等多种特色家蚕育种素材50余份，主持或参与育成特殊用途雄蚕品种3对、斑纹双限性品种2对、抗NPV家蚕品种1对、高产优质常规家蚕品种3对，示范推广育成品种20余万张；研究制定云南省地方标准6个；研制并熟化应用专养雄蚕技术1套；获云南省科学技术进步奖三等奖2项；获发明专利授权3项、实用新型专利授权5项；主编专著1部，参编专著2部；发表期刊论文60余篇，其中SCI收录2篇。

副主编简介

刘敏，女，1975 年生，副研究员。2000 年毕业于西南农业大学蚕学专业，获农学学士学位；2007 年 7 月毕业于西南大学细胞生物学专业，获理学硕士学位。主要从事家蚕遗传育种、养蚕技术等研究。获全国农牧渔业丰收奖、云南省科学技术奖等奖项 3 项，以第一作者或通讯作者发表核心期刊论文 6 篇，SCI 论文 1 篇，参编口袋书 1 本，参编专著 1 部，参与制定地方标准 8 项，获得专利 5 项。主持选育的云蚕 11 号为云南省首个通过国家审定的家蚕品种，选育了云南省第一对抗 BmNPV 家蚕品种云抗 1 号。培训科技人员及蚕农上万人次。

朱红涛，本科，助理研究员，中国蚕学会和云南省蚕学会会员。现从事家蚕种质资源收集保存、遗传育种、优良家蚕品种繁育与试验推广工作。参与国家自然科学基金、云南省科技厅重点新产品科技计划及现代农业蚕桑产业技术体系专项等项目的研究应用，创建了特殊斑纹、彩色茧、长蛹龄和 3 眠蚕等各具特色的育种素材 10 余份，参与完成云夏 3× 云夏 4、云蚕 11 号和云抗 2 号等多种类型的优良家蚕新品种选育工作。获得专利授权 3 项，在学术期刊发表论文 10 余篇。

罗顺高，四川攀枝花人，高级实验师。1996 年 7 月毕业于西南大学蚕丝学院丝绸工程专业，2010 年 7 月获得云南农业大学蚕学本科学历。参加工作以来，主要从事家蚕饲养，缫丝工艺设计，生丝质量检测，生丝质量管理，桑蚕干茧质量检测及家蚕品种选育工作。参与育成镇 781× 红平 6、云蚕 11 号和云抗 2 号等多对家蚕新品种，发表期刊论文 30 余篇，制定颁布云南省地方标准 2 项。

朱水芬，副研究员，大学本科。在云南省农业科学院蚕桑蜜蜂研究所从事家蚕品种选育及家蚕种质资源保存工作。作为主要执行人参与家蚕品种云松 × 云月、蒙草 × 红云、云蚕 9 号、雄蚕品种蒙草 × 红平 4 的选育工作，其中云松 × 云月、云蚕 9 号获云南省科学技术进步奖三等奖。以第一作者或参与发表论文 30 余篇。参与制定云南省地方标准 2 个，技术规程 1 个。2016—2023 年期间，多次主持执行省科技厅"三区""特派员"项目。建立家蚕人工饲料中间材料 50 份，通过饲料育定向筛选，选育出人工饲料专用品种 1 对。向云南省主要蚕区推广人工饲料育饲养技术 1 项，培训云南省主要蚕区技术骨干 30 余人。

序

　　云南的地形地貌复杂，立体气候明显，适宜动植物繁衍生存，动植物种类和数量多，是世界上生物遗传多样性最丰富的地区之一，有"动植物王国"的称号。蚕种质资源也非常丰富，有家蚕、野桑蚕和大蚕蛾科的琥珀蚕、柞蚕、柳蚕和乌桕蚕等多种类型，其中以家蚕种质资源保存的数量最多，在形态、生理生化、基因和蛋白质组等方面呈现出丰富的遗传多样性。种质资源携带有丰富多样的生物遗传信息，通常以地方品种、育成品种或有特殊性状的遗传材料等形式呈现，具有实际或潜在的应用价值。种质资源是现代生物科技的核心要素，是现代种业的基础，是一个国家的战略资源，其开发和利用能力及水平成为支撑国家经济发展不可或缺的重要条件，直接关系到种业创新和国民经济的可持续发展。蚕的驯化饲养是我国古代劳动人民的伟大创造，历经5 000余年的历史，孕育了丰富的种质资源，为开展遗传学、生物育种学和现代生物技术研究奠定了物质基础。经过多代家蚕种质资源保存创新工作者的努力，云南现保存有300余份家蚕种质资源，经过多年的研究积累，建成了家蚕种质资源数据库并实现了共享，为有效保存和高效利用家蚕种质资源奠定了重要的数字信息基础。

　　种业是农业的"芯片"，品种是农业生产的根基，云南自20世纪五六十年代着手家蚕品种的引进和选育工作，采用现代生物技术和传统遗传育种手段，现已育成高产优质、强健抗逆、抗BmNPV以及雄蚕等多种类型的家蚕品种，适应了蚕业发展过程中对不同家蚕品种性状的需求，对提高云南蚕茧产量和质量起到了重要作用。为进一步发挥云南优质蚕茧基地的优势，云南还从江苏、四川和浙江等地引进了许多育成品种，从而促进了云南蚕业的持续发展，云南的桑园面积和蚕茧产量现已跃居全国第3位，云南的家蚕品种选育与引进推广经验，可为其他省份提供借鉴。

　　近年来，我曾多次到过云南家蚕种质资源保存单位——云南省农业科学院蚕桑蜜蜂研究所，了解到他们保存有较多数量和规模的蚕种质资源，以及所采用的规范保存创新技术手段而感到欣慰。为充分保存好、利用好家蚕种质资源，为蚕桑产业提供优良的种质保障，云南省农业科学院蚕桑蜜蜂研究所家蚕遗传育种与应用创新团队将收集、保存和创新形成的家蚕种质资源从来源、生物学性状、生产性状和繁殖性能等方面的信息以列表的形式进行汇总，便于蚕业工作者查阅参考，找到适合的家蚕种质资源开展品种选育和基础应用研究工作所需的素材。云南蚕区分布较广，而当前使用的家蚕品种数量多，为便于蚕桑生产工作者筛选到符合当地气候和区域的适宜品种，将云南自主育成和引进试验推广的家蚕品种性状进行了详细列示。云南省农业科学院蚕桑蜜蜂研究所家蚕遗传育种与应用创新团队依托"国家现代农业蚕桑产业技术体系""向仲怀院士工作站""云南省现代农业蚕桑产业技术体系"和"云南省蚕桑育种及高效生产工程研究中心"等平台项目的支持，将云南保存的家蚕种质资源的性状特点、不同历史时期育成与引进试验推广的优良家蚕品种的育成经过和品种特性汇编成《云南家蚕种质资源与育成推广品种》，对推动云南家蚕种质资源和育成推广品种的高效利用、促进云南蚕桑业持续稳定发展具有较强的实践意义。

　　《云南家蚕种质资源与育成推广品种》共分 5 个章节，介绍了云南家蚕种质资源收集保存和创新利用的进展情况、家蚕种质资源性状、不同历史阶段推广的家蚕品种、云南育成品种和从省外引进推广的家蚕品种性状，对云南从事家蚕种质资源保存创新和品种选育应用取得的科研成果进行了较为系统、全面的展示，是一部综合记载云南家蚕种质资源和生产上推广使用蚕品种数据资料的著作，也是一部为广大育种和蚕桑生产工作者提供专业资料的参考书籍，通过交流、合作开展家蚕种质资源的利用研究，提高育成家蚕品种的效率和品质，使企业和广大蚕农在家蚕新品种的优良性状利用中获益，谱写云南家蚕种质资源研究和利用的新篇章。我相信，本书不仅是云南家蚕种质资源最为经典的专著，也是蚕桑领域重要的种质资源著作之一，对全国蚕种质资源的保存、开发、利用具有十分重要的价值和意义。为此，乐以为序。

鲁　成

西南大学教授

中国蚕学会名誉理事长

原国家现代农业蚕桑产业技术体系首席科学家

2023 年 12 月 5 日

前　言

云南地处低纬高原，属立体气候类型，年温差小、昼夜温差大，是栽桑养蚕的理想之地。据史料记载，云南的蚕桑业始于西汉时期，丝绸文化源远流长，曾经的"赵州丝""永昌绸"和"滇缎"享有较高的声誉，是云南蚕桑生产发展史上的三张名片。经过历朝历代的持续发展，尤其是20世纪初的东桑西移后，云南的蚕桑生产发展速度较快。目前，云南的桑园面积和鲜茧产量均位居全国第3位，年产值达60余亿元，对农民增收、企业增效和绿色生态发挥了重要作用。

家蚕种质资源是携带着家蚕基因信息的载体，是开展家蚕遗传育种和生物科技研究的重要物质基础，其保存的数量和遗传多样性是影响现代种业发展的重要因素，直接关系到蚕种业的创新发展和蚕业科技的进步。1938年，随着抗日战争期间沿海地区蚕桑科研机构、学校、企业的内迁来滇和云南蚕桑事业的复兴，云南开始从浙江、江苏、山东和四川等地引进二化性家蚕品种，尤其是1953年在蒙自草坝成立家蚕选种站后，对当时的家蚕地方品种进行了收集、整理，同时对引进品种进行了保留保存，从此开启了云南家蚕种质资源的收集保存研究工作。近一个世纪以来，一辈又一辈的育种工作者通过收集、引进、系统保存和创新，逐渐积累了300余份家蚕种质资源，为育成适合云南气候特点的家蚕品种奠定了丰富的种质基础。

为充分认识家蚕种质资源的性状特点，云南省农业科学院蚕桑蜜蜂研究所作为云南家蚕种质资源的保存单位，陆续开展了家蚕种质资源的形态性状、生理生化和品质性状等调查，以及适应性、繁殖和产量等生产性能的测定工作，并对部分特殊性状进行了遗传分析和定位克隆研究，获得了大量的数据资料，完成了家蚕种质资源的来源、经济性状、生物学特性等的标准化整理和数字化表达，建成了"云南家蚕种质资源数据库"并实现数据共享，为有效保存和高效利用家蚕种质资源奠定了重要的数字信息基础。从20世纪50年代开始，云南省农业科学院蚕桑蜜蜂研究所利用收集保存的家蚕种质资源开展了育种素材创新和品种选育工作，先后育成通过省级审定或鉴定的家蚕品种19对，国家审定2对，同时从省外引进菁松×皓月为代表的20余对优良的家蚕品种，这些育成与引进的家蚕品种在云南蚕区推广应用，促进了云南蚕桑业的持续发展，为云南实现脱贫攻坚和乡村振兴发挥着重要作用。

农业现代化，种子是基础，种源安全、可控和创新利用事关产业高质量发展战略。为加强家蚕种质资源的收集保存研究，促进家蚕种质资源的高效利用，充分发挥育成与引进家蚕品种的增产潜能，通过总结多年对家蚕种质资源研究的积累成果，以云南省保存的家蚕种质资源和育成推广品种为基础，编撰形成《云南家蚕种质资源与育成推广品种》。本书收录了地方品种、引进品种、育成品种和遗传材料等多种类型的300余份家蚕种质资源，以及云南育成推广的19对家蚕品种和从省外引进推广的20余对家蚕品种。以图表的形式对家蚕种质资源的类型、生物学特征和生产性状进行了定性或定量描述，并对部分特色种质资源进行了配图，为开展家蚕种质资源研究利用的同行筛选到符合目标要求的品种（系）奠定了数据基础。对云南选育和引进推广的主要家蚕品种，从选育方法、选育经过、原种性状、杂交种性状和生产性能等多个方面进行详细描述，从事蚕桑生产的人员能够方便快捷地筛选到符合本地饲养的家蚕品种。本书以图文并茂的方式，言简意赅的表格，向蚕桑产业从业者和研究人员展示了云南家蚕种质资源研究利用取得的成果，为开展遗传学和生物学研究提供了丰富的数据信息，对有效利用家蚕种质资源的遗传多样性开展多元化的家蚕品种选育具有十分重要的意义，是一本具有较高价值的参考书籍。

本书旨在为读者提供有益的信息和启示，帮助大家更深入地了解云南家蚕种质资源与育成品种的特征特性和应用价值，为保护和利用好这些宝贵种质，推广和应用好这些优良品种作出贡献。在本书撰写过程中，查阅了大量的书籍和论文资料，引用了其中的部分文字或数据，请原作者给予理解和支持！部分资料因历史原因而存在漏收现象，部分数据调查不全，加之编者水平有限，本书的系统性、完整性和准确性方面尚有不足，恳请同行给予谅解，提出补充和指正意见。

云南家蚕种质资源的研究工作长期获得云南省科技厅、商务厅、农业农村厅和发展改革委员会等政府部门的项目支持和"国家蚕桑产业技术体系"、"向仲怀院士工作站"、"云南省现代农业蚕桑产业技术体系"、"云南蚕桑育种及高效生产工程研究中心"等平台项目的资助，本书涉及的大量家蚕种质资源和育成推广品种来源于西南大学、苏州大学、中国农业科学院蚕业研究所、浙江省农业科学院蚕桑与茶叶研究所、四川省农业科学院蚕业研究所、湖南省蚕桑研究所、广东省农业科学院蚕业与农产品加工研究所等单位，本书的编撰得到了许多领导、同行和同事的专业指导和宝贵建议，以及中国农业科学技术出版社编辑团队的修改完善，在此一同表示衷心感谢。

编者

2023 年 10 月 16 日

目　录

第三章 云南不同历史阶段推广应用的家蚕品种 194

第四章 云南育成的家蚕品种性状 197

第五章 云南引进推广的家蚕品种性状 244

参考文献 293

第一章 云南家蚕种质资源收集保存及创新利用

家蚕种质资源的收集、保存和研究利用是家蚕遗传育种学领域一项极为重要的基础性工作，资源收集越多、生物遗传多样性越丰富，育种的成效越显著，更能提升种业自主创新能力，促进种业的健康发展，实现优良蚕种的供给能力。作为育种工作者，在对家蚕种质资源进行保存的同时，尚需开展形态学、遗传学、生理学、分子生物学等方面的深入研究，采用分子标记、转基因等新型育种手段与方法，创建新的特色种质资源，为家蚕种质资源的高效利用奠定基础。

 一　云南家蚕种质资源收集保存概况

蚕桑生产在云南的历史可以追溯到西汉时期，孕育了丰富的家蚕种质资源。云南在20世纪30年代以前以多化性的自留家蚕土种为主，1938年，随着抗日战争期间沿海地区蚕桑科研机构、学校、企业的内迁来滇和云南蚕桑事业的复兴，开始从浙江、江苏、山东和四川等地引进洽桂、华5、华6、西皓等二化性家蚕品种。1950年云南家蚕种质资源的收集保存工作取得较大进展，尤其是1953年在蒙自草坝成立家蚕选种站后，不仅对当时的家蚕地方品种进行了收集、整理，同时对引进品种进行了系统整理保存。1960—1969年从华东引进镇字号、苏字号家蚕品种。1970—1990年主要引进6字号、7字号和8字号家蚕品种等30余份。1990—2000年分别从中国农业科学院蚕业研究所（简称中国蚕研所）及浙江、四川、重庆、湖南、广东等地引进57A、57B、24、46、浙蕾、春晓、夏芳、秋白、芙蓉、湘晖、两广二号等家蚕品种资源。1998—1999年从日本引进山河、锦秀等7个家蚕品系。2001—2010年从湖南引进夏秋用斑纹限性家蚕品系洞、庭、碧、波，从浙江省农业科学院蚕桑研究所引进家蚕性连锁平衡致死系5份、限性卵色材料卵21和卵22，从中国农业科学院蚕业研究所引进抗逆性较强的家蚕日系斑纹限性材料日新A和日新B。2011年从中国农业科学院蚕业研究所引进苏N、菊N和虎N等抗BmNPV的优质家蚕品种资源4份，从苏州大学引进家蚕资源大造，并完成引进资源的性状观察、数据收集等工作。2014年从广东省农业科学院蚕业与农产品加工研究所引进含多化性血缘的家蚕种质资源8份。2015年从西南大学引进茶斑、红色卵和大卵家蚕资源3份。近年来，从江苏、湖南、重庆和陕西等地引进抗逆性或特殊性状的家蚕种质资源10余份。目前，云南省有家蚕种质资源300余份，保存在云南省农业科学院蚕桑蜜蜂研究所（以下简称云南蚕蜂所）内，涵盖卵色、幼虫斑纹体色、茧色和蛹色等不同生物学性状的遗传材料、突变材料和育成品种等多种类型（图1），为开展家蚕遗传育种、病虫害防控和生物学研究等提供丰富的种质基础。

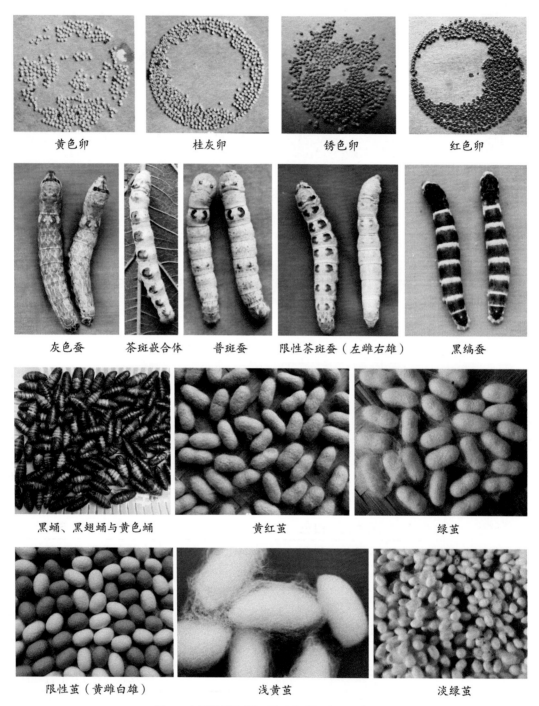

图 1　家蚕种质资源不同形态特征类型（部分）

　　2008 年云南省农业科学院蚕桑蜜蜂研究所与中国农业科学院蚕业研究所合作，以《家蚕种质资源描述规范》为依据，完成了所保存家蚕种质资源的来源、经济性状、生物学特性等的标准化整理和数字化表达。2016 年云南省农业科学院蚕桑蜜蜂研究所建设完成"云南家蚕种质资源数据库"并实现数据共享，为有效保存和高效利用家蚕种质资源奠定了重要的数字信息基础。

（五）家蚕突变性状的发现与研究

在家蚕种质资源的继代保存过程中，发现红色卵致死突变（Fuyin-lre）、新竹蚕（7532TL-M）和大卵（Yun7^{Ge}）新突变材料 3 份（图 4），开展了性状调查、遗传分析和定位克隆等研究。

新红卵致死突变 Fuyin-lre 的蚕卵呈现红色且具有胚胎期致死性，表现特征与已研究报道的红卵突变 re、ci、re^p、re^c、b-4、ru 等存在明显的差异而与 re^l 相似，Fuyin-lre 系统出现全紫褐色卵、紫褐色卵与红色卵并存的 2 种蛾区，紫褐色卵能正常孵化发育，而红色卵稍透明，常会出现不规则的条状或块状的黑斑，胚胎发育至丙₁时，停止发育不孵化（图 4）。Fuyin-lre 系统与 P50 杂交 F₁ 代均为紫褐色卵，F₂ 代与 BC₁ 代出现紫褐色卵：红色卵为 3∶1 的突变蛾区，所有紫褐色卵能正常孵化发育而红色卵不孵化；Fuyin-lre 系统与 re 的 F₁、F₂ 和 BC₁ 均会出现红色卵突变蛾区，依交配方式的不同，突变蛾区中有全红色卵、1/2 红色卵和 1/4 红色卵等多种表现形式，其中红色卵存在正常孵化、孵化 1/2 或孵化 3/4 等差异。Fuyin-lre 突变发生于 re 基因所在的第 5 染色体上，受隐性基因控制，纯合致死，遵循孟德尔遗传规律。通过比较分析野生型和突变体胚胎不同发育阶段的差异表达基因（DEGs）发现，红卵基因 re（BGIBMGA003497-1）的结构变异是导致 Fuyin-lre 中红卵性状的直接原因。Fuyin-lre 的胚胎致死率可能与红卵基因 re 密切相关的 8 个基因的沉默有关。

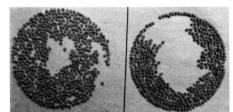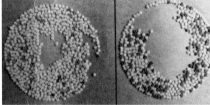

紫褐色卵与红色卵分离　　　　　红色卵致死不孵化　　　　红卵胚胎

图 4　新红卵致死突变 Fuyin-lre

新竹蚕变体 7532TL-M 卵形卵色表现与正常蚕 7532TL 相似，均为短椭圆形，刚产出时卵色淡黄，随着时间的推移，逐渐显示为浅棕色、棕色直至紫褐色的固有色。新竹蚕变体 7532TL-M 的产卵数少、不受精卵粒数多，产附及卵质均较 7532TL 差。幼虫在 1 龄期不显现突变特征，2 龄至 5 龄眠起时未有突变特征显现，至中后期时部分个体逐渐显现腹节之间似竹节隆起的突变特征，在蚕眠或老熟时，部分个体的腹节之间隆起最为明显，突变特征蚕呈青灰色，类似于

图 5　新竹蚕 7532TL-M

轻度油蚕特征（图 5），而正常蚕为青白色。经遗传分析发现，7532TL-M 具有显性纯合致死现象，仅能以杂合体形式维持突变性状的延续，自交后代会发生正常型和突变型个体的分离。

大卵突变 Yun7^{Ge} 是在家蚕品种 Yun7 中发现的一个大卵突变体，与报道的大卵突变体 Ge 相比，Yun7^{Ge} 的卵形更大（图 6）。Yun7^{Ge} 的产卵数约为 Yun7 的 65%，孵化率仅 40% 左右。Yun7^{Ge} 的千粒卵粒重 0.900 8 g，较 Yun7 的 0.524 2 g 增加 71.84%。Yun7^{Ge} 的蚁蚕大小也较 Yun7 明显硕

大，但随着龄期的增加，二者的大小开差逐渐缩小，至上蔟时，二者的大小相近，蚕茧大小和全茧量无显著性差异。通过遗传分析，确定了控制大卵性状的目的基因位于 Z 染色体上。转录组结果显示，Z 染色体上含有植酰辅酶 a 双加氧酶结构域的蛋白 1（PHYHD1）被沉默，2 号染色体上的 25 个绒毛膜基因显著下调。序列分析表明，将包含 PHYHD1 在内的 73.5 kb 序列被一个 3.0 kb 的序列所取代。用 CRISPR/Cas9 敲除 PHYHD1 后，绒毛膜基因显著下调。因此，PHYHD1 的沉默导致了许多绒毛膜蛋白基因的下调，从而直接导致大卵的发生。

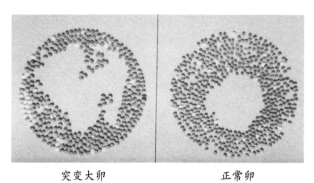

突变大卵　　　　　　　　正常卵

图 6　大卵突变 Yun7^{Ge}

（六）家蚕转基因研究

2002 年云南省农业科学院蚕桑蜜蜂研究所与厦门大学合作开展"应用转基因技术选育高抗高品位生丝家蚕品种的研究"，开展了转基因家蚕育种受体素材的筛选、抗性基因的筛选、抗菌肽基因的表达载体构建和转基因家蚕性能分析研究。将 6 种表达载体质粒 pMD-Fib-IE-EGFP、pMD-Fib-IE-EGFP-cecropinB、pMAR-IE-GFP、pMAR-IE-EGFP、pIE-DsRed 和 pα-Tub-DsRed 利用人工授精方法，2 种表达载体质粒 pMD-Fib-IE-EGFP、pMD-Fib-IE-EGFP-cecropinB 和 2 种转座子质粒 pBac［3×P3-EGFPafm］、pα-Tub-piggyBac 通过五龄蚕注射法导入家蚕中，通过筛选分析检测获得了 G$_0$、G$_1$ 代转基因阳性反应个体（图 7），对转基因家蚕进行生物学鉴定表明转基因家蚕杂交后代虫蛹生命率、万蚕产茧量均有提高，产卵量、孵化率、茧层率、茧丝长、解舒丝长、解舒率等经济性状均接近对照种，表明转抗菌肽基因家蚕的抗病性、抗逆性增强，对其他经济性状影响较小。

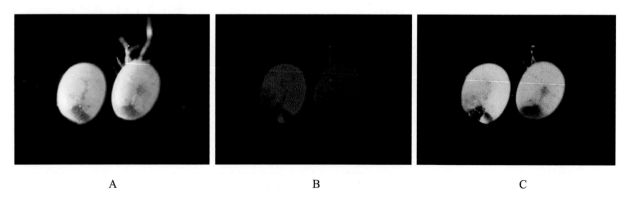

A　　　　　　　　　　　B　　　　　　　　　　　C

图 7　转 pMD-IE-RFP-MAR 质粒的家蚕卵

（各图像中左边为转 RFP 基因蚕卵，右边为对照组蚕卵。A：在正常光照下；B：在绿色激发光下；C：在蓝色激发光下）

蜘蛛丝是目前在自然界中发现的机械性能最好的天然蛋白纤维，其强度甚至高于用于制作防弹衣的凯夫拉纤维，在工业、医疗和国防中有广泛应用前景。因蜘蛛存在同类相食现象，难以进行规模化养殖，而家蚕具有繁殖速度快、饲养容易的特点，可以实现短时间内的大量养殖，通过转基因技术或者基因组编辑技术等，为家蚕吐蜘蛛丝实现量产提供了可能性。2014年云南省农业科学院蚕桑蜜蜂研究所与西南大学赵爱春教授团队合作研究转蜘蛛丝基因的转基因家蚕，以家蚕实用品种932为材料，将构建好的含有蜘蛛丝基因的转基因载体与辅助质粒一起注射进932母蛾刚产下的蚕卵，在辅助质粒的作用下将蜘蛛丝基因转移到家蚕基因组上，使其在家蚕体内表达（图8）。经过多代自交筛选，目前已纯化得到3种转基因家蚕，其中932-M1FG于2020年春继代繁育过程中因不结茧导致品种断代。而932-FM1和932-FM2的茧层量与全茧量分别高于野生型家蚕品种（932）25.99%、48.82%和7.05%、16.39%，但其茧层率较野生型提高幅度较小，分别提高1.36个和2.83个百分点。经茧丝断裂强度和断裂强伸率等物理特性的测定发现，转基因型较野生型略有提高，但差异不明显，通过后续的继续筛选，将有可能获得高出丝率、高强度茧丝的家蚕品系，为利用家蚕大量生产新型纤维材料奠定种质基础。

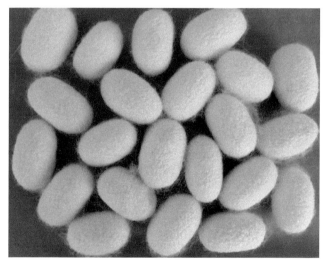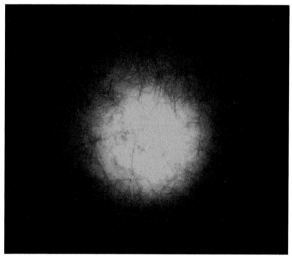

图8　带绿色荧光的转基因家蚕茧（右为荧光下的照片）

（七）利用分子标记分析家蚕种质资源亲缘关系

育种亲本亲缘关系是影响杂交优势的重要因素之一，通过配合力的测定虽能在一定程度上确定亲本的亲缘关系，但受饲料、气候和操作等的影响较大。刘增虎等（2016）以筛选的13条ISSR引物，从保存的44个家蚕品种的蛹基因组DNA中扩增得到116个条带，其中多态性条带98条，多态性比率为84.5%，表明44个家蚕品种间具有丰富的遗传多样性。44个家蚕品种间的遗传相似系数为0.517 2～0.905 2，平均遗传相似系数为0.711 2。基于品种间ISSR分子标记的遗传相似系数，采用UPGMA法进行聚类分析，供试品种首先按中系和日系形成两大类群，在遗传相似系数0.69处，两大类群又各自再分成2个组群。4个组群中，均是育种材料亲缘关系较近的品种聚在同一组群内（图9）。ISSR分子标记结果较好地揭示了云南蚕区44份家蚕品种资源之间的遗传差异和亲缘关系。通过ISSR分子标记技术分析的方法，可以较为准确地确定家蚕种质资源的亲缘关系，为家蚕种质资源的合理保存、利用及育种亲本选择提供依据。

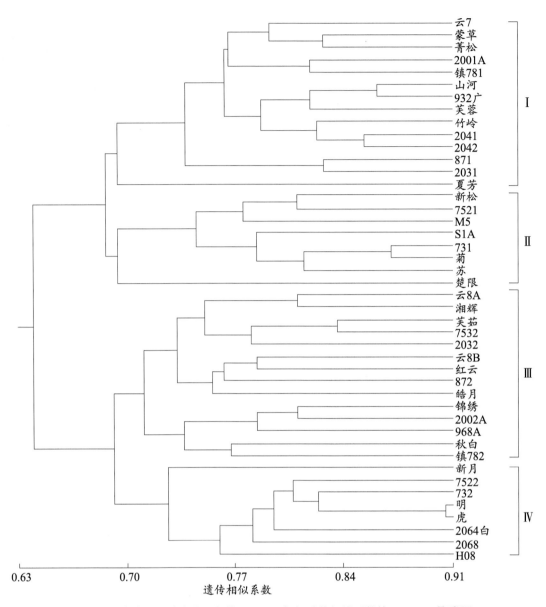

图 9　44 个家蚕品种（品系）基于 ISS R 标记遗传相似系数的 UPGMA 聚类图

三　家蚕种质资源的开发利用

对引进品种、地方品种和育成品种等种质资源进行长期的鉴定与评价后，采用系统育种、杂交育种和分子辅助育种等方法对家蚕种质资源进行开发利用。近几年来，利用现保存的品种资源已选育出多对适宜云南地区的春秋用多丝量品种、夏秋用强健性品种、斑纹限性、雄蚕品种和抗BmNPV 等多种类型家蚕品种，并在生产上陆续推广应用，对云南蚕桑业的持续发展起到了重要的促进作用。

（一）春秋用多丝量品种的选育

1955—1956 年，以瀛文禾、瀛翰本、华 10 正和华 8 等为亲本，组配瀛翰×华 8 和瀛文×华 10两对影响云南 20 余年的当家品种。20 世纪 60 年代组配 306×华 10 二元杂交种和东肥·671×华合三元杂交种；70—80 年代，开始利用 731、732、781、782 和 802 等优良家蚕种质资源，先后选育出滇 13×滇 14、781×802、云蚕 1×云蚕 2（滇蚕 1 号），分别获 1981 年、1984 年、1988 年云南省科学技术进步奖三等奖；90 年代，利用引进品种 781、826 和自育品种 M3、M5 等，先后育成云蚕 3×云蚕 4（滇蚕 2 号）、云蚕 5×云蚕 6（滇蚕 4 号）；利用从中国农业科学院蚕业研究所引进的 24、46，与本所保留的 9031、9042 进行组配、筛选和固定，育成云蚕 8，再利用引进的陕西省蚕桑丝绸研究所资源筛选出 57A×锦 6 优良组合，育成云蚕 7，其杂交组合云蚕 7×云蚕 8 为春用多丝量品种（滇蚕 3 号）。滇蚕 3 号是生命力强、茧丝质优、茧丝量多、配合力好、杂交优势较强的四元杂交种，成为云南省 20 世纪末至 21 世纪初的主要推广品种之一，2001 年获云南省科学技术进步奖三等奖。2000 年以来，先后选育出云松×云月、蒙草×红云、云蚕 9 号、云蚕 10 号和云蚕 11 号等春秋兼用品种 5 对，云松×云月于 2008 年获云南省科学技术进步奖三等奖，云蚕 11 号于 2022 年通过国家畜禽遗传资源委员会审定，是云南省第一个获得国家审定的家蚕新品种。

（二）夏秋用强健性品种的选育

云南有着独特的气候条件，高温多湿气候不突出，蚕的饲养期可从每年的 3 月中下旬至 11 月初，夏季室内高温 26～30 ℃（少数地区超过 30 ℃），选育的品种多数为春秋兼用种，一般可在春、夏、秋各个蚕期使用。因此，专门针对夏秋季选育的品种较少，目前仅选育有云夏 1×云夏 2 和云夏 3×云夏 4，适宜于鹤庆、祥云、保山、陆良及巧家等主要蚕区夏秋季推广应用。云夏 1×云夏 2 是 2000 年选育的夏秋用种，其亲本是利用茧丝量高的 792 白和 963 与体质强健的夏秋用种芙蓉、湘晖组配成四元杂交种，该品种具有容易饲养、体质强健、适应性强等特点，2003 年获云南省科学技术进步奖三等奖。云夏 3×云夏 4 以含多化性血缘的 7521、7522 和大茧形多丝量的 2064 白、S1A 为亲本，通过杂交、自交的方法，进行斑纹改造和性状改良，于 2016 年育成的一对耐高温多湿的夏秋用品种，具有抗逆性好、夏秋季产茧量稳定的特点，适宜在气候条件恶劣、环境条件较差的地区饲养，每年繁育推广一代杂交种 10 余万张，产生了显著的经济效益和社会效益。

（三）斑纹限性品种的选育

在蚕种生产制造过程中，削茧、雌雄蛹鉴别是时间性强、劳动力非常集中的两个重要环节，随着农村劳动力向城市转移，农业生产中劳动力缺乏的现象越来越突出。为了缓解劳动力使用紧张的局面，选育斑纹限性或茧色限性的品种，在蚕期或茧期高效、准确进行雌雄鉴别，是蚕品种选育的一个主要方向。2007 年，利用从中国农业科学院蚕业研究所引进的斑纹限性品系日新 A、日新 B 与云南保存的限性品系云 7A、795、731 等进行配合力测定后，组配出 2 对优势杂交组合——云限 1 号和云限 2 号。2013 年，以多丝量品种东肥、671 和含多化性血缘的 2032、2064 白及 20 世纪 80 年代发现的突变——黑蚕深为亲本，经杂交、回交和组配筛选后，获得高产优质的斑纹限性品种云蚕 10 号。2015 年，从西南大学引进茶斑系统，以菁松、皓月、云蚕 7 和云蚕 8 等为材料，进行能在家蚕幼虫 3 龄初期即可依茶斑斑纹的深浅准确分离雌雄性别的限性化改良，即早期雌雄性别鉴别系统的构建，经过多代回交和自交固定后，构建了早期雌雄性别鉴别系统 16 系，为选配新型的限性品种奠定了种质基础。

（四）雄蚕品种的选育

雄蚕具有强健好养、饲料效率高、出丝率高、茧丝品质优等特点，选育雄蚕品种实现专养雄蚕是提高茧丝品质和综合效益最为有效的途径。2006年，云南省农业科学院蚕桑蜜蜂研究所与浙江省农业科学院蚕桑研究所合作，引进家蚕性连锁平衡致死系平30、平48，采用回交改良的方法[专利号：ZL 01126809.3]，分别导入20世纪90年代育成的家蚕品种云蚕8和红云，2008年组配得到适合春秋季饲养的高产优质雄蚕品种云蚕7×红平2和蒙草×红平4，在云南、四川等地表现出强健好养、产量稳定、茧丝产量高、品质优等性状特点，于2013年通过四川省家蚕品种审定委员会审定。为获得细茧丝纤度雄蚕品种，2013年开始，廖鹏飞、董占鹏等采用雌回交法[专利号：ZL 201310328738.6]将红平2的家蚕性连锁平衡致死基因转移至夏秋用品种7532得到红平6，再将春用品种781限性化，组配得到含多化性血缘的二化性雄蚕品种——镇781×红平6，其主要特点是茧丝纤度细（约2.42dtex），符合蚕桑生产对细纤度茧丝的需要。雄蚕品种培育及产业化技术集成示范2023年获云南省科学技术进步奖三等奖。

（五）抗BmNPV品种的选育

由家蚕核型多角体病毒（Bombyx mori nucleopolyhedrovirus，BmNPV）感染引发的家蚕血液型脓病是目前云南蚕区最常见和危害最严重的家蚕病害，发病率在5%左右，严重的蚕区发病率高达12.8%以上，迫切需要抗BmNPV病毒的家蚕品种。2013年云南省农业科学院蚕桑蜜蜂研究所与中国农业科学院蚕业研究所合作，将抗病材料（N）的抗病基因通过杂交、回交和自交等手段转入春用品种苏、菊、明和虎之中，再辅以持续攻毒筛选，获得抗BmNPV品系苏N、菊N、明N和虎N，经组配得到适合云南各蚕期饲养的抗病品种云抗1号，因其较强的抗病性能和高产优质的茧丝特性，繁育推广量增长迅速，为实现蚕茧产量和质量的稳步提升奠定了抗病种源基础。

四 特殊种质资源的挖掘和创新

随着市场对茧丝多元化消费的需求，对资源进行挖掘和创新是目前育种工作的另一个重要任务。

（一）特殊种质的挖掘

为了挖掘高产卵量、高产茧量及不同丝质的种质资源，对云南省保存的所有种质资源进行了鉴定评价。在单项经济性状调查中，单蛾卵量超过550粒的品种有12份，茧层率达28%以上的有2份，全茧量在2g以上的有25份，茧丝长在1 200～1 400 m的品种有20余份，平均纤度在2.10～3.94 dtex，其中2.2 dtex以下的资源有4份，断强力在6.3～14 cN/dtex，断裂伸长率在17.8%～30.5%。断强力和断裂伸长不能通过杂交的方法改进提高，因此强力在12 cN/dtex以上、伸长率在25%以上的属强伸性能较好的品种资源，是培育强伸性能好的家蚕品种的基础。通过连续筛选和培育，可望建立各有所长的基础蚕品种，有利于进行特殊家蚕品种的开发和利用。

（二）种质资源的创新

家蚕的诸多数量性状和抗性性状都有着不同程度的遗传力，对单项性状优良的品种资源按不同的育种目标进行杂交、回交、固定，形成新的育种材料。目前，利用野桑蚕、热带种、地方品种共组配成创新材料60余份，如：野甲、云7A·野甲、日新A·H05、JI2·J、SI3·SI4等。利用从浙江省农业科学院蚕桑研究所引进的平衡致死系平 28、平 30、平 48、平 31、平 35 与常规品种通过杂交、回交的导入方式获得含平衡致死系的创新材料 26 份，建立了雄蚕育种种质资源库。利用引进的限性白卵资源，采用自主研发的白卵系育种材料改造创制技术将限性卵色基因导入受体材料，获得了 2 份新的白卵资源用于蚕卵性别检测。除此之外，还在 3 眠蚕、长蛹龄蚕和彩色茧等方面开展了育种素材的创建，这些育种材料经纯化固定后，因其具有不同的性状表现，将会是育成不同用途品种的物质基础。

第二章　家蚕种质资源性状

红1		
保存编号：5325001	茧形：浅束腰	不受精卵率（%）：0.43
选育单位：云南蚕蜂所	缩皱：中粗	实用孵化率（%）：89.77
育种亲本：—	蛹体色：黄色	生种率（%）：0.00
育成年份：—	蛾体色：白色	死笼率（%）：4.02
种质类型：育成品种	蛾眼色：黑色	幼虫生命率（%）：94.32
地理系统：日本系统	蛾翅纹：无花纹斑	双宫茧率（%）：1.03
功能特性：耐粗饲	稚蚕趋性：无	全茧量（g）：1.745
化性：二化	食桑习性：踏叶	茧层量（g）：0.373
眠性：四眠	就眠整齐度：齐	茧层率（%）：21.38
卵形：椭圆	老熟整齐度：齐一	茧丝长（m）：1 156.39
卵色：灰紫色	催青经过（d:h）：11:00	解舒丝长（m）：680.23
卵壳色：乳白色	五龄经过（d:h）：9:18	解舒率（%）：58.82
蚁蚕体色：黑褐色	全龄经过（d:h）：28:06	清洁（分）：—
壮蚕体色：青白	蛰中经过（d:h）：17:12	洁净（分）：—
壮蚕斑纹：素斑	每蛾产卵数（粒）：546	茧丝纤度（dtex）：3.04
茧色：白色	良卵率（%）：96.23	调查年季：2020 年春

红2

保存编号：5325002	茧形：浅束腰	不受精卵率（%）：0.52
选育单位：云南蚕蜂所	缩皱：中粗	实用孵化率（%）：92.45
育种亲本：—	蛹体色：黄色	生种率（%）：0.00
育成年份：—	蛾体色：白色	死笼率（%）：1.88
种质类型：育成品种	蛾眼色：黑色	幼虫生命率（%）：94.03
地理系统：日本系统	蛾翅纹：无花纹斑	双宫茧率（%）：1.03
功能特性：彩色茧	稚蚕趋性：无	全茧量（g）：1.488
化性：二化	食桑习性：踏叶	茧层量（g）：0.321
眠性：四眠	就眠整齐度：较齐	茧层率（%）：21.54
卵形：椭圆	老熟整齐度：齐涌	茧丝长（m）：1 138.84
卵色：灰紫色	催青经过（d:h）：11:00	解舒丝长（m）：876.03
卵壳色：乳白色	五龄经过（d:h）：9:00	解舒率（%）：76.92
蚁蚕体色：黑褐色	全龄经过（d:h）：28:06	清洁（分）：98.70
壮蚕体色：青白	蛰中经过（d:h）：16:17	洁净（分）：95.50
壮蚕斑纹：普斑	每蛾产卵数（粒）：449	茧丝纤度（dtex）：2.71
茧色：黄色	良卵率（%）：97.33	调查年季：2020 年春

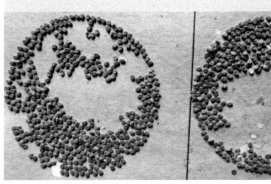

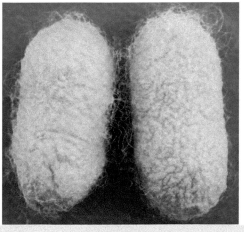

红3

保存编号：5325003	茧形：短椭圆	不受精卵率（%）：0.29
选育单位：云南蚕蜂所	缩皱：细	实用孵化率（%）：92.45
育种亲本：—	蛹体色：黄色	生种率（%）：0.00
育成年份：—	蛾体色：白色	死笼率（%）：0.63
种质类型：育成品种	蛾眼色：黑色	幼虫生命率（%）：97.71
地理系统：中国系统	蛾翅纹：无花纹斑	双宫茧率（%）：1.03
功能特性：彩色茧	稚蚕趋性：趋密性	全茧量（g）：1.488
化性：二化	食桑习性：踏叶	茧层量（g）：0.321
眠性：四眠	就眠整齐度：较齐	茧层率（%）：21.54
卵形：椭圆	老熟整齐度：齐涌	茧丝长（m）：1 138.84
卵色：灰绿色	催青经过（d:h）：11:00	解舒丝长（m）：876.03
卵壳色：淡黄色	五龄经过（d:h）：8:12	解舒率（%）：76.92
蚁蚕体色：黑褐色	全龄经过（d:h）：26:23	清洁（分）：100.0
壮蚕体色：青白	蛰中经过（d:h）：15:17	洁净（分）：91.75
壮蚕斑纹：素斑	每蛾产卵数（粒）：575	茧丝纤度（dtex）：2.71
茧色：肉黄色	良卵率（%）：95.19	调查年季：2020年春

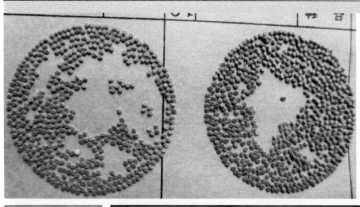

红 4

保存编号：5325004	茧形：浅束腰	不受精卵率（%）：2.33
选育单位：云南蚕蜂所	缩皱：中粗	实用孵化率（%）：85.87
育种亲本：—	蛹体色：黄色	生种率（%）：0.00
育成年份：—	蛾体色：白色	死笼率（%）：4.38
种质类型：育成品种	蛾眼色：黑色	幼虫生命率（%）：92.35
地理系统：日本系统	蛾翅纹：无花纹斑	双宫茧率（%）：3.69
功能特性：彩色茧	稚蚕趋性：无	全茧量（g）：1.462
化性：二化	食桑习性：踏叶	茧层量（g）：0.289
眠性：四眠	就眠整齐度：较齐	茧层率（%）：19.79
卵形：椭圆	老熟整齐度：齐涌	茧丝长（m）：1 120.39
卵色：灰紫色	催青经过（d:h）：11:00	解舒丝长（m）：813.18
卵壳色：乳白色	五龄经过（d:h）：8:18	解舒率（%）：72.58
蚁蚕体色：黑褐色	全龄经过（d:h）：28:06	清洁（分）：99.0
壮蚕体色：青白	蛰中经过（d:h）：18:00	洁净（分）：93.44
壮蚕斑纹：素斑	每蛾产卵数（粒）：459	茧丝纤度（dtex）：2.24
茧色：黄色	良卵率（%）：90.55	调查年季：2020 年春

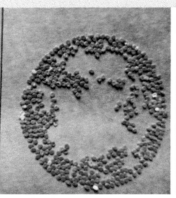

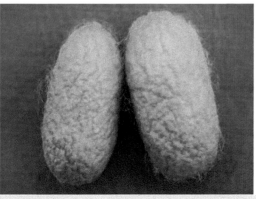

红5

保存编号：5325005	茧形：椭圆	不受精卵率（%）：0.20
选育单位：云南蚕蜂所	缩皱：中	实用孵化率（%）：91.20
育种亲本：—	蛹体色：黄色	生种率（%）：0.00
育成年份：—	蛾体色：白色	死笼率（%）：0.29
种质类型：育成品种	蛾眼色：黑色	幼虫生命率（%）：92.24
地理系统：中国系统	蛾翅纹：无花纹斑	双宫茧率（%）：5.97
功能特性：彩色茧	稚蚕趋性：趋密性	全茧量（g）：1.536
化性：二化	食桑习性：踏叶	茧层量（g）：0.321
眠性：四眠	就眠整齐度：较齐	茧层率（%）：20.91
卵形：椭圆	老熟整齐度：齐涌	茧丝长（m）：—
卵色：灰绿色	催青经过（d:h）：11:00	解舒丝长（m）：—
卵壳色：淡黄色，少乳白色	五龄经过（d:h）：8:07	解舒率（%）：—
蚁蚕体色：黑褐色	全龄经过（d:h）：28:06	清洁（分）：—
壮蚕体色：青白	蛰中经过（d:h）：16:17	洁净（分）：—
壮蚕斑纹：素斑	每蛾产卵数（粒）：658	茧丝纤度（dtex）：2.93
茧色：黄色	良卵率（%）：99.59	调查年季：2020年春

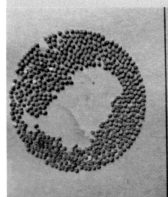
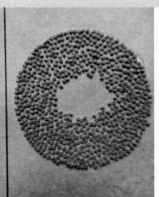

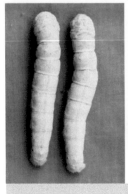

红 6

保存编号：5325006	茧形：椭圆，少球形	不受精卵率（%）：1.97
选育单位：云南蚕蜂所	缩皱：粗	实用孵化率（%）：96.22
育种亲本：—	蛹体色：黄色	生种率（%）：0.00
育成年份：—	蛾体色：白色	死笼率（%）：5.78
种质类型：育成品种	蛾眼色：黑色	幼虫生命率（%）：96.21
地理系统：中国系统	蛾翅纹：无花纹斑	双宫茧率（%）：20.15
功能特性：彩色茧	稚蚕趋性：无	全茧量（g）：1.751
化性：二化	食桑习性：踏叶	茧层量（g）：0.380
眠性：四眠	就眠整齐度：较齐	茧层率（%）：21.70
卵形：椭圆	老熟整齐度：齐涌	茧丝长（m）：788.50
卵色：灰绿色	催青经过（d:h）：11:00	解舒丝长（m）：657.08
卵壳色：淡黄色，少乳白色	五龄经过（d:h）：8:23	解舒率（%）：83.33
蚁蚕体色：黑褐色	全龄经过（d:h）：28:11	清洁（分）：—
壮蚕体色：青白	蛰中经过（d:h）：16:00	洁净（分）：—
壮蚕斑纹：素斑	每蛾产卵数（粒）：542	茧丝纤度（dtex）：3.45
茧色：黄色	良卵率（%）：97.66	调查年季：2020 年春

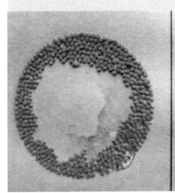
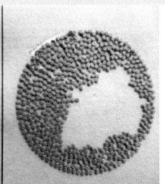

红7

保存编号：5325007	茧形：长椭圆	不受精卵率（%）：0.13
选育单位：—	缩皱：中粗	实用孵化率（%）：93.93
育种亲本：—	蛹体色：黄色	生种率（%）：0.00
育成年份：—	蛾体色：白色	死笼率（%）：3.75
种质类型：引进品种	蛾眼色：黑色	幼虫生命率（%）：96.39
地理系统：欧洲系统	蛾翅纹：无花纹斑	双宫茧率（%）：0.52
功能特性：彩色茧	稚蚕趋性：趋密性	全茧量（g）：1.550
化性：二化	食桑习性：不踏叶	茧层量（g）：0.261
眠性：四眠	就眠整齐度：较齐	茧层率（%）：16.81
卵形：椭圆	老熟整齐度：齐涌	茧丝长（m）：1 138.05
卵色：灰绿色	催青经过（d:h）：11:00	解舒丝长（m）：669.44
卵壳色：淡黄色	五龄经过（d:h）：7:09	解舒率（%）：58.82
蚁蚕体色：黑褐色	全龄经过（d:h）：27:06	清洁（分）：98.0
壮蚕体色：青白	蛰中经过（d:h）：16:19	洁净（分）：90.0
壮蚕斑纹：普斑	每蛾产卵数（粒）：614	茧丝纤度（dtex）：1.90
茧色：绿色	良卵率（%）：99.48	调查年季：2020 年春

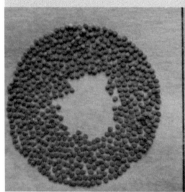
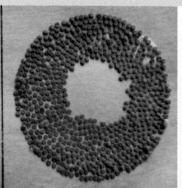

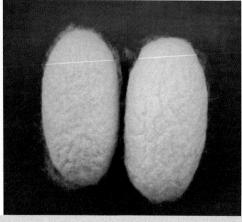
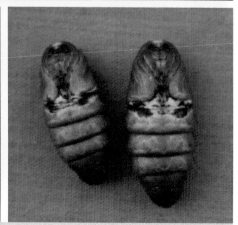

红 8

保存编号：5325008	茧形：短椭圆	不受精卵率（%）：0.73
选育单位：云南蚕蜂所	缩皱：细	实用孵化率（%）：95.40
育种亲本：—	蛹体色：黄色	生种率（%）：0.00
育成年份：—	蛾体色：白色	死笼率（%）：3.61
种质类型：育成品种	蛾眼色：黑色	幼虫生命率（%）：96.64
地理系统：中国系统	蛾翅纹：无花纹斑	双宫茧率（%）：12.40
功能特性：抗逆	稚蚕趋性：趋密性	全茧量（g）：1.424
化性：二化	食桑习性：踏叶	茧层量（g）：0.343
眠性：四眠	就眠整齐度：较齐	茧层率（%）：24.05
卵形：椭圆	老熟整齐度：齐涌	茧丝长（m）：1 049.63
卵色：灰绿色	催青经过（d:h）：11:00	解舒丝长（m）：552.43
卵壳色：淡黄色，少白色	五龄经过（d:h）：7:19	解舒率（%）：52.63
蚁蚕体色：黑褐色	全龄经过（d:h）：26:06	清洁（分）：—
壮蚕体色：青白	蛰中经过（d:h）：14:19	洁净（分）：—
壮蚕斑纹：素斑	每蛾产卵数（粒）：514	茧丝纤度（dtex）：2.64
茧色：白色	良卵率（%）：98.35	调查年季：2020 年春

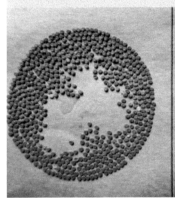
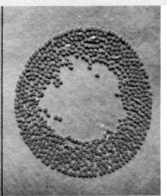

红9

保存编号：5325009	茧形：短椭圆或球形	不受精卵率（%）：0.35
选育单位：云南蚕蜂所	缩皱：细	实用孵化率（%）：89.64
育种亲本：—	蛹体色：黄色	生种率（%）：0.00
育成年份：—	蛾体色：白色	死笼率（%）：3.81
种质类型：育成品种	蛾眼色：黑色	幼虫生命率（%）：96.33
地理系统：中国系统	蛾翅纹：雌无花纹斑，雄有花纹斑	双宫茧率（%）：14.70
功能特性：优质	稚蚕趋性：无	全茧量（g）：1.418
化性：二化	食桑习性：踏叶	茧层量（g）：0.343
眠性：四眠	就眠整齐度：不齐	茧层率（%）：24.18
卵形：椭圆	老熟整齐度：齐涌	茧丝长（m）：1 359.9
卵色：灰色	催青经过（d:h）：11:00	解舒丝长（m）：468.93
卵壳色：乳白色，少黄色	五龄经过（d:h）：8:12	解舒率（%）：34.48
蚁蚕体色：黑褐色	全龄经过（d:h）：26:12	清洁（分）：—
壮蚕体色：青白	蛰中经过（d:h）：17:16	洁净（分）：—
壮蚕斑纹：素斑	每蛾产卵数（粒）：579	茧丝纤度（dtex）：2.34
茧色：白色	良卵率（%）：99.37	调查年季：2020 年春

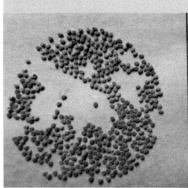 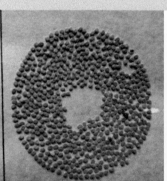 

  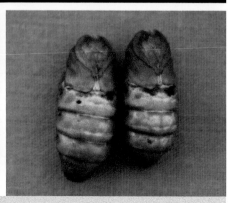

红 10

保存编号：5325010	茧形：浅束腰	不受精卵率（%）：1.05
选育单位：云南蚕蜂所	缩皱：粗	实用孵化率（%）：96.53
育种亲本：黄茧土种、芙茹A	蛹体色：黄色	生种率（%）：0.00
育成年份：2012	蛾体色：白色	死笼率（%）：0.83
种质类型：育成品种	蛾眼色：黑色	幼虫生命率（%）：94.58
地理系统：日本系统	蛾翅纹：无花纹斑	双宫茧率（%）：0.94
功能特性：耐粗饲	稚蚕趋性：无	全茧量（g）：1.773
化性：二化	食桑习性：踏叶	茧层量（g）：0.389
眠性：四眠	就眠整齐度：较齐	茧层率（%）：21.96
卵形：椭圆	老熟整齐度：齐涌	茧丝长（m）：1 162.80
卵色：灰紫色	催青经过（d:h）：11:00	解舒丝长（m）：775.20
卵壳色：乳白色	五龄经过（d:h）：8:23	解舒率（%）：66.67
蚁蚕体色：黑褐色	全龄经过（d:h）：26:06	清洁（分）：—
壮蚕体色：青白	蛰中经过（d:h）：18:00	洁净（分）：—
壮蚕斑纹：普斑	每蛾产卵数（粒）：507	茧丝纤度（dtex）：3.25
茧色：白色	良卵率（%）：96.65	调查年季：2020 年春

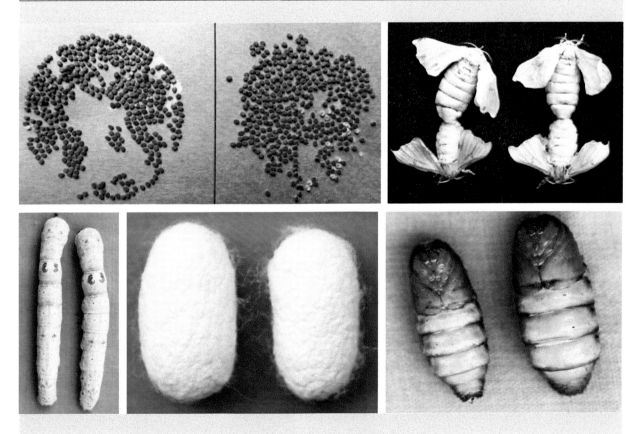

红11

保存编号：532511	茧形：椭圆	不受精卵率（%）：0.50
选育单位：云南蚕蜂所	缩皱：粗	实用孵化率（%）：89.60
育种亲本：—	蛹体色：黄色	生种率（%）：0.00
育成年份：—	蛾体色：白色	死笼率（%）：0.79
种质类型：育成品种	蛾眼色：黑色	幼虫生命率（%）：95.49
地理系统：中国系统	蛾翅纹：无花纹斑	双宫茧率（%）：9.52
功能特性：耐粗饲	稚蚕趋性：趋密性	全茧量（g）：1.677
化性：二化	食桑习性：踏叶	茧层量（g）：0.399
眠性：四眠	就眠整齐度：较齐	茧层率（%）：23.79
卵形：椭圆	老熟整齐度：齐涌	茧丝长（m）：915.25
卵色：灰绿色	催青经过（d:h）：11:00	解舒丝长（m）：416.02
卵壳色：淡黄，少乳白	五龄经过（d:h）：8:07	解舒率（%）：45.45
蚁蚕体色：黑褐色	全龄经过（d:h）：27:06	清洁（分）：—
壮蚕体色：青白	蛰中经过（d:h）：16:12	洁净（分）：—
壮蚕斑纹：素斑	每蛾产卵数（粒）：528	茧丝纤度（dtex）：3.00
茧色：白色	良卵率（%）：97.67	调查年季：2020年春

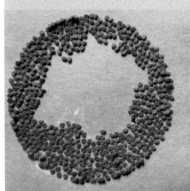

红12

保存编号：5325012	茧形：浅束腰	不受精卵率（%）：4.10
选育单位：云南蚕蜂所	缩皱：粗	实用孵化率（%）：91.66
育种亲本：黄茧土种，锦秀	蛹体色：黄色	生种率（%）：0.00
育成年份：2012	蛾体色：白色	死笼率（%）：0.63
种质类型：育成品种	蛾眼色：黑色	幼虫生命率（%）：93.58
地理系统：日本系统	蛾翅纹：无花纹斑	双宫茧率（%）：1.51
功能特性：耐粗饲	稚蚕趋性：趋密性	全茧量（g）：1.402
化性：二化	食桑习性：踏叶	茧层量（g）：0.330
眠性：四眠	就眠整齐度：不齐	茧层率（%）：23.51
卵形：椭圆	老熟整齐度：齐涌	茧丝长（m）：1 128.83
卵色：灰紫色	催青经过（d:h）：11:00	解舒丝长（m）：940.69
卵壳色：乳白色	五龄经过（d:h）：10:07	解舒率（%）：83.33
蚁蚕体色：黑褐色	全龄经过（d:h）：30:06	清洁（分）：100.0
壮蚕体色：青白	蛰中经过（d:h）：19:00	洁净（分）：93.75
壮蚕斑纹：普斑	每蛾产卵数（粒）：624	茧丝纤度（dtex）：2.425
茧色：白色	良卵率（%）：87.59	调查年季：2020年春

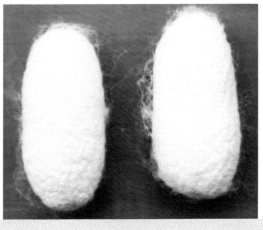

红 13

保存编号：5325013	茧形：短椭圆	不受精卵率（%）：0.95
选育单位：云南蚕蜂所	缩皱：细	实用孵化率（%）：83.01
育种亲本：—	蛹体色：黄色	生种率（%）：0.00
育成年份：—	蛾体色：白色	死笼率（%）：0.37
种质类型：育成品种	蛾眼色：黑色	幼虫生命率（%）：98.23
地理系统：中国系统	蛾翅纹：无花纹斑	双宫茧率（%）：15.66
功能特性：耐粗饲	稚蚕趋性：趋密性	全茧量（g）：1.198
化性：二化	食桑习性：踏叶	茧层量（g）：0.228
眠性：四眠	就眠整齐度：较齐	茧层率（%）：19.03
卵形：椭圆	老熟整齐度：齐涌	茧丝长（m）：1 080.00
卵色：灰绿色	催青经过（d:h）：11:00	解舒丝长（m）：675.00
卵壳色：淡黄色，少乳白色	五龄经过（d:h）：7:13	解舒率（%）：62.50
蚁蚕体色：黑褐色	全龄经过（d:h）：25:00	清洁（分）：—
壮蚕体色：青白	蛰中经过（d:h）：15:00	洁净（分）：—
壮蚕斑纹：素斑	每蛾产卵数（粒）：455	茧丝纤度（dtex）：2.56
茧色：白色	良卵率（%）：94.08	调查年季：2020 年春

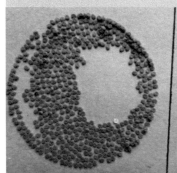
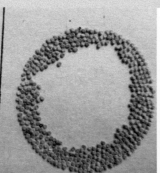

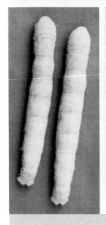

红 14

保存编号：5325014	茧形：浅束腰	不受精卵率（%）：1.99
选育单位：云南蚕蜂所	缩皱：中	实用孵化率（%）：85.04
育种亲本：—	蛹体色：黄色	生种率（%）：0.63
育成年份：—	蛾体色：白色	死笼率（%）：26.25
种质类型：育成品种	蛾眼色：黑色	幼虫生命率（%）：96.39
地理系统：日本系统	蛾翅纹：无花纹斑	双宫茧率（%）：5.15
功能特性：耐粗饲	稚蚕趋性：趋密性	全茧量（g）：0.978
化性：二化	食桑习性：踏叶	茧层量（g）：0.18
眠性：四眠	就眠整齐度：较齐	茧层率（%）：18.18
卵形：椭圆	老熟整齐度：齐涌	茧丝长（m）：1 115.55
卵色：灰紫色，灰色	催青经过（d:h）：11:00	解舒丝长（m）：772.96
卵壳色：乳白色	五龄经过（d:h）：7:13	解舒率（%）：69.29
蚁蚕体色：黑褐色	全龄经过（d:h）：25:00	清洁（分）：100.0
壮蚕体色：青白	蛰中经过（d:h）：16:00	洁净（分）：92.13
壮蚕斑纹：素斑	每蛾产卵数（粒）：485	茧丝纤度（dtex）：2.32
茧色：白色	良卵率（%）：96.02	调查年季：2020 年春

红15

保存编号：5325015	茧形：短椭圆	不受精卵率（%）：0.51
选育单位：云南蚕蜂所	缩皱：细	实用孵化率（%）：96.09
育种亲本：—	蛹体色：黄色	生种率（%）：0.00
育成年份：—	蛾体色：白色	死笼率（%）：0.63
种质类型：育成品种	蛾眼色：黑色	幼虫生命率（%）：96.75
地理系统：中国系统	蛾翅纹：无花纹斑	双宫茧率（%）：13.55
功能特性：耐高温多湿	稚蚕趋性：趋密性	全茧量（g）：1.595
化性：二化	食桑习性：踏叶	茧层量（g）：0.363
眠性：四眠	就眠整齐度：较齐	茧层率（%）：22.65
卵形：椭圆	老熟整齐度：齐涌	茧丝长（m）：994.61
卵色：灰绿色	催青经过（d:h）：11:00	解舒丝长（m）：663.08
卵壳色：淡黄色	五龄经过（d:h）：9:06	解舒率（%）：66.67
蚁蚕体色：黑褐色	全龄经过（d:h）：29:06	清洁（分）：100.0
壮蚕体色：青白	蛰中经过（d:h）：16:00	洁净（分）：93.75
壮蚕斑纹：素斑	每蛾产卵数（粒）：458	茧丝纤度（dtex）：3.26
茧色：淡黄色	良卵率（%）：95.13	调查年季：2020 年春

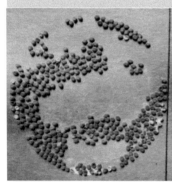
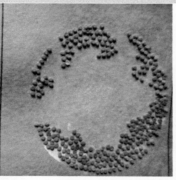

华

保存编号：5325016	茧形：短椭圆	不受精卵率（%）：3.05
选育单位：云南蚕蜂所	缩皱：细	实用孵化率（%）：83.73
育种亲本：—	蛹体色：黄色	生种率（%）：0.00
育成年份：—	蛾体色：白色	死笼率（%）：5.01
种质类型：育成品种	蛾眼色：黑色	幼虫生命率（%）：93.73
地理系：中国系统	蛾翅纹：无花纹斑	双宫茧率（%）：0.94
功能特性：耐粗饲	稚蚕趋性：无	全茧量（g）：1.633
化性：二化	食桑习性：踏叶	茧层量（g）：0.404
眠性：四眠	就眠整齐度：较齐	茧层率（%）：24.76
卵形：椭圆	老熟整齐度：齐涌	茧丝长（m）：1 023.08
卵色：灰绿色	催青经过（d:h）：11:00	解舒丝长（m）：243.59
卵壳色：淡黄色，少黄色	五龄经过（d:h）：8:12	解舒率（%）：23.81
蚁蚕体色：黑褐色	全龄经过（d:h）：26:23	清洁（分）：—
壮蚕体色：青白	蛰中经过（d:h）：16:12	洁净（分）：—
壮蚕斑纹：素斑	每蛾产卵数（粒）：460	茧丝纤度（dtex）：3.47
茧色：白色	良卵率（%）：96.30	调查年季：2020 年春

日

保存编号：5325017	茧形：浅束腰	不受精卵率（%）：0.50
选育单位：云南蚕蜂所	缩皱：粗	实用孵化率（%）：96.68
育种亲本：—	蛹体色：黄色	生种率（%）：0.00
育成年份：—	蛾体色：白色	死笼率（%）：3.75
种质类型：育成品种	蛾眼色：黑色	幼虫生命率（%）：93.32
地理系：日本系统	蛾翅纹：无花纹斑	双宫茧率（%）：2.57
功能特性：耐高温多湿	稚蚕趋性：趋密性	全茧量（g）：1.749
化性：二化	食桑习性：踏叶	茧层量（g）：0.411
眠性：四眠	就眠整齐度：较齐	茧层率（%）：23.47
卵形：椭圆	老熟整齐度：齐涌	茧丝长（m）：1 205.21
卵色：灰紫色	催青经过（d:h）：11:00	解舒丝长（m）：803.48
卵壳色：乳白色	五龄经过（d:h）：8:07	解舒率（%）：66.67
蚁蚕体色：黑褐色	全龄经过（d:h）：27:06	清洁（分）：—
壮蚕体色：青赤	蛰中经过（d:h）：18:00	洁净（分）：—
壮蚕斑纹：普斑	每蛾产卵数（粒）：533	茧丝纤度（dtex）：3.46
茧色：白色	良卵率（%）：97.94	调查年季：2020 年春

M1		
保存编号：5325018	茧形：短椭圆	不受精卵率（%）：0.50
选育单位：云南蚕蜂所	缩皱：粗	实用孵化率（%）：93.12
育种亲本：—	蛹体色：黄色	生种率（%）：0.00
育成年份：—	蛾体色：白色	死笼率（%）：3.48
种质类型：育成品种	蛾眼色：黑色	幼虫生命率（%）：93.06
地理系统：中国系统	蛾翅纹：无花纹斑	双宫茧率（%）：2.39
功能特性：优质	稚蚕趋性：趋密性，趋光性	全茧量（g）：1.669
化性：二化	食桑习性：踏叶	茧层量（g）：0.416
眠性：四眠	就眠整齐度：较齐	茧层率（%）：24.90
卵形：椭圆	老熟整齐度：齐涌	茧丝长（m）：1 073.48
卵色：灰绿色	催青经过（d:h）：11:00	解舒丝长（m）：713.22
卵壳色：淡黄色，少黄色	五龄经过（d:h）：9:00	解舒率（%）：66.44
蚁蚕体色：黑褐色	全龄经过（d:h）：28:23	清洁（分）：99.0
壮蚕体色：青白	蛰中经过（d:h）：16:12	洁净（分）：94.0
壮蚕斑纹：素斑	每蛾产卵数（粒）：532	茧丝纤度（dtex）：3.40
茧色：白色	良卵率（%）：98.37	调查年季：2020 年春

M3		
保存编号：5325019	茧形：短椭圆	不受精卵率（%）：2.56
选育单位：云南蚕蜂所	缩皱：细	实用孵化率（%）：84.42
育种亲本：—	蛹体色：黄色	生种率（%）：0.00
育成年份：—	蛾体色：白色	死笼率（%）：3.55
种质类型：育成品种	蛾眼色：黑色	幼虫生命率（%）：97.54
地理系统：中国系统	蛾翅纹：无花纹斑	双宫茧率（%）：8.35
功能特性：优质	稚蚕趋性：趋密性	全茧量（g）：1.762
化性：二化	食桑习性：踏叶	茧层量（g）：0.395
眠性：四眠	就眠整齐度：较齐	茧层率（%）：22.44
卵形：椭圆	老熟整齐度：齐涌	茧丝长（m）：919.80
卵色：灰绿色	催青经过（d:h）：11:00	解舒丝长（m）：625.46
卵壳色：淡黄色，少黄色	五龄经过（d:h）：8:19	解舒率（%）：68.00
蚁蚕体色：黑褐色	全龄经过（d:h）：27:07	清洁（分）：—
壮蚕体色：青白	蛰中经过（d:h）：16:13	洁净（分）：—
壮蚕斑纹：素斑	每蛾产卵数（粒）：586	茧丝纤度（dtex）：3.09
茧色：白色	良卵率（%）：94.88	调查年季：2020 年春

M4

保存编号：5325020	茧形：浅束腰	不受精卵率（%）：0.61
选育单位：云南蚕蜂所	缩皱：中	实用孵化率（%）：83.16
育种亲本：—	蛹体色：黄色	生种率（%）：0.00
育成年份：—	蛾体色：白色	死笼率（%）：3.00
种质类型：育成品种	蛾眼色：黑色	幼虫生命率（%）：92.27
地理系统：日本系统	蛾翅纹：雌无花纹斑，雄有花纹斑	双宫茧率（%）：0.53
功能特性：优质	稚蚕趋性：无	全茧量（g）：1.413
化性：二化	食桑习性：踏叶	茧层量（g）：0.332
眠性：四眠	就眠整齐度：较齐	茧层率（%）：23.51
卵形：椭圆	老熟整齐度：齐涌	茧丝长（m）：1 111.02
卵色：灰紫色	催青经过（d:h）：11:00	解舒丝长（m）：685.17
卵壳色：乳白色	五龄经过（d:h）：10:00	解舒率（%）：61.67
蚁蚕体色：黑褐色	全龄经过（d:h）：30:00	清洁（分）：—
壮蚕体色：青白	蛰中经过（d:h）：18:17	洁净（分）：—
壮蚕斑纹：普斑	每蛾产卵数（粒）：435	茧丝纤度（dtex）：2.69
茧色：白色	良卵率（%）：95.48	调查年季：2020 年春

M5

保存编号：5325021	茧形：短椭圆	不受精卵率（%）：0.65
选育单位：云南蚕蜂所	缩皱：细	实用孵化率（%）：96.54
育种亲本：—	蛹体色：黄色	生种率（%）：0.00
育成年份：—	蛾体色：白色	死笼率（%）：4.38
种质类型：育成品种	蛾眼色：黑色	幼虫生命率（%）：97.58
地理系统：中国系统	蛾翅纹：无花纹斑	双宫茧率（%）：5.44
功能特性：优质	稚蚕趋性：趋密性	全茧量（g）：1.616
化性：二化	食桑习性：踏叶	茧层量（g）：0.388
眠性：四眠	就眠整齐度：较齐	茧层率（%）：23.99
卵形：椭圆	老熟整齐度：齐涌	茧丝长（m）：1 088.89
卵色：灰绿色	催青经过（d:h）：11:00	解舒丝长（m）：837.57
卵壳色：淡黄色，少黄色	五龄经过（d:h）：8:12	解舒率（%）：76.92
蚁蚕体色：黑褐色	全龄经过（d:h）：26:12	清洁（分）：100.0
壮蚕体色：青白	蛰中经过（d:h）：15:18	洁净（分）：94.52
壮蚕斑纹：素斑	每蛾产卵数（粒）：566	茧丝纤度（dtex）：2.64
茧色：白色	良卵率（%）：98.76	调查年季：2020 年春

M6

保存编号：5325022	茧形：浅束腰	不受精卵率（%）：0.88
选育单位：云南蚕蜂所	缩皱：细	实用孵化率（%）：92.14
育种亲本：—	蛹体色：黄色	生种率（%）：0.00
育成年份：—	蛾体色：白色	死笼率（%）：1.39
种质类型：育成品种	蛾眼色：黑色	幼虫生命率（%）：96.72
地理系统：日本系统	蛾翅纹：无花纹斑	双宫茧率（%）：5.56
功能特性：优质	稚蚕趋性：无	全茧量（g）：1.540
化性：二化	食桑习性：踏叶	茧层量（g）：0.375
眠性：四眠	就眠整齐度：齐	茧层率（%）：24.35
卵形：椭圆	老熟整齐度：齐涌	茧丝长（m）：1 081.46
卵色：灰紫色	催青经过（d:h）：11:00	解舒丝长（m）：831.89
卵壳色：乳白色	五龄经过（d:h）：8:18	解舒率（%）：76.92
蚁蚕体色：黑褐色	全龄经过（d:h）：28:06	清洁（分）：—
壮蚕体色：青赤	蛰中经过（d:h）：19:00	洁净（分）：—
壮蚕斑纹：普斑	每蛾产卵数（粒）：531	茧丝纤度（dtex）：3.25
茧色：白色	良卵率（%）：97.37	调查年季：2020 年春

M10

保存编号：5325023	茧形：浅束腰	不受精卵率（%）：1.43
选育单位：云南蚕蜂所	缩皱：中粗	实用孵化率（%）：83.70
育种亲本：—	蛹体色：黄色	生种率（%）：0.00
育成年份：—	蛾体色：白色	死笼率（%）：3.17
种质类型：育成品种	蛾眼色：黑色	幼虫生命率（%）：94.40
地理系统：日本系统	蛾翅纹：无花纹斑	双宫茧率（%）：8.53
功能特性：优质	稚蚕趋性：趋密性	全茧量（g）：1.424
化性：二化	食桑习性：踏叶	茧层量（g）：0.348
眠性：四眠	就眠整齐度：齐	茧层率（%）：24.46
卵形：椭圆	老熟整齐度：齐涌	茧丝长（m）：711.00
卵色：灰紫色	催青经过（d:h）：11:00	解舒丝长（m）：338.57
卵壳色：乳白色	五龄经过（d:h）：9:00	解舒率（%）：47.62
蚁蚕体色：黑褐色	全龄经过（d:h）：27:23	清洁（分）：—
壮蚕体色：青赤	蛰中经过（d:h）：19:13	洁净（分）：—
壮蚕斑纹：普斑	每蛾产卵数（粒）：606	茧丝纤度（dtex）：3.53
茧色：白色	良卵率（%）：95.54	调查年季：2020 年春

M10 黄

保存编号：5325024	茧形：浅束腰	不受精卵率（%）：0.21
选育单位：云南蚕蜂所	缩皱：中粗	实用孵化率（%）：86.74
育种亲本：—	蛹体色：黄色	生种率（%）：0.00
育成年份：—	蛾体色：白色	死笼率（%）：1.88
种质类型：育成品种	蛾眼色：黑色	幼虫生命率（%）：92.29
地理系统：日本系统	蛾翅纹：无花纹斑	双宫茧率（%）：5.14
功能特性：彩色茧	稚蚕趋性：无	全茧量（g）：1.610
化性：二化	食桑习性：不踏叶	茧层量（g）：0.408
眠性：四眠	就眠整齐度：不齐	茧层率（%）：25.31
卵形：椭圆	老熟整齐度：不齐	茧丝长（m）：820.01
卵色：灰紫色	催青经过（d:h）：11:00	解舒丝长（m）：546.67
卵壳色：乳白色	五龄经过（d:h）：8:01	解舒率（%）：66.67
蚁蚕体色：黑褐色	全龄经过（d:h）：26:06	清洁（分）：—
壮蚕体色：青赤	蛰中经过（d:h）：19:13	洁净（分）：—
壮蚕斑纹：普斑	每蛾产卵数（粒）：484	茧丝纤度（dtex）：3.52
茧色：淡黄色	良卵率（%）：95.66	调查年季：2020 年春

M14

保存编号：5325025	茧形：长筒形	不受精卵率（%）：0.39
选育单位：云南蚕蜂所	缩皱：粗	实用孵化率（%）：96.69
育种亲本：—	蛹体色：黄色	生种率（%）：0.00
育成年份：—	蛾体色：白色	死笼率（%）：1.96
种质类型：育成品种	蛾眼色：黑色	幼虫生命率（%）：97.73
地理系统：日本系统	蛾翅纹：无花纹斑	双宫茧率（%）：2.84
功能特性：耐高温多湿	稚蚕趋性：无	全茧量（g）：1.263
化性：二化	食桑习性：踏叶	茧层量（g）：0.305
眠性：四眠	就眠整齐度：不齐	茧层率（%）：24.11
卵形：椭圆	老熟整齐度：不齐	茧丝长（m）：905.51
卵色：灰紫色	催青经过（d:h）：11:00	解舒丝长（m）：532.65
卵壳色：乳白色	五龄经过（d:h）：9:06	解舒率（%）：58.82
蚁蚕体色：黑褐色	全龄经过（d:h）：28:06	清洁（分）：—
壮蚕体色：青赤	蛰中经过（d:h）：17:16	洁净（分）：—
壮蚕斑纹：普斑	每蛾产卵数（粒）：508	茧丝纤度（dtex）：2.83
茧色：白色	良卵率（%）：99.21	调查年季：2020年春

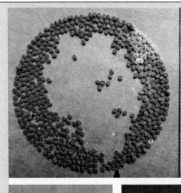

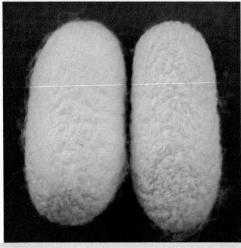

K305

保存编号：5325026	茧形：短椭圆	不受精卵率（%）：1.45
选育单位：云南蚕蜂所	缩皱：细	实用孵化率（%）：86.98
育种亲本：—	蛹体色：黄色	生种率（%）：0.00
育成年份：—	蛾体色：白色	死笼率（%）：8.97
种质类型：育成品种	蛾眼色：黑色	幼虫生命率（%）：97.52
地理系统：中国系统	蛾翅纹：无花纹斑	双宫茧率（%）：2.48
功能特性：优质	稚蚕趋性：无	全茧量（g）：1.464
化性：二化	食桑习性：踏叶	茧层量（g）：0.357
眠性：四眠	就眠整齐度：较齐	茧层率（%）：24.37
卵形：椭圆	老熟整齐度：齐涌	茧丝长（m）：1 193.63
卵色：灰绿色	催青经过（d:h）：11:00	解舒丝长（m）：761.30
卵壳色：淡黄色，少乳白色	五龄经过（d:h）：7:12	解舒率（%）：63.78
蚁蚕体色：黑褐色	全龄经过（d:h）：25:12	清洁（分）：100.0
壮蚕体色：青白	蛰中经过（d:h）：19:12	洁净（分）：95.75
壮蚕斑纹：雄素斑，雌普斑	每蛾产卵数（粒）：529	茧丝纤度（dtex）：2.56
茧色：白色	良卵率（%）：97.67	调查年季：2020 年春

K307

保存编号：5325027	茧形：短椭圆	不受精卵率（%）：0.69
选育单位：云南蚕蜂所	缩皱：中	实用孵化率（%）：82.99
育种亲本：—	蛹体色：黄色	生种率（%）：0.00
育成年份：—	蛾体色：白色	死笼率（%）：3.13
种质类型：育成品种	蛾眼色：黑色	幼虫生命率（%）：90.21
地理系统：中国系统	蛾翅纹：无花纹斑	双宫茧率（%）：2.58
功能特性：优质	稚蚕趋性：趋密性	全茧量（g）：1.657
化性：二化	食桑习性：踏叶	茧层量（g）：0.423
眠性：四眠	就眠整齐度：较齐	茧层率（%）：25.54
卵形：椭圆	老熟整齐度：齐涌	茧丝长（m）：848.70
卵色：灰绿色	催青经过（d:h）：11:00	解舒丝长（m）：326.42
卵壳色：淡黄色，少黄色	五龄经过（d:h）：8:18	解舒率（%）：38.46
蚁蚕体色：黑褐色	全龄经过（d:h）：27:06	清洁（分）：—
壮蚕体色：青白	蛰中经过（d:h）：17:17	洁净（分）：—
壮蚕斑纹：素斑	每蛾产卵数（粒）：386	茧丝纤度（dtex）：3.81
茧色：白色	良卵率（%）：95.86	调查年季：2020 年春

K376

保存编号：5325028	茧形：短椭圆	不受精卵率（%）：2.33
选育单位：云南蚕蜂所	缩皱：细	实用孵化率（%）：95.48
育种亲本：—	蛹体色：黄色	生种率（%）：0.00
育成年份：—	蛾体色：白色	死笼率（%）：7.69
种质类型：育成品种	蛾眼色：黑色	幼虫生命率（%）：88.28
地理系统：中国系统	蛾翅纹：雄有花纹斑，雌无花纹斑	双宫茧率（%）：4.08
功能特性：优质	稚蚕趋性：趋密性	全茧量（g）：1.579
化性：二化	食桑习性：踏叶	茧层量（g）：0.393
眠性：四眠	就眠整齐度：较齐	茧层率（%）：24.88
卵形：椭圆	老熟整齐度：齐涌	茧丝长（m）：1 204.20
卵色：灰绿色	催青经过（d:h）：11:00	解舒丝长（m）：752.63
卵壳色：淡黄色，少黄色	五龄经过（d:h）：8:07	解舒率（%）：62.50
蚁蚕体色：黑褐色	全龄经过（d:h）：26:12	清洁（分）：—
壮蚕体色：青白	蛰中经过（d:h）：16:18	洁净（分）：—
壮蚕斑纹：雄素斑，雌普斑	每蛾产卵数（粒）：458	茧丝纤度（dtex）：2.98
茧色：白色	良卵率（%）：96.58	调查年季：2020 年春

H05

保存编号：5325029	茧形：浅束腰	不受精卵率（%）：1.06
选育单位：云南蚕蜂所	缩皱：粗	实用孵化率（%）：92.80
育种亲本：—	蛹体色：黄色	生种率（%）：0.00
育成年份：—	蛾体色：白色	死笼率（%）：2.76
种质类型：育成品种	蛾眼色：黑色	幼虫生命率（%）：97.94
地理系统：日本系统	蛾翅纹：无花纹斑	双宫茧率（%）：6.70
功能特性：优质	稚蚕趋性：无	全茧量（g）：1.783
化性：二化	食桑习性：踏叶	茧层量（g）：0.432
眠性：四眠	就眠整齐度：较齐	茧层率（%）：24.23
卵形：椭圆	老熟整齐度：齐涌	茧丝长（m）：923.96
卵色：灰紫色	催青经过（d:h）：11:00	解舒丝长（m）：607.13
卵壳色：乳白色	五龄经过（d:h）：7:18	解舒率（%）：65.71
蚁蚕体色：黑褐色	全龄经过（d:h）：25:06	清洁（分）：—
壮蚕体色：青白	蛰中经过（d:h）：18:17	洁净（分）：—
壮蚕斑纹：雄素斑、雌普斑	每蛾产卵数（粒）：597	茧丝纤度（dtex）：2.95
茧色：白色	良卵率（%）：98.49	调查年季：2020 年春

H07

保存编号：5325030	茧形：浅束腰	不受精卵率（%）：1.60
选育单位：云南蚕蜂所	缩皱：粗	实用孵化率（%）：97.64
育种亲本：—	蛹体色：黄色	生种率（%）：0.00
育成年份：—	蛾体色：白色	死笼率（%）：5.32
种质类型：育成品种	蛾眼色：黑色	幼虫生命率（%）：95.45
地理系统：日本系统	蛾翅纹：无花纹斑	双宫茧率（%）：1.01
功能特性：优质	稚蚕趋性：无	全茧量（g）：1.471
化性：二化	食桑习性：踏叶	茧层量（g）：0.374
眠性：四眠	就眠整齐度：较齐	茧层率（%）：25.40
卵形：椭圆	老熟整齐度：齐涌	茧丝长（m）：1 150.65
卵色：灰紫色	催青经过（d:h）：11:00	解舒丝长（m）：728.71
卵壳色：乳白色，少淡黄色	五龄经过（d:h）：9:19	解舒率（%）：63.33
蚁蚕体色：黑褐色	全龄经过（d:h）：28:06	清洁（分）：—
壮蚕体色：青赤	蛰中经过（d:h）：17:18	洁净（分）：—
壮蚕斑纹：普斑	每蛾产卵数（粒）：479	茧丝纤度（dtex）：3.42
茧色：白色	良卵率（%）：97.35	调查年季：2020年春

H08

保存编号：5325031	茧形：浅束腰	不受精卵率（%）：1.01
选育单位：云南蚕蜂所	缩皱：粗	实用孵化率（%）：90.85
育种亲本：—	蛹体色：黄色	生种率（%）：0.00
育成年份：—	蛾体色：白色	死笼率（%）：4.26
种质类型：育成品种	蛾眼色：黑色	幼虫生命率（%）：93.85
地理系统：日本系统	蛾翅纹：无花纹斑	双宫茧率（%）：9.93
功能特性：优质	稚蚕趋性：无	全茧量（g）：1.570
化性：二化	食桑习性：踏叶	茧层量（g）：0.390
眠性：四眠	就眠整齐度：较齐	茧层率（%）：24.84
卵形：椭圆	老熟整齐度：齐涌	茧丝长（m）：1 135
卵色：灰紫色	催青经过（d:h）：11:00	解舒丝长（m）：917.53
卵壳色：乳白色，少黄色	五龄经过（d:h）：9:18	解舒率（%）：80.84
蚁蚕体色：黑褐色	全龄经过（d:h）：30:00	清洁（分）：100.0
壮蚕体色：青白	蛰中经过（d:h）：18:00	洁净（分）：96.5
壮蚕斑纹：普斑	每蛾产卵数（粒）：596	茧丝纤度（dtex）：3.69
茧色：白色	良卵率（%）：92.90	调查年季：2020年春

云夏2A油蚕

保存编号：5325032	茧形：浅束腰	不受精卵率（%）：0.00
选育单位：—	缩皱：粗	实用孵化率（%）：93.26
育种亲本：—	蛹体色：黄色	生种率（%）：0.00
育成年份：—	蛾体色：白色	死笼率（%）：1.60
种质类型：遗传材料	蛾眼色：黑色	幼虫生命率（%）：96.52
地理系统：日本系统	蛾翅纹：无花纹斑	双宫茧率（%）：6.97
功能特性：耐高温多湿	稚蚕趋性：无	全茧量（g）：1.306
化性：二化	食桑习性：踏叶	茧层量（g）：0.257
眠性：四眠	就眠整齐度：较齐	茧层率（%）：19.67
卵形：椭圆	老熟整齐度：齐涌	茧丝长（m）：787.50
卵色：灰紫色	催青经过（d:h）：11:00	解舒丝长（m）：605.77
卵壳色：乳白色，少淡黄色	五龄经过（d:h）：10:01	解舒率（%）：76.92
蚁蚕体色：黑褐色	全龄经过（d:h）：28:01	清洁（分）：—
壮蚕体色：油蚕	蛰中经过（d:h）：17:19	洁净（分）：—
壮蚕斑纹：素斑	每蛾产卵数（粒）：485	茧丝纤度（dtex）：3.13
茧色：白色	良卵率（%）：90.66	调查年季：2020年春

干1

保存编号：5325033	茧形：短椭圆	不受精卵率（%）：0.71
选育单位：云南蚕蜂所	缩皱：粗	实用孵化率（%）：94.34
育种亲本：—	蛹体色：黄色	生种率（%）：0.00
育成年份：—	蛾体色：白色	死笼率（%）：0.80
种质类型：育成品种	蛾眼色：黑色	幼虫生命率（%）：96.49
地理系统：中国系统	蛾翅纹：无花纹斑	双宫茧率（%）：7.75
功能特性：优质	稚蚕趋性：无	全茧量（g）：1.756
化性：二化	食桑习性：踏叶	茧层量（g）：0.411
眠性：四眠	就眠整齐度：较齐	茧层率（%）：23.38
卵形：椭圆	老熟整齐度：齐涌	茧丝长（m）：1 100.25
卵色：灰绿色	催青经过（d:h）：11:00	解舒丝长（m）：785.89
卵壳色：淡黄色	五龄经过（d:h）：7:11	解舒率（%）：71.43
蚁蚕体色：黑褐色	全龄经过（d:h）：25:11	清洁（分）：99.0
壮蚕体色：青白	蛰中经过（d:h）：16:17	洁净（分）：93.17
壮蚕斑纹：素斑	每蛾产卵数（粒）：518	茧丝纤度（dtex）：2.96
茧色：白色	良卵率（%）：98.91	调查年季：2020年春

干 8

保存编号：5325034	茧形：浅束腰	不受精卵率（%）：1.32
选育单位：云南蚕蜂所	缩皱：粗	实用孵化率（%）：95.22
育种亲本：—	蛹体色：黄色	生种率（%）：0.00
育成年份：—	蛾体色：白色	死笼率（%）：0.00
种质类型：育成品种	蛾眼色：黑色	幼虫生命率（%）：91.24
地理系统：日本系统	蛾翅纹：无花纹斑	双宫茧率（%）：4.55
功能特性：优质	稚蚕趋性：无	全茧量（g）：1.444
化性：二化	食桑习性：踏叶	茧层量（g）：0.324
眠性：四眠	就眠整齐度：较齐	茧层率（%）：22.46
卵形：椭圆	老熟整齐度：齐涌	茧丝长（m）：—
卵色：灰紫色	催青经过（d:h）：11:00	解舒丝长（m）：—
卵壳色：乳白色	五龄经过（d:h）：9:00	解舒率（%）：—
蚁蚕体色：黑褐色	全龄经过（d:h）：28:06	清洁（分）：—
壮蚕体色：青白	蛰中经过（d:h）：18:17	洁净（分）：—
壮蚕斑纹：普斑	每蛾产卵数（粒）：467	茧丝纤度（dtex）：—
茧色：白色	良卵率（%）：96.32	调查年季：2020 年春

干 6 灰花

保存编号：5325035	茧形：长筒形	不受精卵率（%）：0.51
选育单位：云南蚕蜂所	缩皱：中	实用孵化率（%）：96.08
育种亲本：—	蛹体色：黄色	生种率（%）：3.21
育成年份：—	蛾体色：白色	死笼率（%）：1.12
种质类型：育成品种	蛾眼色：黑色	幼虫生命率（%）：90.73
地理系统：日本系统	蛾翅纹：有花纹斑	双宫茧率（%）：6.18
功能特性：雄蛾灰色	稚蚕趋性：无	全茧量（g）：1.641
化性：二化	食桑习性：踏叶	茧层量（g）：0.373
眠性：四眠	就眠整齐度：不齐	茧层率（%）：22.71
卵形：椭圆	老熟整齐度：不齐	茧丝长（m）：1 229.74
卵色：灰紫色，少灰绿色	催青经过（d:h）：11:00	解舒丝长（m）：945.95
卵壳色：乳白色	五龄经过（d:h）：9:00	解舒率（%）：76.92
蚁蚕体色：黑褐色	全龄经过（d:h）：28:11	清洁（分）：—
壮蚕体色：青白	蛰中经过（d:h）：16:17	洁净（分）：—
壮蚕斑纹：普斑	每蛾产卵数（粒）：457	茧丝纤度（dtex）：2.92
茧色：白色	良卵率（%）：96.79	调查年季：2020 年春

选一甲

保存编号：5325036	茧形：短椭圆	不受精卵率（%）：0.59
选育单位：云南蚕蜂所	缩皱：粗	实用孵化率（%）：87.10
育种亲本：—	蛹体色：黄色	生种率（%）：4.32
育成年份：—	蛾体色：白色	死笼率（%）：0.63
种质类型：育成品种	蛾眼色：黑色	幼虫生命率（%）：98.76
地理系统：中国系统	蛾翅纹：无花纹斑	双宫茧率（%）：8.93
功能特性：优质	稚蚕趋性：无	全茧量（g）：1.563
化性：二化	食桑习性：踏叶	茧层量（g）：0.367
眠性：四眠	就眠整齐度：较齐	茧层率（%）：23.47
卵形：椭圆	老熟整齐度：齐涌	茧丝长（m）：997.43
卵色：灰绿色	催青经过（d:h）：11:00	解舒丝长（m）：674.46
卵壳色：淡黄色，少黄色	五龄经过（d:h）：8:01	解舒率（%）：67.62
蚁蚕体色：黑褐色	全龄经过（d:h）：26:06	清洁（分）：—
壮蚕体色：青白	蛰中经过（d:h）：16:00	洁净（分）：—
壮蚕斑纹：素斑	每蛾产卵数（粒）：565	茧丝纤度（dtex）：2.74
茧色：白色	良卵率（%）：98.82	调查年季：2020 年春

选一乙

保存编号：5325037	茧形：短椭圆	不受精卵率（%）：0.30
选育单位：云南蚕蜂所	缩皱：粗	实用孵化率（%）：83.32
育种亲本：—	蛹体色：黄色	生种率（%）：0.00
育成年份：—	蛾体色：白色	死笼率（%）：1.26
种质类型：育成品种	蛾眼色：黑色	幼虫生命率（%）：97.67
地理系统：中国系统	蛾翅纹：无花纹斑	双宫茧率（%）：5.70
功能特性：优质	稚蚕趋性：无	全茧量（g）：1.435
化性：二化	食桑习性：踏叶	茧层量（g）：0.337
眠性：四眠	就眠整齐度：较齐	茧层率（%）：23.50
卵形：椭圆	老熟整齐度：齐涌	茧丝长（m）：920.25
卵色：灰绿色	催青经过（d:h）：11:00	解舒丝长（m）：707.88
卵壳色：淡黄色，少黄色	五龄经过（d:h）：8:12	解舒率（%）：76.92
蚁蚕体色：黑褐色	全龄经过（d:h）：27:23	清洁（分）：—
壮蚕体色：青白	蛰中经过（d:h）：17:00	洁净（分）：—
壮蚕斑纹：素斑	每蛾产卵数（粒）：448	茧丝纤度（dtex）：2.79
茧色：白色	良卵率（%）：99.41	调查年季：2020 年春

选二甲

保存编号：5325038	茧形：浅束腰	不受精卵率（%）：2.25
选育单位：云南蚕蜂所	缩皱：细	实用孵化率（%）：95.79
育种亲本：—	蛹体色：黄色	生种率（%）：0.98
育成年份：—	蛾体色：白色	死笼率（%）：3.13
种质类型：育成品种	蛾眼色：黑色	幼虫生命率（%）：96.12
地理系统：日本系统	蛾翅纹：无花纹斑	双宫茧率（%）：0.52
功能特性：优质	稚蚕趋性：无	全茧量（g）：1.493
化性：二化	食桑习性：踏叶	茧层量（g）：0.335
眠性：四眠	就眠整齐度：较齐	茧层率（%）：22.43
卵形：椭圆	老熟整齐度：齐涌	茧丝长（m）：1 181.25
卵色：灰紫色	催青经过（d:h）：11:00	解舒丝长（m）：843.75
卵壳色：乳白色	五龄经过（d:h）：7:05	解舒率（%）：71.43
蚁蚕体色：黑褐色	全龄经过（d:h）：2611	清洁（分）：—
壮蚕体色：青赤	蛰中经过（d:h）：16:19	洁净（分）：—
壮蚕斑纹：普斑	每蛾产卵数（粒）：503	茧丝纤度（dtex）：3.07
茧色：白色	良卵率（%）：95.96	调查年季：2020 年春

云松 A

保存编号：5325039	茧形：短椭圆	不受精卵率（%）：1.05
选育单位：云南蚕蜂所	缩皱：细	实用孵化率（%）：97.19
育种亲本：菁松 A、选一	蛹体色：黄色	生种率（%）：0.00
育成年份：2005	蛾体色：白色	死笼率（%）：1.38
种质类型：育成品种	蛾眼色：黑色	幼虫生命率（%）：97.51
地理系统：中国系统	蛾翅纹：无花纹斑	双宫茧率（%）：12.15
功能特性：优质	稚蚕趋性：趋密性	全茧量（g）：1.691
化性：二化	食桑习性：踏叶	茧层量（g）：0.400
眠性：四眠	就眠整齐度：较齐	茧层率（%）：23.64
卵形：椭圆	老熟整齐度：齐涌	茧丝长（m）：1 229.74
卵色：灰绿色	催青经过（d:h）：11:00	解舒丝长（m）：945.95
卵壳色：淡黄色，少黄色	五龄经过（d:h）：8:19	解舒率（%）：76.92
蚁蚕体色：黑褐色	全龄经过（d:h）：27:06	清洁（分）：100.0
壮蚕体色：青白	蛰中经过（d:h）：16:17	洁净（分）：96.75
壮蚕斑纹：素斑	每蛾产卵数（粒）：509	茧丝纤度（dtex）：2.92
茧色：白色	良卵率（%）：97.77	调查年季：2020 年春

云松 B

保存编号：5325040	茧形：短椭圆	不受精卵率（%）：0.00
选育单位：云南蚕蜂所	缩皱：中	实用孵化率（%）：87.35
育种亲本：菁松 A、干 3	蛹体色：黄色	生种率（%）：0.15
育成年份：2005	蛾体色：白色	死笼率（%）：0.00
种质类型：育成品种	蛾眼色：黑色	幼虫生命率（%）：94.96
地理系统：中国系统	蛾翅纹：无花纹斑	双宫茧率（%）：3.71
功能特性：优质	稚蚕趋性：趋密性	全茧量（g）：1.733
化性：二化	食桑习性：踏叶	茧层量（g）：0.389
眠性：四眠	就眠整齐度：较齐	茧层率（%）：22.44
卵形：椭圆	老熟整齐度：齐涌	茧丝长（m）：1 101.62
卵色：灰绿色	催青经过（d:h）：11:00	解舒丝长（m）：783.14
卵壳色：淡黄色，少黄色	五龄经过（d:h）：8:18	解舒率（%）：71.09
蚁蚕体色：黑褐色	全龄经过（d:h）：27:06	清洁（分）：100
壮蚕体色：青白	蛰中经过（d:h）：16:12	洁净（分）：92.75
壮蚕斑纹：素斑	每蛾产卵数（粒）：605	茧丝纤度（dtex）：2.85
茧色：白色	良卵率（%）：99.78	调查年季：2020 年春

云月 A

保存编号：5325041	茧形：浅束腰	不受精卵率（%）：0.75
选育单位：云南蚕蜂所	缩皱：细	实用孵化率（%）：89.76
育种亲本：皓月 B、M10	蛹体色：黄色	生种率（%）：0.51
育成年份：2005	蛾体色：白色	死笼率（%）：3.26
种质类型：育成品种	蛾眼色：黑色	幼虫生命率（%）：96.36
地理系统：日本系统	蛾翅纹：无花纹斑	双宫茧率（%）：4.68
功能特性：优质	稚蚕趋性：趋密性	全茧量（g）：1.379
化性：二化	食桑习性：踏叶	茧层量（g）：0.351
眠性：四眠	就眠整齐度：较齐	茧层率（%）：25.42
卵形：椭圆	老熟整齐度：齐涌	茧丝长（m）：1 178.6
卵色：灰紫色	催青经过（d:h）：11:00	解舒丝长（m）：826.91
卵壳色：乳白色	五龄经过（d:h）：8:07	解舒率（%）：70.16
蚁蚕体色：黑褐色	全龄经过（d:h）：27:06	清洁（分）：100.0
壮蚕体色：青赤	蛰中经过（d:h）：17:00	洁净（分）：95.5
壮蚕斑纹：普斑	每蛾产卵数（粒）：535	茧丝纤度（dtex）：2.926
茧色：白色	良卵率（%）：98.51	调查年季：2020 年春

云月B

保存编号：5325042	茧形：浅束腰	不受精卵率（%）：0.42
选育单位：云南蚕蜂所	缩皱：细	实用孵化率（%）：96.61
育种亲本：皓月B、826	蛹体色：黄色	生种率（%）：0.00
育成年份：2005	蛾体色：白色	死笼率（%）：13.75
种质类型：育成品种	蛾眼色：黑色	幼虫生命率（%）：97.69
地理系统：日本系统	蛾翅纹：雌无纹斑，雄有花纹斑	双宫茧率（%）：0.51
功能特性：优质	稚蚕趋性：趋密性	全茧量（g）：1.436
化性：二化	食桑习性：踏叶	茧层量（g）：0.331
眠性：四眠	就眠整齐度：较齐	茧层率（%）：23.04
卵形：椭圆	老熟整齐度：齐涌	茧丝长（m）：1 203.6
卵色：灰紫色	催青经过（d:h）：11:00	解舒丝长（m）：905.23
卵壳色：乳白色	五龄经过（d:h）：8:00	解舒率（%）：75.21
蚁蚕体色：黑褐色	全龄经过（d:h）：28:00	清洁（分）：100.0
壮蚕体色：青赤	蛰中经过（d:h）：18:12	洁净（分）：95.0
壮蚕斑纹：普斑	每蛾产卵数（粒）：632	茧丝纤度（dtex）：3.012
茧色：白色	良卵率（%）：96.10	调查年季：2020年春

云蚕3A

保存编号：5325043	茧形：短椭圆	不受精卵率（%）：1.05
选育单位：云南蚕蜂所	缩皱：中	实用孵化率（%）：97.19
育种亲本：781	蛹体色：黄色	生种率（%）：0.00
育成年份：1997	蛾体色：白色	死笼率（%）：4.08
种质类型：育成品种	蛾眼色：黑色	幼虫生命率（%）：96.32
地理系统：中国系统	蛾翅纹：有花纹斑	双宫茧率（%）：14.21
功能特性：优质	稚蚕趋性：趋光性	全茧量（g）：1.666
化性：二化	食桑习性：踏叶	茧层量（g）：0.348
眠性：四眠	就眠整齐度：较齐	茧层率（%）：20.88
卵形：椭圆	老熟整齐度：齐涌	茧丝长（m）：914.63
卵色：淡灰绿色	催青经过（d:h）：11:00	解舒丝长（m）：633.20
卵壳色：淡黄色，少黄色	五龄经过（d:h）：8:01	解舒率（%）：69.23
蚁蚕体色：黑褐色	全龄经过（d:h）：26:06	清洁（分）：100.0
壮蚕体色：青白	蛰中经过（d:h）：15:12	洁净（分）：94.75
壮蚕斑纹：素斑	每蛾产卵数（粒）：554	茧丝纤度（dtex）：2.41
茧色：白色	良卵率（%）：99.16	调查年季：2020年春

云蚕 3B

保存编号：5325044	茧形：短椭圆	不受精卵率（%）：0.00
选育单位：云南蚕蜂所	缩皱：细	实用孵化率（%）：89.54
育种亲本：菁松 A、选一	蛹体色：黄色	生种率（%）：0.00
育成年份：2005	蛾体色：白色	死笼率（%）：2.50
种质类型：育成品种	蛾眼色：黑色	幼虫生命率（%）：91.02
地理系统：中国系统	蛾翅纹：无花纹斑	双宫茧率（%）：3.49
功能特性：优质	稚蚕趋性：趋光性	全茧量（g）：1.372
化性：二化	食桑习性：踏叶	茧层量（g）：0.310
眠性：四眠	就眠整齐度：较齐	茧层率（%）：22.58
卵形：椭圆	老熟整齐度：齐涌	茧丝长（m）：973.69
卵色：灰绿色	催青经过（d:h）：11:00	解舒丝长（m）：811.41
卵壳色：淡黄色，少黄色	五龄经过（d:h）：8:00	解舒率（%）：83.33
蚁蚕体色：黑褐色	全龄经过（d:h）：26:12	清洁（分）：—
壮蚕体色：青白	蛰中经过（d:h）：17:19	洁净（分）：—
壮蚕斑纹：素斑	每蛾产卵数（粒）：574	茧丝纤度（dtex）：3.44
茧色：白色	良卵率（%）：97.68	调查年季：2020 年春

云蚕 4A

保存编号：5325045	茧形：浅束腰	不受精卵率（%）：1.01
选育单位：云南蚕蜂所	缩皱：中	实用孵化率（%）：96.55
育种亲本：732	蛹体色：黄色	生种率（%）：0.06
育成年份：1997	蛾体色：白色	死笼率（%）：2.84
种质类型：育成品种	蛾眼色：黑色	幼虫生命率（%）：95.82
地理系统：日本系统	蛾翅纹：无花纹斑	双宫茧率（%）：4.70
功能特性：优质	稚蚕趋性：逸散性	全茧量（g）：1.566
化性：二化	食桑习性：踏叶	茧层量（g）：0.334
眠性：四眠	就眠整齐度：不齐	茧层率（%）：21.30
卵形：椭圆	老熟整齐度：欠齐	茧丝长（m）：949.73
卵色：灰紫色	催青经过（d:h）：11:00	解舒丝长（m）：412.92
卵壳色：乳白色	五龄经过（d:h）：8:06	解舒率（%）：43.48
蚁蚕体色：黑褐色	全龄经过（d:h）：26:06	清洁（分）：—
壮蚕体色：青白	蛰中经过（d:h）：18:00	洁净（分）：—
壮蚕斑纹：普斑	每蛾产卵数（粒）：560	茧丝纤度（dtex）：3.37
茧色：白色	良卵率（%）：98.39	调查年季：2020 年春

云蚕 4B

保存编号：5325046	茧形：浅束腰	不受精卵率（%）：0.49
选育单位：云南蚕蜂所	缩皱：细	实用孵化率（%）：98.00
育种亲本：826	蛹体色：黄色	生种率（%）：0.00
育成年份：1997	蛾体色：白色	死笼率（%）：1.69
种质类型：育成品种	蛾眼色：黑色	幼虫生命率（%）：98.19
地理系统：日本系统	蛾翅纹：无花纹斑	双宫茧率（%）：6.74
功能特性：优质	稚蚕趋性：逸散性	全茧量（g）：1.636
化性：二化	食桑习性：踏叶	茧层量（g）：0.384
眠性：四眠	就眠整齐度：不齐	茧层率（%）：23.46
卵形：椭圆	老熟整齐度：欠齐	茧丝长（m）：731.81
卵色：灰紫色	催青经过（d:h）：11:00	解舒丝长（m）：406.56
卵壳色：乳白色	五龄经过（d:h）：9:18	解舒率（%）：55.56
蚁蚕体色：黑褐色	全龄经过（d:h）：28:06	清洁（分）：—
壮蚕体色：青白	蛰中经过（d:h）：17:17	洁净（分）：—
壮蚕斑纹：普斑	每蛾产卵数（粒）：608	茧丝纤度（dtex）：2.91
茧色：白色	良卵率（%）：98.74	调查年季：2020 年春

楚限

保存编号：5325047	茧形：短椭圆	不受精卵率（%）：0.13
选育单位：云南蚕蜂所	缩皱：细	实用孵化率（%）：94.39
育种亲本：—	蛹体色：黄色	生种率（%）：0.00
育成年份：—	蛾体色：白色	死笼率（%）：1.27
种质类型：育成品种	蛾眼色：黑色	幼虫生命率（%）：96.13
地理系统：中国系统	蛾翅纹：无花纹斑	双宫茧率（%）：6.55
功能特性：优质	稚蚕趋性：趋密性	全茧量（g）：1.938
化性：二化	食桑习性：踏叶	茧层量（g）：0.420
眠性：四眠	就眠整齐度：较齐	茧层率（%）：21.69
卵形：椭圆	老熟整齐度：齐涌	茧丝长（m）：904.50
卵色：灰绿色	催青经过（d:h）：11:00	解舒丝长（m）：586.12
卵壳色：淡黄色，少乳白色	五龄经过（d:h）：8:01	解舒率（%）：64.80
蚁蚕体色：黑褐色	全龄经过（d:h）：26:06	清洁（分）：100.0
壮蚕体色：青白	蛰中经过（d:h）：17:17	洁净（分）：94.50
壮蚕斑纹：素斑	每蛾产卵数（粒）：524	茧丝纤度（dtex）：2.66
茧色：白色	良卵率（%）：97.52	调查年季：2020 年春

黑蚕深

保存编号：5325048	茧形：浅束腰	不受精卵率（%）：1.78
选育单位：—	缩皱：细	实用孵化率（%）：86.62
育种亲本：—	蛹体色：黄色	生种率（%）：0.00
育成年份：—	蛾体色：白色	死笼率（%）：4.81
种质类型：遗传材料	蛾眼色：黑色	幼虫生命率（%）：85.52
地理系统：日本系统	蛾翅纹：无花纹斑	双宫茧率（%）：4.83
功能特性：—	稚蚕趋性：无	全茧量（g）：1.499
化性：二化	食桑习性：踏叶	茧层量（g）：0.324
眠性：四眠	就眠整齐度：较齐	茧层率（%）：21.59
卵形：椭圆	老熟整齐度：齐涌	茧丝长（m）：840.28
卵色：灰紫色	催青经过（d:h）：11:00	解舒丝长（m）：494.34
卵壳色：乳白色	五龄经过（d:h）：9:12	解舒率（%）：58.82
蚁蚕体色：黑褐色	全龄经过（d:h）：29:23	清洁（分）：—
壮蚕体色：深黑色	蛰中经过（d:h）：16:17	洁净（分）：—
壮蚕斑纹：普斑	每蛾产卵数（粒）：487	茧丝纤度（dtex）：2.57
茧色：白色	良卵率（%）：97.61	调查年季：2020 年春

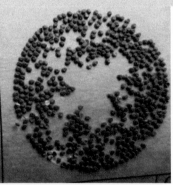

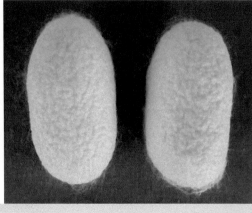

黑蚕淡

保存编号：5325049	茧形：长椭圆	不受精卵率（%）：0.84
选育单位：—	缩皱：细	实用孵化率（%）：88.41
育种亲本：—	蛹体色：黄色	生种率（%）：1.86
育成年份：—	蛾体色：白色	死笼率（%）：1.88
种质类型：遗传材料	蛾眼色：黑色	幼虫生命率（%）：88.75
地理系统：日本系统	蛾翅纹：无花纹斑	双宫茧率（%）：6.08
功能特性：—	稚蚕趋性：无	全茧量（g）：1.588
化性：二化	食桑习性：踏叶	茧层量（g）：0.347
眠性：四眠	就眠整齐度：较齐	茧层率（%）：21.85
卵形：椭圆	老熟整齐度：齐涌	茧丝长（m）：812.25
卵色：灰紫色	催青经过（d:h）：11:00	解舒丝长（m）：507.66
卵壳色：乳白	五龄经过（d:h）：9:00	解舒率（%）：62.50
蚁蚕体色：黑褐色	全龄经过（d:h）：28:00	清洁（分）：—
壮蚕体色：淡黑色	蛰中经过（d:h）：18:00	洁净（分）：—
壮蚕斑纹：普斑	每蛾产卵数（粒）：596	茧丝纤度（dtex）：3.76
茧色：白色	良卵率（%）：98.88	调查年季：2020 年春

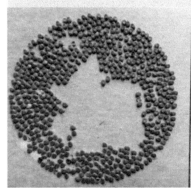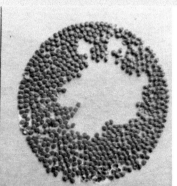

山 11

保存编号：5325050	茧形：短椭圆	不受精卵率（%）：0.86
选育单位：云南蚕蜂所	缩皱：粗	实用孵化率（%）：84.16
育种亲本：—	蛹体色：黄色	生种率（%）：0.00
育成年份：—	蛾体色：白色	死笼率（%）：7.50
种质类型：育成品种	蛾眼色：黑色	幼虫生命率（%）：96.80
地理系统：中国系统	蛾翅纹：无花纹斑	双宫茧率（%）：0.99
功能特性：优质	稚蚕趋性：趋密性	全茧量（g）：1.639
化性：二化	食桑习性：踏叶	茧层量（g）：0.406
眠性：四眠	就眠整齐度：较齐	茧层率（%）：24.78
卵形：椭圆	老熟整齐度：齐涌	茧丝长（m）：1 178
卵色：灰绿色	催青经过（d:h）：11:00	解舒丝长（m）：907.88
卵壳色：淡黄色，少乳白色	五龄经过（d:h）：9:06	解舒率（%）：77.07
蚁蚕体色：黑褐色	全龄经过（d:h）：28:06	清洁（分）：100.0
壮蚕体色：青白	蛰中经过（d:h）：16:17	洁净（分）：95.75
壮蚕斑纹：素斑	每蛾产卵数（粒）：463	茧丝纤度（dtex）：2.829
茧色：白色	良卵率（%）：98.63	调查年季：2020 年春

2033

保存编号：5325051	茧形：短椭圆	不受精卵率（%）：0.60
选育单位：云南蚕蜂所	缩皱：细	实用孵化率（%）：85.27
育种亲本：—	蛹体色：黄色	生种率（%）：0.19
育成年份：—	蛾体色：白色	死笼率（%）：0.92
种质类型：育成品种	蛾眼色：黑色	幼虫生命率（%）：97.97
地理系统：中国系统	蛾翅纹：雄有花纹斑，雌无花纹斑	双宫茧率（%）：11.68
功能特性：耐高温多湿	稚蚕趋性：无	全茧量（g）：1.589
化性：二化	食桑习性：踏叶	茧层量（g）：0.370
眠性：四眠	就眠整齐度：较齐	茧层率（%）：23.26
卵形：椭圆	老熟整齐度：齐涌	茧丝长（m）：1 222.88
卵色：灰绿色	催青经过（d:h）：11:00	解舒丝长（m）：873.56
卵壳色：淡黄色，少黄色	五龄经过（d:h）：6:23	解舒率（%）：71.43
蚁蚕体色：黑褐色	全龄经过（d:h）：24:11	清洁（分）：100.0
壮蚕体色：青白	蛰中经过（d:h）：17:00	洁净（分）：93.52
壮蚕斑纹：雄素斑，雌普斑	每蛾产卵数（粒）：573	茧丝纤度（dtex）：2.49
茧色：白色	良卵率（%）：99.01	调查年季：2020 年春

2035

保存编号：5325052	茧形：短椭圆	不受精卵率（%）：0.33
选育单位：云南蚕蜂所	缩皱：细	实用孵化率（%）：95.75
育种亲本：—	蛹体色：黄色	生种率（%）：0.00
育成年份：—	蛾体色：白色	死笼率（%）：1.62
种质类型：育成品种	蛾眼色：黑色	幼虫生命率（%）：96.40
地理系统：中国系统	蛾翅纹：无花纹斑	双宫茧率（%）：8.63
功能特性：耐高温多湿	稚蚕趋性：无	全茧量（g）：1.612
化性：二化	食桑习性：踏叶	茧层量（g）：0.376
眠性：四眠	就眠整齐度：齐	茧层率（%）：23.32
卵形：椭圆	老熟整齐度：齐涌	茧丝长（m）：1 018.58
卵色：灰绿色	催青经过（d:h）：11:00	解舒丝长（m）：790.32
卵壳色：淡黄色，少黄色	五龄经过（d:h）：8:12	解舒率（%）：77.59
蚁蚕体色：黑褐色	全龄经过（d:h）：26:23	清洁（分）：98.0
壮蚕体色：青白	蛰中经过（d:h）：16:17	洁净（分）：85.25
壮蚕斑纹：雄素斑，雌普斑	每蛾产卵数（粒）：498	茧丝纤度（dtex）：3.10
茧色：白色	良卵率（%）：97.79	调查年季：2020 年春

2041

保存编号：5325053	茧形：短椭圆	不受精卵率（%）：0.24
选育单位：—	缩皱：细	实用孵化率（%）：92.64
育种亲本：—	蛹体色：黄色	生种率（%）：0.00
育成年份：—	蛾体色：白色	死笼率（%）：1.25
种质类型：引进品种	蛾眼色：黑色	幼虫生命率（%）：94.18
地理系统：中国系统	蛾翅纹：无花纹斑	双宫茧率（%）：6.09
功能特性：耐高温多湿	稚蚕趋性：趋密性	全茧量（g）：1.671
化性：二化	食桑习性：踏叶	茧层量（g）：0.361
眠性：四眠	就眠整齐度：较齐	茧层率（%）：21.57
卵形：椭圆	老熟整齐度：齐涌	茧丝长（m）：885.23
卵色：灰绿色	催青经过（d:h）：11:00	解舒丝长（m）：416.58
卵壳色：淡黄色，少黄色	五龄经过（d:h）：7:12	解舒率（%）：47.06
蚁蚕体色：黑褐色	全龄经过（d:h）：25:23	清洁（分）：99.0
壮蚕体色：青白	蛰中经过（d:h）：16:15	洁净（分）：95.0
壮蚕斑纹：素斑	每蛾产卵数（粒）：556	茧丝纤度（dtex）：3.83
茧色：白色	良卵率（%）：98.56	调查年季：2020 年春

2043

保存编号：5325055	茧形：短椭圆	不受精卵率（%）：0.79
选育单位：—	缩皱：中	实用孵化率（%）：90.05
育种亲本：—	蛹体色：黄色	生种率（%）：4.89
育成年份：—	蛾体色：白色	死笼率（%）：1.08
种质类型：引进品种	蛾眼色：黑色	幼虫生命率（%）：96.40
地理系统：中国系统	蛾翅纹：无花纹斑	双宫茧率（%）：8.32
功能特性：耐高温多湿	稚蚕趋性：趋密性	全茧量（g）：1.496
化性：二化	食桑习性：踏叶	茧层量（g）：0.322
眠性：四眠	就眠整齐度：齐	茧层率（%）：21.50
卵形：椭圆	老熟整齐度：齐涌	茧丝长（m）：1 115.44
卵色：灰绿色	催青经过（d:h）：11:00	解舒丝长（m）：929.53
卵壳色：淡黄色，少乳白色	五龄经过（d:h）：7:00	解舒率（%）：83.33
蚁蚕体色：黑褐色	全龄经过（d:h）：24:12	清洁（分）：—
壮蚕体色：青白	蛰中经过（d:h）：16:13	洁净（分）：—
壮蚕斑纹：素斑	每蛾产卵数（粒）：504	茧丝纤度（dtex）：3.63
茧色：限性茧（雌黄雄白）	良卵率（%）：91.79	调查年季：2020 年春

2042

保存编号：5325054	茧形：浅束腰	不受精卵率（%）：3.26
选育单位：—	缩皱：细	实用孵化率（%）：92.42
育种亲本：—	蛹体色：黄色	生种率（%）：0.00
育成年份：—	蛾体色：白色	死笼率（%）：0.00
种质类型：引进品种	蛾眼色：黑色	幼虫生命率（%）：98.65
地理系统：日本系统	蛾翅纹：雌无花纹斑，雄有花纹斑	双宫茧率（%）：15.14
功能特性：耐高温多湿	稚蚕趋性：趋密性	全茧量（g）：1.519
化性：二化	食桑习性：踏叶	茧层量（g）：0.278
眠性：四眠	就眠整齐度：较齐	茧层率（%）：18.30
卵形：椭圆	老熟整齐度：齐涌	茧丝长（m）：1 011.71
卵色：灰紫色	催青经过（d:h）：11:00	解舒丝长（m）：778.24
卵壳色：乳白色，淡黄色	五龄经过（d:h）：8:07	解舒率（%）：76.92
蚁蚕体色：黑褐色	全龄经过（d:h）：27:06	清洁（分）：—
壮蚕体色：青白	蛰中经过（d:h）：15:17	洁净（分）：—
壮蚕斑纹：素斑	每蛾产卵数（粒）：419	茧丝纤度（dtex）3.03
茧色：白色	良卵率（%）：95.47	调查年季：2020 年春

334

保存编号：5325056	茧形：浅束腰	不受精卵率（%）：0.93
选育单位：云南蚕蜂所	缩皱：粗	实用孵化率（%）：86.26
育种亲本：—	蛹体色：黄色	生种率（%）：0.00
育成年份：—	蛾体色：白色	死笼率（%）：1.91
种质类型：育成品种	蛾眼色：黑色	幼虫生命率（%）：91.02
地理系统：日本系统	蛾翅纹：雌无花纹斑，雄有花纹斑	双宫茧率（%）：3.49
功能特性：耐高温多湿	稚蚕趋性：趋密性	全茧量（g）：1.372
化性：二化	食桑习性：踏叶	茧层量（g）：0.310
眠性：四眠	就眠整齐度：较齐	茧层率（%）：22.58
卵形：椭圆	老熟整齐度：齐涌	茧丝长（m）：898.43
卵色：灰紫色	催青经过（d:h）：11:00	解舒丝长（m）：598.95
卵壳色：乳白色	五龄经过（d:h）：8:19	解舒率（%）：66.67
蚁蚕体色：黑褐色	全龄经过（d:h）：27:06	清洁（分）：—
壮蚕体色：青赤	蛰中经过（d:h）：16:13	洁净（分）：—
壮蚕斑纹：普斑	每蛾产卵数（粒）：466	茧丝纤度（dtex）：3.01
茧色：白色	良卵率（%）：97.28	调查年季：2020 年春

336

保存编号：5325057	茧形：浅束腰	不受精卵率（%）：3.97
选育单位：云南蚕蜂所	缩皱：中	实用孵化率（%）：84.28
育种亲本：—	蛹体色：黄色	生种率（%）：0.00
育成年份：—	蛾体色：白色	死笼率（%）：2.50
种质类型：育成品种	蛾眼色：黑色	幼虫生命率（%）：99.01
地理系统：日本系统	蛾翅纹：雌无花纹斑，雄有花纹斑	双宫茧率（%）：1.98
功能特性：耐高温多湿	稚蚕趋性：趋密性	全茧量（g）：1.470
化性：二化	食桑习性：不踏叶	茧层量（g）：0.320
眠性：四眠	就眠整齐度：齐	茧层率（%）：21.79
卵形：椭圆	老熟整齐度：不齐	茧丝长（m）：1 071.11
卵色：灰紫色	催青经过（d:h）：11:00	解舒丝长（m）：714.07
卵壳色：乳白色	五龄经过（d:h）：8:01	解舒率（%）：66.67
蚁蚕体色：黑褐色	全龄经过（d:h）：26:06	清洁（分）：—
壮蚕体色：青赤	蛰中经过（d:h）：16:16	洁净（分）：—
壮蚕斑纹：普斑	每蛾产卵数（粒）：445	茧丝纤度（dtex）：2.66
茧色：白色	良卵率（%）：88.68	调查年季：2020 年春

竹岭 A

保存编号：5325058	茧形：短椭圆	不受精卵率（%）：0.59
选育单位：—	缩皱：细	实用孵化率（%）：97.09
育种亲本：—	蛹体色：黄色	生种率（%）：0.00
育成年份：—	蛾体色：白色	死笼率（%）：0.63
种质类型：引进品种	蛾眼色：黑色	幼虫生命率（%）：96.22
地理系统：中国系统	蛾翅纹：无花纹斑	双宫茧率（%）：4.53
功能特性：优质	稚蚕趋性：趋密性	全茧量（g）：1.485
化性：二化	食桑习性：踏叶	茧层量（g）：0.347
眠性：四眠	就眠整齐度：较齐	茧层率（%）：23.37
卵形：椭圆	老熟整齐度：齐涌	茧丝长（m）：959.40
卵色：灰绿色	催青经过（d:h）：11:00	解舒丝长（m）601.83
卵壳色：淡黄色，少白色	五龄经过（d:h）：7:23	解舒率（%）：62.73
蚁蚕体色：黑褐色	全龄经过（d:h）：26:11	清洁（分）：—
壮蚕体色：青白	蛰中经过（d:h）：16:17	洁净（分）：—
壮蚕斑纹：素斑	每蛾产卵数（粒）：504	茧丝纤度（dtex）：3.32
茧色：白色	良卵率（%）：98.61	调查年季：2020 年春

竹岭 B

保存编号：5325059	茧形：短椭圆	不受精卵率（%）：0.61
选育单位：—	缩皱：细	实用孵化率（%）：96.21
育种亲本：—	蛹体色：黄色	生种率（%）：0.00
育成年份：—	蛾体色：白色	死笼率（%）：0.27
种质类型：引进品种	蛾眼色：黑色	幼虫生命率（%）：95.97
地理系统：中国系统	蛾翅纹：无花纹斑	双宫茧率（%）：6.05
功能特性：优质	稚蚕趋性：趋密性	全茧量（g）：1.453
化性：二化	食桑习性：踏叶	茧层量（g）：0.328
眠性：四眠	就眠整齐度：较齐	茧层率（%）：22.57
卵形：椭圆	老熟整齐度：齐涌	茧丝长（m）：1 024.76
卵色：灰绿色	催青经过（d:h）：11:00	解舒丝长（m）：701.55
卵壳色：淡黄色，少白色	五龄经过（d:h）：6:23	解舒率（%）：68.46
蚁蚕体色：黑褐色	全龄经过（d:h）：24:11	清洁（分）：—
壮蚕体色：青白	蛰中经过（d:h）：16:17	洁净（分）：—
壮蚕斑纹：素斑	每蛾产卵数（粒）：544	茧丝纤度（dtex）：2.65
茧色：白色	良卵率（%）：98.71	调查年季：2020 年春

芙茹 A

保存编号：5325060	茧形：浅束腰	不受精卵率（%）：4.77
选育单位：—	缩皱：粗	实用孵化率（%）：91.39
育种亲本：—	蛹体色：黄色	生种率（%）：0.00
育成年份：—	蛾体色：白色	死笼率（%）：4.96
种质类型：引进品种	蛾眼色：黑色	幼虫生命率（%）：90.00
地理系统：日本系统	蛾翅纹：无花纹斑	双宫茧率（%）：2.93
功能特性：优质	稚蚕趋性：无	全茧量（g）：1.666
化性：二化	食桑习性：踏叶	茧层量（g）：0.406
眠性：四眠	就眠整齐度：不齐	茧层率（%）：24.38
卵形：椭圆	老熟整齐度：齐涌	茧丝长（m）：1 060.76
卵色：灰紫色	催青经过（d:h）：11:00	解舒丝长（m）：623.98
卵壳色：乳白色	五龄经过（d:h）：9:12	解舒率（%）：58.82
蚁蚕体色：黑褐色	全龄经过（d:h）：28:00	清洁（分）：—
壮蚕体色：青赤	蛰中经过（d:h）：18:00	洁净（分）：—
壮蚕斑纹：普斑	每蛾产卵数（粒）：609	茧丝纤度（dtex）：3.09
茧色：白色	良卵率（%）：95.21	调查年季：2020 年春

芙茹 B

保存编号：5325061	茧形：浅束腰	不受精卵率（%）：0.09
选育单位：—	缩皱：中	实用孵化率（%）：98.10
育种亲本：—	蛹体色：黄色	生种率（%）：0.00
育成年份：—	蛾体色：白色	死笼率（%）：6.75
种质类型：引进品种	蛾眼色：黑色	幼虫生命率（%）：89.45
地理系统：日本系统	蛾翅纹：无花纹斑	双宫茧率（%）：1.23
功能特性：优质	稚蚕趋性：无	全茧量（g）：1.374
化性：二化	食桑习性：踏叶	茧层量（g）：0.325
眠性：四眠	就眠整齐度：较齐	茧层率（%）：23.64
卵形：椭圆	老熟整齐度：齐涌	茧丝长（m）：1 102.96
卵色：灰紫色	催青经过（d:h）：11:00	解舒丝长（m）：772.07
卵壳色：乳白色	五龄经过（d:h）：10:00	解舒率（%）：70.00
蚁蚕体色：黑褐色	全龄经过（d:h）：30:05	清洁（分）：—
壮蚕体色：青赤	蛰中经过（d:h）：18:19	洁净（分）：—
壮蚕斑纹：普斑	每蛾产卵数（粒）：375	茧丝纤度（dtex）：2.48
茧色：白色	良卵率（%）：98.49	调查年季：2020 年春

山河 A

保存编号：5325062	茧形：短椭圆	不受精卵率（%）：1.36
选育单位：—	缩皱：细	实用孵化率（%）：93.36
育种亲本：—	蛹体色：黄色	生种率（%）：0.00
育成年份：—	蛾体色：白色	死笼率（%）：0.29
种质类型：引进品种	蛾眼色：黑色	幼虫生命率（%）：98.75
地理系统：中国系统	蛾翅纹：无花纹斑	双宫茧率（%）：3.48
功能特性：优质	稚蚕趋性：趋密性	全茧量（g）：1.831
化性：二化	食桑习性：踏叶	茧层量（g）：0.412
眠性：四眠	就眠整齐度：较齐	茧层率（%）：22.52
卵形：椭圆	老熟整齐度：齐涌	茧丝长（m）：979.81
卵色：灰绿色	催青经过（d:h）：11:00	解舒丝长（m）：613.66
卵壳色：淡黄色，少白色	五龄经过（d:h）：8:00	解舒率（%）：62.63
蚁蚕体色：黑褐色	全龄经过（d:h）：26:11	清洁（分）：100.0
壮蚕体色：青白	蛰中经过（d:h）：16:19	洁净（分）：94.75
壮蚕斑纹：素斑	每蛾产卵数（粒）：514	茧丝纤度（dtex）：2.98
茧色：白色	良卵率（%）：95.72	调查年季：2020 年春

山河 B

保存编号：5325063	茧形：短椭圆	不受精卵率（%）：0.48
选育单位：—	缩皱：细	实用孵化率（%）：93.34
育种亲本：—	蛹体色：黄色	生种率（%）：0.00
育成年份：—	蛾体色：白色	死笼率（%）：1.39
种质类型：引进品种	蛾眼色：黑色	幼虫生命率（%）：92.75
地理系统：中国系统	蛾翅纹：无花纹斑	双宫茧率（%）：6.08
功能特性：优质	稚蚕趋性：趋密性	全茧量（g）：1.588
化性：二化	食桑习性：踏叶	茧层量（g）：0.347
眠性：四眠	就眠整齐度：齐	茧层率（%）：21.85
卵形：椭圆	老熟整齐度：齐涌	茧丝长（m）：978.89
卵色：灰绿色	催青经过（d:h）：11:00	解舒丝长（m）：809.64
卵壳色：淡黄色	五龄经过（d:h）：8:19	解舒率（%）：82.71
蚁蚕体色：黑褐色	全龄经过（d:h）：27:06	清洁（分）：—
壮蚕体色：青白	蛰中经过（d:h）：18:19	洁净（分）：—
壮蚕斑纹：素斑	每蛾产卵数（粒）：554	茧丝纤度（dtex）：3.90
茧色：白色	良卵率（%）：98.38	调查年季：2020 年春

锦秀 A

保存编号：5325064	茧形：浅束腰	不受精卵率（%）：0.26
选育单位：—	缩皱：粗	实用孵化率（%）：96.59
育种亲本：—	蛹体色：黄色	生种率（%）：0.00
育成年份：—	蛾体色：白色	死笼率（%）：1.37
种质类型：引进品种	蛾眼色：黑色	幼虫生命率（%）：96.84
地理系统：日本系统	蛾翅纹：无花纹斑	双宫茧率（%）：0.00
功能特性：优质	稚蚕趋性：趋密性	全茧量（g）：1.626
化性：二化	食桑习性：不踏叶	茧层量（g）：0.402
眠性：四眠	就眠整齐度：齐	茧层率（%）：24.72
卵形：椭圆	老熟整齐度：齐涌	茧丝长（m）：928.80
卵色：灰紫色	催青经过（d:h）：11:00	解舒丝长（m）：580.50
卵壳色：乳白色	五龄经过（d:h）：9:01	解舒率（%）：62.50
蚁蚕体色：黑褐色	全龄经过（d:h）：27:06	清洁（分）：—
壮蚕体色：青白	蛰中经过（d:h）：18:19	洁净（分）：—
壮蚕斑纹：普斑	每蛾产卵数（粒）：517	茧丝纤度（dtex）：3.71
茧色：白色	良卵率（%）：98.52	调查年季：2020 年春

锦秀 B

保存编号：5325065	茧形：浅束腰	不受精卵率（%）：0.64
选育单位：—	缩皱：粗	实用孵化率（%）：96.65
育种亲本：—	蛹体色：黄色	生种率（%）：0.00
育成年份：—	蛾体色：白色	死笼率（%）：2.22
种质类型：引进品种	蛾眼色：黑色	幼虫生命率（%）：98.29
地理系统：日本系统	蛾翅纹：无花纹斑	双宫茧率（%）：0.00
功能特性：优质	稚蚕趋性：无	全茧量（g）：1.579
化性：二化	食桑习性：不踏叶	茧层量（g）：0.390
眠性：四眠	就眠整齐度：较齐	茧层率（%）：23.68
卵形：椭圆	老熟整齐度：齐涌	茧丝长（m）：1 069.79
卵色：灰紫色	催青经过（d:h）：11:00	解舒丝长（m）：534.55
卵壳色：乳白色	五龄经过（d:h）：8:01	解舒率（%）：50.00
蚁蚕体色：黑褐色	全龄经过（d:h）：26:06	清洁（分）：—
壮蚕体色：青白	蛰中经过（d:h）：17:23	洁净（分）：—
壮蚕斑纹：普斑	每蛾产卵数（粒）：469	茧丝纤度（dtex）：3.12
茧色：白色	良卵率（%）：97.65	调查年季：2020 年春

4588

保存编号：5325066	茧形：浅束腰	不受精卵率（%）：0.00
选育单位：云南蚕蜂所	缩皱：细	实用孵化率（%）：94.44
育种亲本：—	蛹体色：黄色	生种率（%）：0.00
育成年份：—	蛾体色：白色	死笼率（%）：2.31
种质类型：育成品种	蛾眼色：黑色	幼虫生命率（%）：95.41
地理系统：日本系统	蛾翅纹：无花纹斑	双宫茧率（%）：7.14
功能特性：优质	稚蚕趋性：无	全茧量（g）：1.430
化性：二化	食桑习性：踏叶	茧层量（g）：0.344
眠性：四眠	就眠整齐度：较齐	茧层率（%）：24.02
卵形：椭圆	老熟整齐度：齐涌	茧丝长（m）：895.73
卵色：灰紫色	催青经过（d:h）：11:00	解舒丝长（m）：559.93
卵壳色：乳白色	五龄经过（d:h）：9:19	解舒率（%）：62.50
蚁蚕体色：黑褐色	全龄经过（d:h）：29:06	清洁（分）：—
壮蚕体色：青白	蛰中经过（d:h）：19:12	洁净（分）：—
壮蚕斑纹：普斑	每蛾产卵数（粒）：511	茧丝纤度（dtex）：3.37
茧色：白色	良卵率（%）：98.56	调查年季：2020 年春

4589

保存编号：5325067	茧形：短椭圆	不受精卵率（%）：1.01
选育单位：云南蚕蜂所	缩皱：细	实用孵化率（%）：94.51
育种亲本：—	蛹体色：黄色	生种率（%）：0.00
育成年份：—	蛾体色：白色	死笼率（%）：1.07
种质类型：育成品种	蛾眼色：黑色	幼虫生命率（%）：97.51
地理系统：中国系统	蛾翅纹：无花纹斑	双宫茧率（%）：6.98
功能特性：优质	稚蚕趋性：趋密性	全茧量（g）：1.655
化性：二化	食桑习性：踏叶	茧层量（g）：0.393
眠性：四眠	就眠整齐度：不齐	茧层率（%）：23.73
卵形：椭圆	老熟整齐度：齐涌	茧丝长（m）：1 004.06
卵色：灰绿色	催青经过（d:h）：11:00	解舒丝长（m）：702.84
卵壳色：淡黄色	五龄经过（d:h）：8:00	解舒率（%）：70.00
蚁蚕体色：黑褐色	全龄经过（d:h）：26:11	清洁（分）：—
壮蚕体色：青白	蛰中经过（d:h）：16:19	洁净（分）：—
壮蚕斑纹：素斑	每蛾产卵数（粒）：627	茧丝纤度（dtex）：3.67
茧色：白色	良卵率（%）：98.97	调查年季：2020 年春

751

保存编号：5325068	茧形：短椭圆	不受精卵率（%）：1.01
选育单位：中国蚕研所	缩皱：细	实用孵化率（%）：94.30
育种亲本：—	蛹体色：黄色	生种率（%）：0.00
育成年份：1976	蛾体色：白色	死笼率（%）：1.03
种质类型：育成品种	蛾眼色：黑色	幼虫生命率（%）：94.80
地理系统：中国系统	蛾翅纹：无花纹斑	双宫茧率（%）：5.14
功能特性：优质	稚蚕趋性：无	全茧量（g）：1.589
化性：二化	食桑习性：踏叶	茧层量（g）：0.366
眠性：四眠	就眠整齐度：齐	茧层率（%）：23.02
卵形：椭圆	老熟整齐度：齐涌	茧丝长（m）：1 038.71
卵色：灰绿色	催青经过（d:h）：11:00	解舒丝长（m）：702.38
卵壳色：淡黄色	五龄经过（d:h）：8:06	解舒率（%）：67.62
蚁蚕体色：黑褐色	全龄经过（d:h）：27:08	清洁（分）：—
壮蚕体色：青白	蛰中经过（d:h）：17:00	洁净（分）：—
壮蚕斑纹：素斑	每蛾产卵数（粒）：529	茧丝纤度（dtex）：2.50
茧色：白色	良卵率（%）：98.42	调查年季：2020 年春

7521

保存编号：5325069	茧形：短椭圆	不受精卵率（%）：1.05
选育单位：—	缩皱：细	实用孵化率（%）：97.19
育种亲本：—	蛹体色：黄色	生种率（%）：3.21
育成年份：—	蛾体色：白色	死笼率（%）：1.38
种质类型：育成品种	蛾眼色：黑色	幼虫生命率（%）：97.51
地理系统：中国系统	蛾翅纹：—	双宫茧率（%）：12.15
功能特性：耐高温多湿	稚蚕趋性：趋密性	全茧量（g）：1.691
化性：二化	食桑习性：踏叶	茧层量（g）：0.400
眠性：四眠	就眠整齐度：较齐	茧层率（%）：23.64
卵形：椭圆	老熟整齐度：齐涌	茧丝长（m）：1 229.74
卵色：灰绿色	催青经过（d:h）：11:00	解舒丝长（m）：945.95
卵壳色：淡黄色，少黄色	五龄经过（d:h）：8:19	解舒率（%）：76.92
蚁蚕体色：黑褐色	全龄经过（d:h）：27:06	清洁（分）：—
壮蚕体色：青白	蛰中经过（d:h）：16:17	洁净（分）：—
壮蚕斑纹：雄素斑，雌普斑	每蛾产卵数（粒）：509	茧丝纤度（dtex）：—
茧色：白色	良卵率（%）：97.77	调查年季：2020 年春

7532

保存编号：5325070	茧形：浅束腰	不受精卵率（%）：0.13
选育单位：广西蚕业推广站	缩皱：细	实用孵化率（%）：97.67
育种亲本：苏 16、658	蛹体色：黄色	生种率（%）：0.00
育成年份：1982	蛾体色：白色	死笼率（%）：1.85
种质类型：育成品种	蛾眼色：黑色	幼虫生命率（%）：97.72
地理系统：日本系统	蛾翅纹：无花纹斑	双宫茧率（%）：4.05
功能特性：耐高温多湿	稚蚕趋性：趋密性	全茧量（g）：1.496
化性：二化	食桑习性：不踏叶	茧层量（g）：0.318
眠性：四眠	就眠整齐度：较齐	茧层率（%）：21.27
卵形：椭圆	老熟整齐度：齐涌	茧丝长（m）：948.94
卵色：灰紫色	催青经过（d:h）：11:00	解舒丝长（m）：711.70
卵壳色：乳白色	五龄经过（d:h）：8:12	解舒率（%）：75.00
蚁蚕体色：黑褐色	全龄经过（d:h）：26:23	清洁（分）：—
壮蚕体色：青白	蛰中经过（d:h）：17:18	洁净（分）：—
壮蚕斑纹：素斑	每蛾产卵数（粒）：517	茧丝纤度（dtex）：3.19
茧色：白色	良卵率（%）：99.48	调查年季：2020 年春

7556

保存编号：5325071	茧形：浅束腰	不受精卵率（%）：0.68
选育单位：—	缩皱：中	实用孵化率（%）：94.85
育种亲本：—	蛹体色：黄色	生种率（%）：0.00
育成年份：—	蛾体色：白色	死笼率（%）：2.86
种质类型：育成品种	蛾眼色：黑色	幼虫生命率（%）：96.92
地理系：日本系统	蛾翅纹：有花纹斑	双宫茧率（%）：0.51
功能特性：优质	稚蚕趋性：无	全茧量（g）：1.508
化性：二化	食桑习性：踏叶	茧层量（g）：0.326
眠性：四眠	就眠整齐度：较齐	茧层率（%）：21.58
卵形：椭圆	老熟整齐度：齐涌	茧丝长（m）：953.75
卵色：灰紫色	催青经过（d:h）：11:00	解舒丝长（m）：740.30
卵壳色：乳白色	五龄经过（d:h）：8:03	解舒率（%）：77.62
蚁蚕体色：黑褐色	全龄经过（d:h）：26:08	清洁（分）：—
壮蚕体色：青白	蛰中经过（d:h）：17:00	洁净（分）：—
壮蚕斑纹：素斑	每蛾产卵数（粒）：537	茧丝纤度（dtex）：2.60
茧色：白色	良卵率（%）：97.64	调查年季：2020 年春

779

保存编号：5325072	茧形：短椭圆	不受精卵率（%）：1.35
选育单位：—	缩皱：细	实用孵化率（%）：93.31
育种亲本：—	蛹体色：黄色	生种率（%）：0.00
育成年份：—	蛾体色：白色	死笼率（%）：6.88
种质类型：育成品种	蛾眼色：黑色	幼虫生命率（%）：89.92
地理系：中国系统	蛾翅纹：无花纹斑	双宫茧率（%）：19.62
功能特性：优质	稚蚕趋性：趋密性	全茧量（g）：1.580
化性：二化	食桑习性：踏叶	茧层量（g）：0.399
眠性：四眠	就眠整齐度：较齐	茧层率（%）：25.25
卵形：椭圆	老熟整齐度：齐涌	茧丝长（m）：1 184.18
卵色：灰绿色	催青经过（d:h）：11:00	解舒丝长（m）：803.58
卵壳色：淡黄色，少黄色	五龄经过（d:h）：8:20	解舒率（%）：67.86
蚁蚕体色：黑褐色	全龄经过（d:h）：27:08	清洁（分）：—
壮蚕体色：青白	蛰中经过（d:h）：17:08	洁净（分）：—
壮蚕斑纹：素斑	每蛾产卵数（粒）：371	茧丝纤度（dtex）：2.83
茧色：白色	良卵率（%）：98.02	调查年季：2020 年春

781

保存编号：5325073	茧形：短椭圆	不受精卵率（%）：0.24
选育单位：—	缩皱：细	实用孵化率（%）：86.39
育种亲本：—	蛹体色：黄色	生种率（%）：0.00
育成年份：—	蛾体色：白色	死笼率（%）：2.83
种质类型：育成品种	蛾眼色：黑色	幼虫生命率（%）：98.03
地理系统：中国系统	蛾翅纹：无花纹斑	双宫茧率（%）：4.93
功能特性：优质	稚蚕趋性：趋光趋密性	全茧量（g）：1.679
化性：二化	食桑习性：不踏叶	茧层量（g）：0.411
眠性：四眠	就眠整齐度：齐	茧层率（%）：24.45
卵形：椭圆	老熟整齐度：齐涌	茧丝长（m）：1 000.13
卵色：灰绿色	催青经过（d:h）：11:00	解舒丝长（m）：670.49
卵壳色：淡黄色，少白色	五龄经过（d:h）：8:00	解舒率（%）：67.04
蚁蚕体色：黑褐色	全龄经过（d:h）：26:11	清洁（分）：—
壮蚕体色：青白	蛰中经过（d:h）：16:12	洁净（分）：—
壮蚕斑纹：素斑	每蛾产卵数（粒）：555	茧丝纤度（dtex）：2.63
茧色：白色	良卵率（%）：98.80	调查年季：2020 年春

782

保存编号：5325074	茧形：浅束腰	不受精卵率（%）：0.52
选育单位：—	缩皱：粗	实用孵化率（%）：83.74
育种亲本：—	蛹体色：黄色	生种率（%）：0.00
育成年份：—	蛾体色：白色	死笼率（%）：2.82
种质类型：育成品种	蛾眼色：黑色	幼虫生命率（%）：95.32
地理系统：日本系统	蛾翅纹：无花纹斑	双宫茧率（%）：0.55
功能特性：优质	稚蚕趋性：逸散性	全茧量（g）：1.771
化性：二化	食桑习性：踏叶	茧层量（g）：0.404
眠性：四眠	就眠整齐度：较齐	茧层率（%）：22.83
卵形：椭圆	老熟整齐度：齐涌	茧丝长（m）：1 178.44
卵色：灰紫色	催青经过（d:h）：11:00	解舒丝长（m）：620.23
卵壳色：乳白色	五龄经过（d:h）：8:12	解舒率（%）：52.63
蚁蚕体色：黑褐色	全龄经过（d:h）：26:23	清洁（分）：—
壮蚕体色：青白	蛰中经过（d:h）：18:18	洁净（分）：—
壮蚕斑纹：普斑	每蛾产卵数（粒）：514	茧丝纤度（dtex）：3.31
茧色：白色	良卵率（%）：96.50	调查年季：2020 年春

791

保存编号：5325075	茧形：短椭圆	不受精卵率（%）：2.77
选育单位：—	缩皱：中	实用孵化率（%）：94.41
育种亲本：—	蛹体色：黄色	生种率（%）：0.00
育成年份：—	蛾体色：白色	死笼率（%）：0.00
种质类型：育成品种	蛾眼色：黑色	幼虫生命率（%）：96.10
地理系统：中国系统	蛾翅纹：无花纹斑	双宫茧率（%）：16.12
功能特性：优质	稚蚕趋性：趋密性	全茧量（g）：1.763
化性：二化	食桑习性：踏叶	茧层量（g）：0.391
眠性：四眠	就眠整齐度：较齐	茧层率（%）：22.16
卵形：椭圆	老熟整齐度：齐涌	茧丝长（m）：1 026.00
卵色：灰绿色	催青经过（d:h）：11:00	解舒丝长（m）：540.00
卵壳色：淡黄色，少黄色	五龄经过（d:h）：8:18	解舒率（%）：52.63
蚁蚕体色：黑褐色	全龄经过（d:h）：27:06	清洁（分）：—
壮蚕体色：青白	蛰中经过（d:h）：18:00	洁净（分）：—
壮蚕斑纹：素斑	每蛾产卵数（粒）：470	茧丝纤度（dtex）：3.30
茧色：白色	良卵率（%）：93.90	调查年季：2020 年春

792

保存编号：5325076	茧形：浅束腰	不受精卵率（%）：1.89
选育单位：—	缩皱：粗	实用孵化率（%）：83.54
育种亲本：—	蛹体色：黄色	生种率（%）：0.00
育成年份：—	蛾体色：白色	死笼率（%）：1.88
种质类型：育成品种	蛾眼色：黑色	幼虫生命率（%）：93.52
地理系统：日本系统	蛾翅纹：无花纹斑	双宫茧率（%）：2.59
功能特性：优质	稚蚕趋性：趋密性	全茧量（g）：1.617
化性：二化	食桑习性：踏叶	茧层量（g）：0.373
眠性：四眠	就眠整齐度：较齐	茧层率（%）：23.08
卵形：椭圆	老熟整齐度：齐涌	茧丝长（m）：991.13
卵色：灰紫色	催青经过（d:h）：11:00	解舒丝长（m）：825.94
卵壳色：乳白色	五龄经过（d:h）：8:08	解舒率（%）：83.33
蚁蚕体色：黑褐色	全龄经过（d:h）：26:08	清洁（分）：—
壮蚕体色：青白	蛰中经过（d:h）：18:00	洁净（分）：—
壮蚕斑纹：普斑	每蛾产卵数（粒）：423	茧丝纤度（dtex）：2.66
茧色：白色	良卵率（%）：97.16	调查年季：2020 年春

792 白

保存编号：5325077	茧形：浅束腰	不受精卵率（%）：1.36
选育单位：云南蚕蜂所	缩皱：中	实用孵化率（%）：84.65
育种亲本：—	蛹体色：黄色	生种率（%）：0.00
育成年份：—	蛾体色：白色	死笼率（%）：1.65
种质类型：育成品种	蛾眼色：黑色	幼虫生命率（%）：95.23
地理系统：日本系统	蛾翅纹：无花纹斑	双宫茧率（%）：0.50
功能特性：耐高温多湿	稚蚕趋性：无	全茧量（g）：1.696
化性：二化	食桑习性：踏叶	茧层量（g）：0.394
眠性：四眠	就眠整齐度：较齐	茧层率（%）：23.24
卵形：椭圆	老熟整齐度：齐涌	茧丝长（m）：936.90
卵色：灰紫色	催青经过（d:h）：11:00	解舒丝长（m）：624.60
卵壳色：乳白色	五龄经过（d:h）：6:17	解舒率（%）：66.67
蚁蚕体色：黑褐色	全龄经过（d:h）：28:23	清洁（分）：—
壮蚕体色：青白	蛰中经过（d:h）：18:00	洁净（分）：—
壮蚕斑纹：素斑	每蛾产卵数（粒）：343	茧丝纤度（dtex）：3.46
茧色：白色	良卵率（%）：96.89	调查年季：2020 年春

793

保存编号：5325078	茧形：短椭圆	不受精卵率（%）：7.98
选育单位：—	缩皱：细	实用孵化率（%）：88.66
育种亲本：—	蛹体色：黄色	生种率（%）：0.00
育成年份：—	蛾体色：白色	死笼率（%）：5.12
种质类型：育成品种	蛾眼色：黑色	幼虫生命率（%）：93.08
地理系统：中国系统	蛾翅纹：无花纹斑	双宫茧率（%）：5.14
功能特性：优质	稚蚕趋性：无	全茧量（g）：1.505
化性：二化	食桑习性：踏叶	茧层量（g）：0.353
眠性：四眠	就眠整齐度：较齐	茧层率（%）：23.44
卵形：椭圆	老熟整齐度：齐涌	茧丝长（m）：1 184.85
卵色：灰绿色	催青经过（d:h）：11:00	解舒丝长（m）：658.25
卵壳色：淡黄色	五龄经过（d:h）：7:12	解舒率（%）：55.56
蚁蚕体色：黑褐色	全龄经过（d:h）：25:23	清洁（分）：—
壮蚕体色：青白	蛰中经过（d:h）：18:19	洁净（分）：—
壮蚕斑纹：素斑	每蛾产卵数（粒）：443	茧丝纤度（dtex）：3.00
茧色：白色	良卵率（%）：86.23	调查年季：2020 年春

794

保存编号：5325079	茧形：长筒形	不受精卵率（%）：2.13
选育单位：—	缩皱：粗	实用孵化率（%）：90.51
育种亲本：—	蛹体色：黄色	生种率（%）：0.00
育成年份：—	蛾体色：白色	死笼率（%）：2.11
种质类型：育成品种	蛾眼色：黑色	幼虫生命率（%）：94.92
地理系统：日本系统	蛾翅纹：无花纹斑	双宫茧率（%）：2.91
功能特性：优质	稚蚕趋性：无	全茧量（g）：1.502
化性：二化	食桑习性：踏叶	茧层量（g）：0.365
眠性：四眠	就眠整齐度：较齐	茧层率（%）：24.27
卵形：椭圆	老熟整齐度：齐涌	茧丝长（m）：1 028.36
卵色：灰紫色	催青经过（d:h）：11:00	解舒丝长（m）：904.96
卵壳色：乳白色	五龄经过（d:h）：9:12	解舒率（%）：88.00
蚁蚕体色：黑褐色	全龄经过（d:h）：28:00	清洁（分）：—
壮蚕体色：青白	蛰中经过（d:h）：18:17	洁净（分）：—
壮蚕斑纹：普斑	每蛾产卵数（粒）：407	茧丝纤度（dtex）：2.76
茧色：白色	良卵率（%）：95.00	调查年季：2020 年春

795

保存编号：5325080	茧形：短椭圆	不受精卵率（%）：0.60
选育单位：—	缩皱：细	实用孵化率（%）：98.74
育种亲本：—	蛹体色：黄色	生种率（%）：0.00
育成年份：—	蛾体色：白色	死笼率（%）：2.19
种质类型：育成品种	蛾眼色：黑色	幼虫生命率（%）：96.73
地理系统：中国系统	蛾翅纹：无花纹斑	双宫茧率（%）：2.52
功能特性：优质	稚蚕趋性：无	全茧量（g）：1.845
化性：二化	食桑习性：踏叶	茧层量（g）：0.420
眠性：四眠	就眠整齐度：较齐	茧层率（%）：22.77
卵形：椭圆	老熟整齐度：齐涌	茧丝长（m）：1 038.50
卵色：灰绿色	催青经过（d:h）：11:00	解舒丝长（m）：722.90
卵壳色：淡黄色	五龄经过（d:h）：8:00	解舒率（%）：69.61
蚁蚕体色：黑褐色	全龄经过（d:h）：26:11	清洁（分）：—
壮蚕体色：青白	蛰中经过（d:h）：16:16	洁净（分）：—
壮蚕斑纹：雄素斑，雌普斑	每蛾产卵数（粒）：614	茧丝纤度（dtex）：2.85
茧色：白色	良卵率（%）：98.70	调查年季：2020 年春

796

保存编号：5325081	茧形：浅束腰	不受精卵率（%）：0.17
选育单位：—	缩皱：中	实用孵化率（%）：95.87
育种亲本：—	蛹体色：黄色	生种率（%）：0.00
育成年份：—	蛾体色：白色	死笼率（%）：0.62
种质类型：育成品种	蛾眼色：黑色	幼虫生命率（%）：97.22
地理系统：日本系统	蛾翅纹：无花纹斑	双宫茧率（%）：5.06
功能特性：抗逆	稚蚕趋性：无	全茧量（g）：1.445
化性：二化	食桑习性：不踏叶	茧层量（g）：0.338
眠性：四眠	就眠整齐度：齐	茧层率（%）：23.40
卵形：椭圆	老熟整齐度：齐涌	茧丝长（m）：844.65
卵色：灰紫色	催青经过（d:h）：11:00	解舒丝长（m）：703.88
卵壳色：乳白色	五龄经过（d:h）：9:00	解舒率（%）：83.33
蚁蚕体色：黑褐色	全龄经过（d:h）：29:00	清洁（分）：98.0
壮蚕体色：青白	蛰中经过（d:h）：18:17	洁净（分）：85.25
壮蚕斑纹：普斑	每蛾产卵数（粒）：577	茧丝纤度（dtex）：3.31
茧色：白色	良卵率（%）：99.25	调查年季：2020 年春

829

保存编号：5325082	茧形：短椭圆	不受精卵率（%）：1.10
选育单位：—	缩皱：细	实用孵化率（%）：89.64
育种亲本：—	蛹体色：黄色	生种率（%）：0.00
育成年份：—	蛾体色：白色	死笼率（%）：1.25
种质类型：育成品种	蛾眼色：黑色	幼虫生命率（%）：97.99
地理系统：中国系统	蛾翅纹：无花纹斑	双宫茧率（%）：2.01
功能特性：高产	稚蚕趋性：趋密性	全茧量（g）：1.687
化性：二化	食桑习性：踏叶	茧层量（g）：0.376
眠性：四眠	就眠整齐度：较齐	茧层率（%）：22.29
卵形：椭圆	老熟整齐度：齐涌	茧丝长（m）：1 117.97
卵色：灰绿色	催青经过（d:h）：11:00	解舒丝长（m）：745.31
卵壳色：淡黄色	五龄经过（d:h）：7:12	解舒率（%）：66.67
蚁蚕体色：黑褐色	全龄经过（d:h）：25:12	清洁（分）：99.0
壮蚕体色：青白	蛰中经过（d:h）：17:17	洁净（分）：88.58
壮蚕斑纹：素斑	每蛾产卵数（粒）：487	茧丝纤度（dtex）：3.04
茧色：白色	良卵率（%）：98.82	调查年季：2020 年春

854B

保存编号：5325083	茧形：浅束腰	不受精卵率（%）：0.59
选育单位：湖北蚕研所	缩皱：中	实用孵化率（%）：86.37
育种亲本：—	蛹体色：黄色	生种率（%）：0.00
育成年份：—	蛾体色：白色	死笼率（%）：13.94
种质类型：育成品种	蛾眼色：黑色	幼虫生命率（%）：98.02
地理系统：日本系统	蛾翅纹：无花纹斑	双宫茧率（%）：0.00
功能特性：耐高温多湿	稚蚕趋性：无	全茧量（g）：1.559
化性：二化	食桑习性：踏叶	茧层量（g）：0.367
眠性：四眠	就眠整齐度：欠齐	茧层率（%）：23.55
卵形：椭圆	老熟整齐度：齐涌	茧丝长（m）：950.00
卵色：灰紫色	催青经过（d:h）：11:00	解舒丝长（m）：712.50
卵壳色：乳白色	五龄经过（d:h）：8:19	解舒率（%）：75.00
蚁蚕体色：黑褐色	全龄经过（d:h）：27:06	清洁（分）：—
壮蚕体色：青白	蛰中经过（d:h）：18:17	洁净（分）：—
壮蚕斑纹：雄素斑，雌普斑	每蛾产卵数（粒）：504	茧丝纤度（dtex）：3.40
茧色：白色	良卵率（%）：98.41	调查年季：2020年春

871A

保存编号：5325084	茧形：短椭圆	不受精卵率（%）：0.86
选育单位：中国蚕研所	缩皱：细	实用孵化率（%）：97.97
育种亲本：57B、C4	蛹体色：黄色	生种率（%）：0.00
育成年份：1995	蛾体色：白色	死笼率（%）：0.89
种质类型：育成品种	蛾眼色：黑色	幼虫生命率（%）：97.88
地理系统：中国系统	蛾翅纹：无花纹斑	双宫茧率（%）：5.29
功能特性：优质	稚蚕趋性：趋密性	全茧量（g）：1.704
化性：二化	食桑习性：不踏叶	茧层量（g）：0.404
眠性：四眠	就眠整齐度：齐	茧层率（%）：23.72
卵形：椭圆	老熟整齐度：齐涌	茧丝长（m）：1 246.50
卵色：灰绿色	催青经过（d:h）：11:00	解舒丝长（m）：888.13
卵壳色：淡黄色，少乳白色	五龄经过（d:h）：8:06	解舒率（%）：71.25
蚁蚕体色：黑褐色	全龄经过（d:h）：26:06	清洁（分）：99.0
壮蚕体色：青白	蛰中经过（d:h）：16:13	洁净（分）：93.5
壮蚕斑纹：雄素斑，雌普斑	每蛾产卵数（粒）：501	茧丝纤度（dtex）：2.63
茧色：白色	良卵率（%）：98.34	调查年季：2020年春

871B

保存编号：5325085	茧形：短椭圆	不受精卵率（%）：1.23
选育单位：中国蚕研所	缩皱：细	实用孵化率（%）：95.83
育种亲本：57B、C4	蛹体色：黄色	生种率（%）：0.00
育成年份：1995	蛾体色：白色	死笼率（%）：1.88
种质类型：育成品种	蛾眼色：黑色	幼虫生命率（%）：95.76
地理系统：中国系统	蛾翅纹：无花纹斑	双宫茧率（%）：19.19
功能特性：优质	稚蚕趋性：趋密性	全茧量（g）：1.466
化性：二化	食桑习性：不踏叶	茧层量（g）：0.353
眠性：四眠	就眠整齐度：齐	茧层率（%）：24.09
卵形：椭圆	老熟整齐度：齐涌	茧丝长（m）：1 108.01
卵色：灰绿色	催青经过（d:h）：11:00	解舒丝长（m）：775.61
卵壳色：淡黄色，少乳白色	五龄经过（d:h）：7:12	解舒率（%）：70.00
蚁蚕体色：黑褐色	全龄经过（d:h）：26:11	清洁（分）：99.0
壮蚕体色：青白	蛰中经过（d:h）：17:17	洁净（分）：94.5
壮蚕斑纹：雄素斑，雌普斑	每蛾产卵数（粒）：435	茧丝纤度（dtex）：2.56
茧色：白色	良卵率（%）：97.47	调查年季：2020 年春

872A

保存编号：5325086	茧形：浅束腰	不受精卵率（%）：0.00
选育单位：中国蚕研所	缩皱：粗	实用孵化率（%）：92.75
育种亲本：46、782	蛹体色：黄色	生种率（%）：6.01
育成年份：1995	蛾体色：白色	死笼率（%）：0.86
种质类型：育成品种	蛾眼色：黑色	幼虫生命率（%）：94.16
地理系统：日本系统	蛾翅纹：无花纹斑	双宫茧率（%）：5.31
功能特性：优质	稚蚕趋性：趋密性	全茧量（g）：1.458
化性：二化	食桑习性：踏叶	茧层量（g）：0.343
眠性：四眠	就眠整齐度：齐	茧层率（%）：23.50.
卵形：椭圆	老熟整齐度：不齐	茧丝长（m）：1 035.38
卵色：灰紫色	催青经过（d:h）：11:00	解舒丝长（m）：849.01
卵壳色：乳白色	五龄经过（d:h）：9:07	解舒率（%）：82.00
蚁蚕体色：黑褐色	全龄经过（d:h）：28:06	清洁（分）：100.0
壮蚕体色：青白	蛰中经过（d:h）：18:17	洁净（分）：93.5
壮蚕斑纹：普斑	每蛾产卵数（粒）：575	茧丝纤度（dtex）：3.25
茧色：白色	良卵率（%）：97.56	调查年季：2020 年春

872B

保存编号：5325087	茧形：浅束腰	不受精卵率（%）：0.07
选育单位：中国蚕研所	缩皱：粗	实用孵化率（%）：91.06
育种亲本：46、782	蛹体色：黄色	生种率（%）：0.00
育成年份：1995	蛾体色：白色	死笼率（%）：1.64
种质类型：育成品种	蛾眼色：黑色	幼虫生命率（%）：96.22
地理系统：中国系统	蛾翅纹：无花纹斑	双宫茧率（%）：4.53
功能特性：优质	稚蚕趋性：趋密性	全茧量（g）：1.472
化性：二化	食桑习性：不踏叶	茧层量（g）：0.374
眠性：四眠	就眠整齐度：较齐	茧层率（%）：25.38
卵形：椭圆	老熟整齐度：齐涌	茧丝长（m）：1 154.14
卵色：灰紫色	催青经过（d:h）：11:00	解舒丝长（m）：769.43
卵壳色：乳白色	五龄经过（d:h）：9:00	解舒率（%）：66.67
蚁蚕体色：黑褐色	全龄经过（d:h）：28:06	清洁（分）：100.0
壮蚕体色：青白	蛰中经过（d:h）：18:12	洁净（分）：95.0
壮蚕斑纹：普斑	每蛾产卵数（粒）：501	茧丝纤度（dtex）：3.15
茧色：白色	良卵率（%）：96.01	调查年季：2020 年春

8212 白

保存编号：5325088	茧形：长筒形	不受精卵率（%）：1.94
选育单位：云南蚕蜂所	缩皱：中	实用孵化率（%）：92.80
育种亲本：—	蛹体色：黄色	生种率（%）：0.00
育成年份：—	蛾体色：白色	死笼率（%）：5.56
种质类型：育成品种	蛾眼色：黑色	幼虫生命率（%）：95.80
地理系统：日本系统	蛾翅纹：无花纹斑	双宫茧率（%）：1.57
功能特性：耐高温多湿	稚蚕趋性：无	全茧量（g）：1.348
化性：二化	食桑习性：踏叶	茧层量（g）：0.313
眠性：四眠	就眠整齐度：较齐	茧层率（%）：23.22
卵形：椭圆	老熟整齐度：齐涌	茧丝长（m）：1 162.80
卵色：灰紫色	催青经过（d:h）：11:00	解舒丝长（m）：610.47
卵壳色：乳白色	五龄经过（d:h）：9:07	解舒率（%）：52.50
蚁蚕体色：黑褐色	全龄经过（d:h）：27:12	清洁（分）：—
壮蚕体色：青白	蛰中经过（d:h）：18:17	洁净（分）：—
壮蚕斑纹：素斑	每蛾产卵数（粒）：497	茧丝纤度（dtex）：2.37
茧色：白色	良卵率（%）：95.84	调查年季：2020 年春

921

保存编号：5325089	茧形：短椭圆	不受精卵率（%）：0.25
选育单位：云南蚕蜂所	缩皱：中	实用孵化率（%）：84.58
育种亲本：—	蛹体色：黄色	生种率（%）：0.00
育成年份：—	蛾体色：白色	死笼率（%）：0.00
种质类型：育成品种	蛾眼色：黑色	幼虫生命率（%）：92.06
地理系统：中国系统	蛾翅纹：无花纹斑	双宫茧率（%）：2.65
功能特性：优质	稚蚕趋性：无	全茧量（g）：1.651
化性：二化	食桑习性：踏叶	茧层量（g）：0.384
眠性：四眠	就眠整齐度：较齐	茧层率（%）：23.22
卵形：椭圆	老熟整齐度：齐涌	茧丝长（m）：1 138.73
卵色：灰绿色	催青经过（d:h）：11:00	解舒丝长（m）：875.94
卵壳色：淡黄色	五龄经过（d:h）：8:01	解舒率（%）：76.92
蚁蚕体色：黑褐色	全龄经过（d:h）：26:06	清洁（分）：99.0
壮蚕体色：青白	蛰中经过（d:h）：18:00	洁净（分）：95.0
壮蚕斑纹：素斑	每蛾产卵数（粒）：530	茧丝纤度（dtex）：2.92
茧色：白色	良卵率（%）：99.12	调查年季：2020 年春

923A

保存编号：5325090	茧形：短椭圆	不受精卵率（%）：1.56
选育单位：云南蚕蜂所	缩皱：粗	实用孵化率（%）：95.94
育种亲本：—	蛹体色：黄色	生种率（%）：0.00
育成年份：1998	蛾体色：白色	死笼率（%）：2.50
种质类型：育成品种	蛾眼色：黑色	幼虫生命率（%）：96.14
地理系统：中国系统	蛾翅纹：无花纹斑	双宫茧率（%）：14.40
功能特性：优质	稚蚕趋性：趋密性	全茧量（g）：1.567
化性：二化	食桑习性：踏叶	茧层量（g）：0.369
眠性：四眠	就眠整齐度：齐	茧层率（%）：23.56
卵形：椭圆	老熟整齐度：齐涌	茧丝长（m）：802.77
卵色：灰绿色	催青经过（d:h）：11:00	解舒丝长（m）：330.36
卵壳色：淡黄色，少黄色	五龄经过（d:h）：7:19	解舒率（%）：41.15
蚁蚕体色：黑褐色	全龄经过（d:h）：27:06	清洁（分）：—
壮蚕体色：青白	蛰中经过（d:h）：16:17	洁净（分）：—
壮蚕斑纹：雄素斑，雌普斑	每蛾产卵数（粒）：471	茧丝纤度（dtex）：3.39
茧色：白色	良卵率（%）：97.60	调查年季：2020 年春

923B

保存编号：5325091	茧形：短椭圆	不受精卵率（%）：0.64
选育单位：云南蚕蜂所	缩皱：中	实用孵化率（%）：96.23
育种亲本：—	蛹体色：黄色	生种率（%）：0.00
育成年份：1998	蛾体色：白色	死笼率（%）：2.62
种质类型：育成品种	蛾眼色：黑色	幼虫生命率（%）：97.12
地理系统：中国系统	蛾翅纹：无花纹斑	双宫茧率（%）：13.75
功能特性：优质	稚蚕趋性：趋密性	全茧量（g）：1.621
化性：二化	食桑习性：踏叶	茧层量（g）：0.417
眠性：四眠	就眠整齐度：较齐	茧层率（%）：25.73
卵形：椭圆	老熟整齐度：齐涌	茧丝长（m）：1 156.05
卵色：灰色、灰绿色	催青经过（d:h）：11:00	解舒丝长（m）：770.70
卵壳色：淡黄色，少黄色	五龄经过（d:h）：8:12	解舒率（%）：66.67
蚁蚕体色：黑褐色	全龄经过（d:h）：26:23	清洁（分）：—
壮蚕体色：青白	蛰中经过（d:h）：16:19	洁净（分）：—
壮蚕斑纹：雄素斑，雌普斑	每蛾产卵数（粒）：417	茧丝纤度（dtex）：3.15
茧色：白色	良卵率（%）：97.92	调查年季：2020 年春

932

保存编号：5325092	茧形：短椭圆	不受精卵率（%）：0.00
选育单位：广西蚕业推广站	缩皱：细	实用孵化率（%）：97.64
育种亲本：九白海、7302	蛹体色：黄色	生种率（%）：0.00
育成年份：1992	蛾体色：白色	死笼率（%）：0.52
种质类型：育成品种	蛾眼色：黑色	幼虫生命率（%）：88.10
地理系统：中国系统	蛾翅纹：无花纹斑	双宫茧率（%）：4.76
功能特性：耐高温多湿	稚蚕趋性：趋密性	全茧量（g）：1.221
化性：二化	食桑习性：踏叶	茧层量（g）：0.220
眠性：四眠	就眠整齐度：齐	茧层率（%）：18.04
卵形：椭圆	老熟整齐度：齐涌	茧丝长（m）：975.04
卵色：灰绿色	催青经过（d:h）：11:00	解舒丝长（m）：696.46
卵壳色：淡黄色，少黄色	五龄经过（d:h）：7:11	解舒率（%）：71.43
蚁蚕体色：黑褐色	全龄经过（d:h）：25:11	清洁（分）：—
壮蚕体色：青白	蛰中经过（d:h）：14:17	洁净（分）：—
壮蚕斑纹：素斑	每蛾产卵数（粒）：455	茧丝纤度（dtex）：2.81
茧色：白色	良卵率（%）：99.12	调查年季：2020 年春

955

保存编号：5325093	茧形：短椭圆	不受精卵率（%）：0.97
选育单位：云南蚕蜂所	缩皱：粗	实用孵化率（%）：98.10
育种亲本：—	蛹体色：黄色	生种率（%）：0.00
育成年份：2000	蛾体色：白色	死笼率（%）：1.88
种质类型：育成品种	蛾眼色：黑色	幼虫生命率（%）：98.72
地理系统：中国系统	蛾翅纹：无花纹斑	双宫茧率（%）：15.31
功能特性：耐高温多湿	稚蚕趋性：无	全茧量（g）：1.394
化性：二化	食桑习性：踏叶	茧层量（g）：0.318
眠性：四眠	就眠整齐度：齐	茧层率（%）：22.81
卵形：椭圆	老熟整齐度：齐涌	茧丝长（m）：934.31
卵色：灰绿色	催青经过（d:h）：11:00	解舒丝长（m）：436.51
卵壳色：淡黄色，少黄色	五龄经过（d:h）：7:00	解舒率（%）：46.72
蚁蚕体色：黑褐色	全龄经过（d:h）：24:11	清洁（分）：—
壮蚕体色：青白	蛰中经过（d:h）：16:13	洁净（分）：—
壮蚕斑纹：素斑	每蛾产卵数（粒）：515	茧丝纤度（dtex）：3.04
茧色：白色	良卵率（%）：98.84	调查年季：2020 年春

956

保存编号：5325094	茧形：浅束腰	不受精卵率（%）：0.26
选育单位：云南蚕蜂所	缩皱：中	实用孵化率（%）：88.70
育种亲本：—	蛹体色：黄色	生种率（%）：0.00
育成年份：2000	蛾体色：白色	死笼率（%）：3.12
种质类型：育成品种	蛾眼色：黑色	幼虫生命率（%）：98.22
地理系统：日本系统	蛾翅纹：无花纹斑	双宫茧率（%）：1.52
功能特性：耐高温多湿	稚蚕趋性：无	全茧量（g）：1.375
化性：二化	食桑习性：踏叶	茧层量（g）：0.310
眠性：四眠	就眠整齐度：不齐	茧层率（%）：22.52
卵形：椭圆	老熟整齐度：齐涌	茧丝长（m）：1 041.08
卵色：灰紫色	催青经过（d:h）：11:00	解舒丝长（m）：544.07
卵壳色：乳白色，少黄色	五龄经过（d:h）：8:07	解舒率（%）：52.26
蚁蚕体色：黑褐色	全龄经过（d:h）：26:06	清洁（分）：—
壮蚕体色：青白	蛰中经过（d:h）：17:17	洁净（分）：—
壮蚕斑纹：素斑	每蛾产卵数（粒）：505	茧丝纤度（dtex）：2.82
茧色：白色	良卵率（%）：98.68	调查年季：2020 年春

963A

保存编号：5325095	茧形：短椭圆	不受精卵率（%）：0.87
选育单位：云南蚕蜂所	缩皱：中	实用孵化率（%）：93.50
育种亲本：—	蛹体色：黄色	生种率（%）：0.00
育成年份：2000	蛾体色：白色	死笼率（%）：1.88
种质类型：育成品种	蛾眼色：黑色	幼虫生命率（%）：92.64
地理系统：中国系统	蛾翅纹：无花纹斑	双宫茧率（%）：7.61
功能特性：耐高温多湿	稚蚕趋性：趋密性	全茧量（g）：1.519
化性：二化	食桑习性：踏叶	茧层量（g）：0.371
眠性：四眠	就眠整齐度：齐	茧层率（%）：24.42
卵形：椭圆	老熟整齐度：齐涌	茧丝长（m）：1 273.16
卵色：灰绿色	催青经过（d:h）：11:00	解舒丝长（m）：707.31
卵壳色：淡黄色，少黄色	五龄经过（d:h）：8:03	解舒率（%）：55.56
蚁蚕体色：黑褐色	全龄经过（d:h）：26:08	清洁（分）：—
壮蚕体色：青白	蛰中经过（d:h）：15:18	洁净（分）：—
壮蚕斑纹：素斑	每蛾产卵数（粒）：422	茧丝纤度（dtex）：2.60
茧色：白色	良卵率（%）：96.05	调查年季：2020 年春

963B

保存编号：5325096	茧形：短椭圆	不受精卵率（%）：1.08
选育单位：云南蚕蜂所	缩皱：细	实用孵化率（%）：88.17
育种亲本：—	蛹体色：黄色	生种率（%）：0.00
育成年份：2000	蛾体色：白色	死笼率（%）：7.64
种质类型：育成品种	蛾眼色：黑色	幼虫生命率（%）：96.96
地理系统：中国系统	蛾翅纹：无花纹斑	双宫茧率（%）：17.72
功能特性：耐高温多湿	稚蚕趋性：无	全茧量（g）：1.675
化性：二化	食桑习性：踏叶	茧层量（g）：0.403
眠性：四眠	就眠整齐度：齐	茧层率（%）：24.08
卵形：椭圆	老熟整齐度：齐涌	茧丝长（m）：1 136.48
卵色：灰绿色	催青经过（d:h）：11:00	解舒丝长（m）：811.77
卵壳色：淡黄色，少黄色	五龄经过（d:h）：7:19	解舒率（%）：71.43
蚁蚕体色：黑褐色	全龄经过（d:h）：25:07	清洁（分）：—
壮蚕体色：青白	蛰中经过（d:h）：16:17	洁净（分）：—
壮蚕斑纹：素斑	每蛾产卵数（粒）：463	茧丝纤度（dtex）：3.26
茧色：白色	良卵率（%）：96.18	调查年季：2020 年春

964A

保存编号：5325097	茧形：浅束腰	不受精卵率（%）：0.76
选育单位：云南蚕蜂所	缩皱：粗	实用孵化率（%）：93.66
育种亲本：—	蛹体色：黄色	生种率（%）：0.00
育成年份：—	蛾体色：白色	死笼率（%）：7.75
种质类型：育成品种	蛾眼色：黑色	幼虫生命率（%）：92.00
地理系统：日本系统	蛾翅纹：无花纹斑	双宫茧率（%）：0.00
功能特性：优质	稚蚕趋性：无	全茧量（g）：1.441
化性：二化	食桑习性：踏叶	茧层量（g）：0.346
眠性：四眠	就眠整齐度：齐	茧层率（%）：24.00
卵形：椭圆	老熟整齐度：齐涌	茧丝长（m）：1 224.34
卵色：灰紫色	催青经过（d:h）：11:00	解舒丝长（m）：680.19
卵壳色：乳白色，少淡黄色	五龄经过（d:h）：10:12	解舒率（%）：55.56
蚁蚕体色：黑褐色	全龄经过（d:h）：30:00	清洁（分）：—
壮蚕体色：青白	蛰中经过（d:h）：17:17	洁净（分）：—
壮蚕斑纹：普斑	每蛾产卵数（粒）：484	茧丝纤度（dtex）：2.63
茧色：白色	良卵率（%）：97.86	调查年季：2020 年春

964B

保存编号：5325098	茧形：浅束腰	不受精卵率（%）：0.84
选育单位：云南蚕蜂所	缩皱：粗	实用孵化率（%）：96.32
育种亲本：—	蛹体色：黄色	生种率（%）：2.07
育成年份：—	蛾体色：白色	死笼率（%）：1.84
种质类型：育成品种	蛾眼色：黑色	幼虫生命率（%）：80.75
地理系统：日本系统	蛾翅纹：雌无花纹斑，雄有花纹斑	双宫茧率（%）：1.07
功能特性：优质	稚蚕趋性：无	全茧量（g）：1.455
化性：二化	食桑习性：踏叶	茧层量（g）：0.353
眠性：四眠	就眠整齐度：欠齐	茧层率（%）：24.27
卵形：椭圆	老熟整齐度：不齐	茧丝长（m）：1 123.99
卵色：灰紫色	催青经过（d:h）：11:00	解舒丝长（m）：864.57
卵壳色：乳白色	五龄经过（d:h）：7:18	解舒率（%）：76.92
蚁蚕体色：黑褐色	全龄经过（d:h）：26:06	清洁（分）：100.0
壮蚕体色：青赤	蛰中经过（d:h）：17:00	洁净（分）：96.5
壮蚕斑纹：普斑	每蛾产卵数（粒）：434	茧丝纤度（dtex）：2.892
茧色：白色	良卵率（%）：97.93	调查年季：2020 年春

966B

保存编号：5325099	茧形：浅束腰	不受精卵率（%）：0.40
选育单位：云南蚕蜂所	缩皱：粗	实用孵化率（%）：92.85
育种亲本：—	蛹体色：黄色	生种率（%）：0.00
育成年份：—	蛾体色：白色	死笼率（%）：2.26
种质类型：育成品种	蛾眼色：黑色	幼虫生命率（%）：97.15
地理系统：日本系统	蛾翅纹：无花纹斑	双宫茧率（%）：4.66
功能特性：优质	稚蚕趋性：趋密性	全茧量（g）：1.209
化性：二化	食桑习性：不踏叶	茧层量（g）：0.296
眠性：四眠	就眠整齐度：齐	茧层率（%）：24.51
卵形：椭圆	老熟整齐度：不齐	茧丝长（m）：965.58
卵色：灰紫色	催青经过（d:h）：11:00	解舒丝长（m）：689.70
卵壳色：乳白色	五龄经过（d:h）：9:13	解舒率（%）：71.43
蚁蚕体色：黑褐色	全龄经过（d:h）：30:00	清洁（分）：—
壮蚕体色：青赤	蛰中经过（d:h）：19:00	洁净（分）：—
壮蚕斑纹：普斑	每蛾产卵数（粒）：506	茧丝纤度（dtex）：2.75
茧色：白色	良卵率（%）：98.55	调查年季：2020 年春

971

保存编号：5325100	茧形：短椭圆	不受精卵率（%）：1.58
选育单位：云南蚕蜂所	缩皱：细	实用孵化率（%）：86.85
育种亲本：—	蛹体色：黄色	生种率（%）：0.00
育成年份：—	蛾体色：白色	死笼率（%）：4.41
种质类型：育成品种	蛾眼色：黑色	幼虫生命率（%）：97.51
地理系统：中国系统	蛾翅纹：无花纹斑	双宫茧率（%）：4.49
功能特性：优质	稚蚕趋性：无	全茧量（g）：1.527
化性：二化	食桑习性：踏叶	茧层量（g）：0.371
眠性：四眠	就眠整齐度：齐	茧层率（%）：24.29
卵形：椭圆	老熟整齐度：齐涌	茧丝长（m）：1 161.79
卵色：灰绿色	催青经过（d:h）：11:00	解舒丝长（m）：774.53
卵壳色：淡黄色，少黄色	五龄经过（d:h）：8:18	解舒率（%）：66.67
蚁蚕体色：黑褐色	全龄经过（d:h）：27:06	清洁（分）：—
壮蚕体色：青白	蛰中经过（d:h）：17:18	洁净（分）：—
壮蚕斑纹：素斑	每蛾产卵数（粒）：422	茧丝纤度（dtex）：3.46
茧色：白色	良卵率（%）：96.13	调查年季：2020 年春

973

保存编号：5325101	茧形：短椭圆	不受精卵率（%）：1.60
选育单位：—	缩皱：细	实用孵化率（%）：93.99
育种亲本：—	蛹体色：黄色	生种率（%）：0.00
育成年份：—	蛾体色：白色	死笼率（%）：0.61
种质类型：育成品种	蛾眼色：黑色	幼虫生命率（%）：96.80
地理系统：中国系统	蛾翅纹：无花纹斑	双宫茧率（%）：6.90
功能特性：优质	稚蚕趋性：无	全茧量（g）：1.616
化性：二化	食桑习性：踏叶	茧层量（g）：0.379
眠性：四眠	就眠整齐度：齐	茧层率（%）：23.47
卵形：椭圆	老熟整齐度：齐涌	茧丝长（m）：1 037.03
卵色：灰绿色	催青经过（d:h）：11:00	解舒丝长（m）：797.71
卵壳色：淡黄色	五龄经过（d:h）：7:21	解舒率（%）：76.92
蚁蚕体色：黑褐色	全龄经过（d:h）：27:23	清洁（分）：—
壮蚕体色：青白	蛰中经过（d:h）：16:17	洁净（分）：—
壮蚕斑纹：素斑	每蛾产卵数（粒）：506	茧丝纤度（dtex）：2.96
茧色：白色	良卵率（%）：97.85	调查年季：2020 年春

974

保存编号：5325102	茧形：浅束腰	不受精卵率（%）：0.78
选育单位：—	缩皱：中	实用孵化率（%）：97.88
育种亲本：—	蛹体色：黄色	生种率（%）：0.00
育成年份：—	蛾体色：白色	死笼率（%）：5.63
种质类型：育成品种	蛾眼色：黑色	幼虫生命率（%）：93.26
地理系统：日本系统	蛾翅纹：有花纹斑	双宫茧率（%）：2.59
功能特性：优质	稚蚕趋性：无	全茧量（g）：1.487
化性：二化	食桑习性：不踏叶	茧层量（g）：0.327
眠性：四眠	就眠整齐度：齐	茧层率（%）：22.01
卵形：椭圆	老熟整齐度：齐涌	茧丝长（m）：978.64
卵色：灰紫色	催青经过（d:h）：11:00	解舒丝长（m）：652.43
卵壳色：乳白色	五龄经过（d:h）：8:08	解舒率（%）：66.67
蚁蚕体色：黑褐色	全龄经过（d:h）：28:06	清洁（分）：—
壮蚕体色：青白	蛰中经过（d:h）：18:19	洁净（分）：—
壮蚕斑纹：普斑	每蛾产卵数（粒）：595	茧丝纤度（dtex）：3.31
茧色：白色	良卵率（%）：97.54	调查年季：2020 年春

242A

保存编号：5325103	茧形：浅束腰	不受精卵率（%）：2.57
选育单位：—	缩皱：中	实用孵化率（%）：85.46
育种亲本：—	蛹体色：黄色	生种率（%）：0.00
育成年份：—	蛾体色：白色	死笼率（%）：2.50
种质类型：育成品种	蛾眼色：黑色	幼虫生命率（%）：94.88
地理系统：日本系统	蛾翅纹：无花纹斑	双宫茧率（%）：4.09
功能特性：优质	稚蚕趋性：无	全茧量（g）：1.164
化性：二化	食桑习性：踏叶	茧层量（g）：0.295
眠性：四眠	就眠整齐度：较齐	茧层率（%）：25.37
卵形：椭圆	老熟整齐度：齐涌	茧丝长（m）：918.68
卵色：灰紫色	催青经过（d:h）：11:00	解舒丝长（m）：248.29
卵壳色：乳白色	五龄经过（d:h）：8:07	解舒率（%）：27.03
蚁蚕体色：黑褐色	全龄经过（d:h）：28:06	清洁（分）：—
壮蚕体色：青赤	蛰中经过（d:h）：18:00	洁净（分）：—
壮蚕斑纹：普斑	每蛾产卵数（粒）：492	茧丝纤度（dtex）：2.84
茧色：白色	良卵率（%）：92.21	调查年季：2020 年春

242B

保存编号：5325104	茧形：浅束腰	不受精卵率（%）：1.08
选育单位：—	缩皱：中	实用孵化率（%）：94.27
育种亲本：—	蛹体色：黄色	生种率（%）：0.00
育成年份：—	蛾体色：白色	死笼率（%）：6.52
种质类型：育成品种	蛾眼色：黑色	幼虫生命率（%）：97.22
地理系统：日本系统	蛾翅纹：无花纹斑	双宫茧率（%）：1.39
功能特性：优质	稚蚕趋性：无	全茧量（g）：1.309
化性：二化	食桑习性：踏叶	茧层量（g）：0.310
眠性：四眠	就眠整齐度：齐	茧层率（%）：23.68
卵形：椭圆	老熟整齐度：齐涌	茧丝长（m）：907.76
卵色：灰紫色	催青经过（d:h）：11:00	解舒丝长（m）：614.74
卵壳色：乳白色	五龄经过（d:h）：8:01	解舒率（%）：67.62
蚁蚕体色：黑褐色	全龄经过（d:h）：26:06	清洁（分）：—
壮蚕体色：青赤	蛰中经过（d:h）：18:00	洁净（分）：—
壮蚕斑纹：普斑	每蛾产卵数（粒）：619	茧丝纤度（dtex）：2.76
茧色：白色	良卵率（%）：93.97	调查年季：2020 年春

东肥

保存编号：5325105	茧形：浅束腰	不受精卵率（%）：0.54
选育单位：安徽蚕研所	缩皱：中	实用孵化率（%）：90.09
育种亲本：—	蛹体色：黄色	生种率（%）：0.00
育成年份：—	蛾体色：白色	死笼率（%）：3.65
种质类型：育成品种	蛾眼色：黑色	幼虫生命率（%）：93.65
地理系统：日本系统	蛾翅纹：无花纹斑	双宫茧率（%）：4.23
功能特性：优质	稚蚕趋性：背光性，逸散性	全茧量（g）：1.496
化性：二化	食桑习性：踏叶	茧层量（g）：0.355
眠性：四眠	就眠整齐度：较齐	茧层率（%）：23.71
卵形：椭圆	老熟整齐度：齐涌	茧丝长（m）：977.50
卵色：灰紫色	催青经过（d:h）：11:00	解舒丝长（m）：626.58
卵壳色：乳白色	五龄经过（d:h）：10:00	解舒率（%）：64.10
蚁蚕体色：黑褐色	全龄经过（d:h）：30:00	清洁（分）：99.0
壮蚕体色：青赤	蛰中经过（d:h）：17:17	洁净（分）：94.0
壮蚕斑纹：普斑	每蛾产卵数（粒）：435	茧丝纤度（dtex）：2.43
茧色：白色	良卵率（%）：93.72	调查年季：2020 年春

2068

保存编号：5325106	茧形：浅束腰	不受精卵率（%）：0.43
选育单位：云南蚕蜂所	缩皱：粗	实用孵化率（%）：92.28
育种亲本：2032、明珠	蛹体色：黄色	生种率（%）：0.00
育成年份：—	蛾体色：白色	死笼率（%）：0.07
种质类型：育成品种	蛾眼色：黑色	幼虫生命率（%）：98.14
地理系统：日本系统	蛾翅纹：无花纹斑	双宫茧率（%）：10.64
功能特性：优质	稚蚕趋性：无	全茧量（g）：1.587
化性：二化	食桑习性：踏叶	茧层量（g）：0.379
眠性：四眠	就眠整齐度：齐	茧层率（%）：23.85
卵形：椭圆	老熟整齐度：齐涌	茧丝长（m）：—
卵色：紫色	催青经过（d:h）：11:00	解舒丝长（m）：—
卵壳色：乳白色	五龄经过（d:h）：9:07	解舒率（%）：—
蚁蚕体色：黑褐色	全龄经过（d:h）：29:06	清洁（分）：—
壮蚕体色：青白	蛰中经过（d:h）：17:00	洁净（分）：—
壮蚕斑纹：雄素斑，雌普斑	每蛾产卵数（粒）：466	茧丝纤度（dtex）：3.49
茧色：白色	良卵率（%）：97.35	调查年季：2020 年春

华合

保存编号：5325107	茧形：短椭圆，少球形	不受精卵率（%）：2.66
选育单位：安徽蚕研所	缩皱：中	实用孵化率（%）：95.55
育种亲本：—	蛹体色：黄色	生种率（%）：0.00
育成年份：—	蛾体色：白色	死笼率（%）：0.00
种质类型：育成品种	蛾眼色：黑色	幼虫生命率（%）：97.71
地理系统：中国系统	蛾翅纹：无花纹斑	双宫茧率（%）：5.25
功能特性：优质	稚蚕趋性：趋光趋密性	全茧量（g）：1.704
化性：二化	食桑习性：踏叶	茧层量（g）：0.415
眠性：四眠	就眠整齐度：较齐	茧层率（%）：24.37
卵形：椭圆	老熟整齐度：齐涌	茧丝长（m）：1 103.85
卵色：灰绿色	催青经过（d:h）：11:00	解舒丝长（m）：665.62
卵壳色：淡黄色，少白色	五龄经过（d:h）：8:17	解舒率（%）：60.30
蚁蚕体色：黑褐色	全龄经过（d:h）：27:23	清洁（分）：100.0
壮蚕体色：青白	蛰中经过（d:h）：16:19	洁净（分）：94.5
壮蚕斑纹：素斑	每蛾产卵数（粒）：613	茧丝纤度（dtex）：3.20
茧色：白色	良卵率（%）：96.47	调查年季：2020 年春

苏镇 A

保存编号：5325108	茧形：短椭圆	不受精卵率（%）：0.47
选育单位：中国蚕研所	缩皱：粗	实用孵化率（%）：97.04
育种亲本：121、菁松	蛹体色：黄色	生种率（%）：0.00
育成年份：1995	蛾体色：白色	死笼率（%）：2.62
种质类型：育成品种	蛾眼色：黑色	幼虫生命率（%）：97.52
地理系统：中国系统	蛾翅纹：无花纹斑	双宫茧率（%）：3.96
功能特性：优质	稚蚕趋性：趋光性	全茧量（g）：1.811
化性：二化	食桑习性：踏叶	茧层量（g）：0.386
眠性：四眠	就眠整齐度：较齐	茧层率（%）：21.31
卵形：椭圆	老熟整齐度：齐涌	茧丝长（m）：1 200.38
卵色：灰绿色	催青经过（d:h）：11:00	解舒丝长（m）：840.27
卵壳色：淡黄色	五龄经过（d:h）：6:23	解舒率（%）：70.00
蚁蚕体色：黑褐色	全龄经过（d:h）：24:11	清洁（分）：99.0
壮蚕体色：青白	蛰中经过（d:h）：16:13	洁净（分）：94.5
壮蚕斑纹：素斑	每蛾产卵数（粒）：637	茧丝纤度（dtex）：2.56
茧色：白色	良卵率（%）：99.01	调查年季：2020 年春

苏镇 B

保存编号：5325109	茧形：短椭圆，间有球形	不受精卵率（%）：1.80
选育单位：中国蚕研所	缩皱：中	实用孵化率（%）：96.74
育种亲本：华合、755	蛹体色：黄色	生种率（%）：0.00
育成年份：1982	蛾体色：白色	死笼率（%）：3.92
种质类型：育成品种	蛾眼色：黑色	幼虫生命率（%）：94.09
地理系统：中国系统	蛾翅纹：无花纹斑	双宫茧率（%）：7.71
功能特性：优质	稚蚕趋性：趋光趋密性	全茧量（g）：1.637
化性：二化	食桑习性：踏叶	茧层量（g）：0.383
眠性：四眠	就眠整齐度：较齐	茧层率（%）：23.39
卵形：椭圆	老熟整齐度：齐涌	茧丝长（m）：1 182.79
卵色：青灰色	催青经过（d:h）：11:00	解舒丝长（m）：739.24
卵壳色：淡黄色，少乳白色	五龄经过（d:h）：8:11	解舒率（%）：62.50
蚁蚕体色：黑褐色	全龄经过（d:h）：26:11	清洁（分）：99.0
壮蚕体色：青白	蛰中经过（d:h）：16:19	洁净（分）：93.23
壮蚕斑纹：素斑	每蛾产卵数（粒）：486	茧丝纤度（dtex）：3.17
茧色：白色	良卵率（%）：97.26	调查年季：2020 年春

春光 A

保存编号：5325110	茧形：浅束腰	不受精卵率（%）：0.98
选育单位：中国蚕研所	缩皱：中	实用孵化率（%）：95.43
育种亲本：756、春晖	蛹体色：黄色	生种率（%）：0.00
育成年份：1995	蛾体色：白色	死笼率（%）：1.25
种质类型：育成品种	蛾眼色：黑色	幼虫生命率（%）：93.65
地理系统：日本系统	蛾翅纹：无花纹斑	双宫茧率（%）：7.41
功能特性：优质	稚蚕趋性：逸散性	全茧量（g）：1.343
化性：二化	食桑习性：踏叶	茧层量（g）：0.327
眠性：四眠	就眠整齐度：较齐	茧层率（%）：24.37
卵形：椭圆	老熟整齐度：齐涌	茧丝长（m）：1 032.75
卵色：灰紫色	催青经过（d:h）：11:00	解舒丝长（m）：887.52
卵壳色：乳白色	五龄经过（d:h）：7:11	解舒率（%）：86.00
蚁蚕体色：黑褐色	全龄经过（d:h）：25:11	清洁（分）：99.0
壮蚕体色：青赤	蛰中经过（d:h）：16:19	洁净（分）：95.0
壮蚕斑纹：普斑	每蛾产卵数（粒）：510	茧丝纤度（dtex）：2.71
茧色：白色	良卵率（%）：97.32	调查年季：2020 年春

春光 B

保存编号：5325111	茧形：浅束腰	不受精卵率（%）：0.52
选育单位：中国蚕研所	缩皱：中	实用孵化率（%）：92.95
育种亲本：东肥、732	蛹体色：黄色	生种率（%）：0.00
育成年份：1982	蛾体色：白色	死笼率（%）：15.14
种质类型：育成品种	蛾眼色：黑色	幼虫生命率（%）：94.00
地理系统：日本系统	蛾翅纹：无花纹斑	双宫茧率（%）：1.14
功能特性：优质	稚蚕趋性：逸散性	全茧量（g）：1.447
化性：二化	食桑习性：踏叶	茧层量（g）：0.360
眠性：四眠	就眠整齐度：较齐	茧层率（%）：24.90
卵形：椭圆	老熟整齐度：齐涌	茧丝长（m）：1 098.13
卵色：灰紫色	催青经过（d:h）：11:00	解舒丝长（m）：457.55
卵壳色：乳白色，少淡黄色	五龄经过（d:h）：8:06	解舒率（%）：41.67
蚁蚕体色：黑褐色	全龄经过（d:h）：26:06	清洁（分）：99.0
壮蚕体色：青赤	蛰中经过（d:h）：18:12	洁净（分）：94.0
壮蚕斑纹：普斑	每蛾产卵数（粒）：451	茧丝纤度（dtex）：2.84
茧色：白色	良卵率（%）：97.42	调查年季：2020 年春

秋白 A

保存编号：5325112	茧形：浅束腰	不受精卵率（%）：0.54
选育单位：西南农业大学	缩皱：粗	实用孵化率（%）：93.03
育种亲本：秋星	蛹体色：黄色	生种率（%）：0.00
育成年份：1994	蛾体色：白色	死笼率（%）：1.37
种质类型：育成品种	蛾眼色：黑色	幼虫生命率（%）：98.73
地理系统：日本系统	蛾翅纹：无花纹斑	双宫茧率（%）：5.57
功能特性：耐高温多湿	稚蚕趋性：逸散性	全茧量（g）：1.570
化性：二化	食桑习性：踏叶	茧层量（g）：0.331
眠性：四眠	就眠整齐度：不齐	茧层率（%）：21.05
卵形：椭圆	老熟整齐度：齐涌	茧丝长（m）：1 041.98
卵色：灰紫色	催青经过（d:h）：11:00	解舒丝长（m）：729.39
卵壳色：乳白色，少黄色	五龄经过（d:h）：8:11	解舒率（%）：70.00
蚁蚕体色：黑褐色	全龄经过（d:h）：25:11	清洁（分）：100.0
壮蚕体色：青白	蛰中经过（d:h）：16:14	洁净（分）：94.75
壮蚕斑纹：素斑	每蛾产卵数（粒）：552	茧丝纤度（dtex）：3.07
茧色：白色	良卵率（%）：98.85	调查年季：2020 年春

秋白 B

保存编号：5325113	茧形：浅束腰	不受精卵率（%）：0.34
选育单位：西南农业大学	缩皱：粗	实用孵化率（%）：87.27
育种亲本：秋星	蛹体色：黄色	生种率（%）：0.00
育成年份：1994	蛾体色：白色	死笼率（%）：2.22
种质类型：育成品种	蛾眼色：黑色	幼虫生命率（%）：99.02
地理系统：日本系统	蛾翅纹：无花纹斑	双宫茧率（%）：0.98
功能特性：耐高温多湿	稚蚕趋性：逸散性	全茧量（g）：1.395
化性：二化	食桑习性：踏叶	茧层量（g）：0.302
眠性：四眠	就眠整齐度：较齐	茧层率（%）：21.65
卵形：椭圆	老熟整齐度：齐涌	茧丝长（m）：1 022.51
卵色：灰紫色	催青经过（d:h）：11:00	解舒丝长（m）：786.55
卵壳色：乳白色，少黄色	五龄经过（d:h）：8:11	解舒率（%）：76.92
蚁蚕体色：黑褐色	全龄经过（d:h）：25:11	清洁（分）：100.0
壮蚕体色：青白	蛰中经过（d:h）：16:17	洁净（分）：94.35
壮蚕斑纹：素斑	每蛾产卵数（粒）：490	茧丝纤度（dtex）：3.16
茧色：白色	良卵率（%）：99.32	调查年季：2020 年春

夏芳 A

保存编号：5325114	茧形：短椭圆	不受精卵率（%）：1.21
选育单位：西南农业大学	缩皱：中	实用孵化率（%）：97.76
育种亲本：秋芳、731	蛹体色：黄色	生种率（%）：0.00
育成年份：1994	蛾体色：白色	死笼率（%）：3.06
种质类型：育成品种	蛾眼色：黑色	幼虫生命率（%）：95.82
地理系统：中国系统	蛾翅纹：无花纹斑	双宫茧率（%）：17.20
功能特性：耐高温多湿	稚蚕趋性：趋光趋密性	全茧量（g）：1.557
化性：二化	食桑习性：踏叶	茧层量（g）：0.340
眠性：四眠	就眠整齐度：齐	茧层率（%）：21.86
卵形：椭圆	老熟整齐度：齐涌	茧丝长（m）：863.33
卵色：灰绿色	催青经过（d:h）：11:00	解舒丝长（m）：546.92
卵壳色：淡黄色	五龄经过（d:h）：7:12	解舒率（%）：63.35
蚁蚕体色：黑褐色	全龄经过（d:h）：25:11	清洁（分）：99.0
壮蚕体色：青白	蛰中经过（d:h）：16:00	洁净（分）：93.15
壮蚕斑纹：素斑	每蛾产卵数（粒）：468	茧丝纤度（dtex）：3.16
茧色：白色	良卵率（%）：98.58	调查年季：2020 年春

夏芳 B

保存编号：5325115	茧形：短椭圆	不受精卵率（%）：0.13
选育单位：西南农业大学	缩皱：中	实用孵化率（%）：97.70
育种亲本：秋芳、731	蛹体色：黄色	生种率（%）：3.92
育成年份：1994	蛾体色：白色	死笼率（%）：1.39
种质类型：育成品种	蛾眼色：黑色	幼虫生命率（%）：97.98
地理系统：中国系统	蛾翅纹：无花纹斑	双宫茧率（%）：9.09
功能特性：耐高温多湿	稚蚕趋性：趋光趋密性	全茧量（g）：1.575
化性：二化	食桑习性：踏叶	茧层量（g）：0.352
眠性：四眠	就眠整齐度：齐	茧层率（%）：22.36
卵形：椭圆	老熟整齐度：齐涌	茧丝长（m）：962.36
卵色：灰绿色	催青经过（d:h）：11:00	解舒丝长（m）：589.45
卵壳色：淡黄色	五龄经过（d:h）：7:11	解舒率（%）：61.25
蚁蚕体色：黑褐色	全龄经过（d:h）：24:11	清洁（分）：100.0
壮蚕体色：青白	蛰中经过（d:h）：18:00	洁净（分）：93.75
壮蚕斑纹：素斑	每蛾产卵数（粒）：510	茧丝纤度（dtex）：2.76
茧色：白色	良卵率（%）：99.41	调查年季：2020 年春

浙蕾甲

保存编号：5325116	茧形：短椭圆	不受精卵率（%）：0.66
选育单位：浙江蚕研所	缩皱：中	实用孵化率（%）：93.83
育种亲本：753、757	蛹体色：黄色	生种率（%）：0.00
育成年份：1978	蛾体色：白色	死笼率（%）：0.79
种质类型：育成品种	蛾眼色：黑色	幼虫生命率（%）：98.49
地理系统：中国系统	蛾翅纹：无花纹斑	双宫茧率（%）：15.58
功能特性：优质	稚蚕趋性：趋密性	全茧量（g）：1.577
化性：二化	食桑习性：不踏叶	茧层量（g）：0.371
眠性：四眠	就眠整齐度：较齐	茧层率（%）：23.54
卵形：椭圆	老熟整齐度：齐涌	茧丝长（m）：1 101.39
卵色：灰绿色	催青经过（d:h）：11:00	解舒丝长（m）：636.38
卵壳色：淡黄色，少黄色	五龄经过（d:h）：7:00	解舒率（%）：57.78
蚁蚕体色：黑褐色	全龄经过（d:h）：24:12	清洁（分）：100.0
壮蚕体色：青白	蛰中经过（d:h）：17:17	洁净（分）：95.00
壮蚕斑纹：素斑	每蛾产卵数（粒）：552	茧丝纤度（dtex）：3.11
茧色：白色	良卵率（%）：98.79	调查年季：2020 年春

浙蕾乙

保存编号：5325117	茧形：短椭圆	不受精卵率（%）：0.67
选育单位：浙江蚕研所	缩皱：中	实用孵化率（%）：89.57
育种亲本：753、757	蛹体色：黄色	生种率（%）：0.00
育成年份：1978	蛾体色：白色	死笼率（%）：2.38
种质类型：育成品种	蛾眼色：黑色	幼虫生命率（%）：96.98
地理系统：中国系统	蛾翅纹：无花纹斑	双宫茧率（%）：14.07
功能特性：优质	稚蚕趋性：趋密性	全茧量（g）：1.535
化性：二化	食桑习性：不踏叶	茧层量（g）：0.343
眠性：四眠	就眠整齐度：较齐	茧层率（%）：22.39
卵形：椭圆	老熟整齐度：齐涌	茧丝长（m）：1 168
卵色：灰绿色	催青经过（d:h）：11:00	解舒丝长（m）：819.35
卵壳色：淡黄色，少黄色	五龄经过（d:h）：8:00	解舒率（%）：70.15
蚁蚕体色：黑褐色	全龄经过（d:h）：27:23	清洁（分）：100.0
壮蚕体色：青白	蛰中经过（d:h）：17:17	洁净（分）：95.32
壮蚕斑纹：素斑	每蛾产卵数（粒）：450	茧丝纤度（dtex）：2.86
茧色：白色	良卵率（%）：98.81	调查年季：2020 年春

春晓甲

保存编号：5325118	茧形：浅束腰	不受精卵率（%）：0.28
选育单位：浙江蚕研所	缩皱：中	实用孵化率（%）：89.70
育种亲本：春4、758	蛹体色：黄色	生种率（%）：0.00
育成年份：1978	蛾体色：白色	死笼率（%）：0.54
种质类型：育成品种	蛾眼色：黑色	幼虫生命率（%）：97.40
地理系统：日本系统	蛾翅纹：无花纹斑	双宫茧率（%）：5.21
功能特性：优质	稚蚕趋性：趋光趋密性	全茧量（g）：1.634
化性：二化	食桑习性：不踏叶	茧层量（g）：0.397
眠性：四眠	就眠整齐度：较齐	茧层率（%）：24.28
卵形：椭圆	老熟整齐度：齐涌	茧丝长（m）：1 089
卵色：灰紫色	催青经过（d:h）：11:00	解舒丝长（m）：721.75
卵壳色：乳白色	五龄经过（d:h）：10:00	解舒率（%）：66.23
蚁蚕体色：黑褐色	全龄经过（d:h）：29:00	清洁（分）：99.0
壮蚕体色：青赤	蛰中经过（d:h）：18:17	洁净（分）：96.35
壮蚕斑纹：普斑	每蛾产卵数（粒）：600	茧丝纤度（dtex）：2.58
茧色：白色	良卵率（%）：99.28	调查年季：2020 年春

春晓乙

保存编号：5325119	茧形：浅束腰	不受精卵率（%）：0.41
选育单位：浙江蚕研所	缩皱：粗	实用孵化率（%）：97.68
育种亲本：春4、758	蛹体色：黄色	生种率（%）：0.00
育成年份：1978	蛾体色：白色	死笼率（%）：2.32
种质类型：育成品种	蛾眼色：黑色	幼虫生命率（%）：96.42
地理系：日本系统	蛾翅纹：无花纹斑	双宫茧率（%）：0.52
功能特性：优质	稚蚕趋性：趋光趋密性	全茧量（g）：1.574
化性：二化	食桑习性：不踏叶	茧层量（g）：0.360
眠性：四眠	就眠整齐度：较齐	茧层率（%）：22.87
卵形：椭圆	老熟整齐度：齐涌	茧丝长（m）：1 012.0
卵色：灰紫色	催青经过（d:h）：11:00	解舒丝长（m）：716.8
卵壳色：乳白色	五龄经过（d:h）：8:01	解舒率（%）：70.83
蚁蚕体色：黑褐色	全龄经过（d:h）：26:06	清洁（分）：100.0
壮蚕体色：青白	蛰中经过（d:h）：17:19	洁净（分）：93.25
壮蚕斑纹：普斑	每蛾产卵数（粒）：566	茧丝纤度（dtex）：2.719
茧色：白色	良卵率（%）：99:18	调查年季：2020年春

秋丰

保存编号：5325121	茧形：短椭圆	不受精卵率（%）：0.78
选育单位：中国蚕研所	缩皱：细	实用孵化率（%）：92.41
育种亲本：755、37中、丰秋	蛹体色：黄色	生种率（%）：0.00
育成年份：1989	蛾体色：白色	死笼率（%）：1.70
种质类型：育成品种	蛾眼色：黑色	幼虫生命率（%）：97.47
地理系：中国系统	蛾翅纹：无花纹斑	双宫茧率（%）：4.74
功能特性：抗氟	稚蚕趋性：趋密性	全茧量（g）：1.448
化性：二化	食桑习性：踏叶	茧层量（g）：0.311
眠性：四眠	就眠整齐度：较齐	茧层率（%）：21.46
卵形：椭圆	老熟整齐度：齐涌	茧丝长（m）：921.26
卵色：灰绿色	催青经过（d:h）：11:00	解舒丝长（m）：658.04
卵壳色：淡黄色	五龄经过（d:h）：8:06	解舒率（%）：71.43
蚁蚕体色：黑褐色	全龄经过（d:h）：26:06	清洁（分）：99.0
壮蚕体色：青白	蛰中经过（d:h）：16:17	洁净（分）：93.0
壮蚕斑纹：雄素斑，雌普斑	每蛾产卵数（粒）：510	茧丝纤度（dtex）：2.85
茧色：白色	良卵率（%）：98.10	调查年季：2020年春

卵 2

保存编号：5325120	茧形：浅束腰	不受精卵率（%）：7.12
选育单位：浙江蚕研所	缩皱：粗	实用孵化率（%）：85.21
育种亲本：—	蛹体色：黄色	生种率（%）：0.00
育成年份：—	蛾体色：白色	死笼率（%）：3.42
种质类型：育成品种	蛾眼色：黑色	幼虫生命率（%）：90.74
地理系统：日本系统	蛾翅纹：无花纹斑	双宫茧率（%）：0.53
功能特性：限性卵色	稚蚕趋性：逸散性	全茧量（g）：1.421
化性：二化	食桑习性：不踏叶	茧层量（g）：0.324
眠性：四眠	就眠整齐度：较齐	茧层率（%）：22.82
卵形：椭圆	老熟整齐度：齐涌	茧丝长（m）：—
卵色：雌灰紫色，雄浅棕或淡黄色	催青经过（d:h）：11:00	解舒丝长（m）：—
卵壳色：乳白色	五龄经过（d:h）：9:06	解舒率（%）：—
蚁蚕体色：黑褐色	全龄经过（d:h）：28:06	清洁（分）：—
壮蚕体色：青赤	蛰中经过（d:h）：16:17	洁净（分）：—
壮蚕斑纹：普斑	每蛾产卵数（粒）：440	茧丝纤度（dtex）：3.03
茧色：白色	良卵率（%）：91.67	调查年季：2020 年春

洞（限 1B）

保存编号：5325122	茧形：短椭圆	不受精卵率（%）：0.12
选育单位：湖南蚕研所	缩皱：细	实用孵化率（%）：97.40
育种亲本：539、芙蓉	蛹体色：黄色	生种率（%）：0.00
育成年份：1995	蛾体色：白色	死笼率（%）：0.58
种质类型：育成品种	蛾眼色：黑色	幼虫生命率（%）：95.23
地理系统：中国系统	蛾翅纹：无花纹斑	双宫茧率（%）：13.79
功能特性：耐高温多湿、耐氟	稚蚕趋性：趋光性	全茧量（g）：1.703
化性：二化	食桑习性：踏叶	茧层量（g）：0.372
眠性：四眠	就眠整齐度：较齐	茧层率（%）：21.84
卵形：椭圆	老熟整齐度：齐涌	茧丝长（m）：992.48
卵色：灰绿色，青灰色	催青经过（d:h）：11:00	解舒丝长（m）：708.91
卵壳色：淡黄色，乳白色	五龄经过（d:h）：6:23	解舒率（%）：71.43
蚁蚕体色：黑褐色	全龄经过（d:h）：24:11	清洁（分）：100.0
壮蚕体色：青白	蛰中经过（d:h）：15:17	洁净（分）：93.61
壮蚕斑纹：雄素斑，雌普斑	每蛾产卵数（粒）：454	茧丝纤度（dtex）：2.88
茧色：白色	良卵率（%）：99.64	调查年季：2020 年春

庭（秋丰 B）

保存编号：5325123	茧形：短椭圆，少球形	不受精卵率（%）：0.49
选育单位：中国蚕研所	缩皱：中	实用孵化率（%）：96.05
育种亲本：755、37 中、秋丰	蛹体色：黄色	生种率（%）：0.00
育成年份：1989	蛾体色：白色	死笼率（%）：1.77
种质类型：育成品种	蛾眼色：黑色	幼虫生命率（%）：96.36
地理系统：中国系统	蛾翅纹：无花纹斑	双宫茧率（%）：5.71
功能特性：优质	稚蚕趋性：趋密性	全茧量（g）：1.633
化性：二化	食桑习性：踏叶	茧层量（g）：0.363
眠性：四眠	就眠整齐度：较齐	茧层率（%）：22.25
卵形：椭圆	老熟整齐度：齐涌	茧丝长（m）：1 234.35
卵色：灰绿色	催青经过（d:h）：11:00	解舒丝长（m）：881.68
卵壳色：淡黄色	五龄经过（d:h）：7:07	解舒率（%）：71.43
蚁蚕体色：黑褐色	全龄经过（d:h）：25:12	清洁（分）：99.0
壮蚕体色：青白	蛰中经过（d:h）：16:13	洁净（分）：93.5
壮蚕斑纹：雄素斑，雌普斑	每蛾产卵数（粒）：541	茧丝纤度（dtex）：2.90
茧色：白色	良卵率（%）：98.27	调查年季：2020 年春

碧（限2A）

保存编号：5325124	茧形：浅束腰	不受精卵率（%）：0.00
选育单位：湖南蚕研所	缩皱：粗	实用孵化率（%）：96.42
育种亲本：7532、湘晖	蛹体色：黄色	生种率（%）：0.00
育成年份：1995	蛾体色：白色	死笼率（%）：1.07
种质类型：育成品种	蛾眼色：黑色	幼虫生命率（%）：98.40
地理系统：日本系统	蛾翅纹：有花纹斑	双宫茧率（%）：2.13
功能特性：耐高温多湿	稚蚕趋性：逸散性	全茧量（g）：1.507
化性：二化	食桑习性：踏叶	茧层量（g）：0.323
眠性：四眠	就眠整齐度：较齐	茧层率（%）：21.43
卵形：椭圆	老熟整齐度：齐涌	茧丝长（m）：1 082.48
卵色：灰紫色	催青经过（d:h）：11:00	解舒丝长（m）：893.80
卵壳色：乳白色	五龄经过（d:h）：7:11	解舒率（%）：82.57
蚁蚕体色：黑褐色	全龄经过（d:h）：25:11	清洁（分）：100.0
壮蚕体色：青白	蛰中经过（d:h）：17:19	洁净（分）：94.42
壮蚕斑纹：雄素斑，雌普斑	每蛾产卵数（粒）：488	茧丝纤度（dtex）：2.67
茧色：白色	良卵率（%）：98.36	调查年季：2020年春

波（854B）

保存编号：5325125	茧形：浅束腰	不受精卵率（%）：0.30
选育单位：湖北蚕研所	缩皱：中粗	实用孵化率（%）：82.08
育种亲本：—	蛹体色：黄色	生种率（%）：0.00
育成年份：—	蛾体色：白色	死笼率（%）：2.13
种质类型：育成品种	蛾眼色：黑色	幼虫生命率（%）：95.81
地理系统：日本系统	蛾翅纹：无花纹斑	双宫茧率（%）：2.09
功能特性：优质	稚蚕趋性：无	全茧量（g）：1.621
化性：二化	食桑习性：踏叶	茧层量（g）：0.361
眠性：四眠	就眠整齐度：欠齐	茧层率（%）：22.25
卵形：椭圆	老熟整齐度：齐涌	茧丝长（m）：974.03
卵色：灰紫色	催青经过（d:h）：11:00	解舒丝长（m）：811.69
卵壳色：乳白色	五龄经过（d:h）：8:03	解舒率（%）：83.33
蚁蚕体色：黑褐色	全龄经过（d:h）：26:08	清洁（分）：100.0
壮蚕体色：青白	蛰中经过（d:h）：17:00	洁净（分）：93.5
壮蚕斑纹：雄素斑，雌普斑	每蛾产卵数（粒）：450	茧丝纤度（dtex）：3.11
茧色：白色	良卵率（%）：98.74	调查年季：2020年春

602（明珠）

保存编号：5325126	茧形：浅束腰	不受精卵率（%）：0.59
选育单位：中国蚕研所	缩皱：中	实用孵化率（%）：88.43
育种亲本：东肥、732	蛹体色：黄色	生种率（%）：0.00
育成年份：1982	蛾体色：白色	死笼率（%）：0.58
种质类型：育成品种	蛾眼色：黑色	幼虫生命率（%）：95.08
地理系统：中国系统	蛾翅纹：无花纹斑	双宫茧率（%）：1.64
功能特性：优质	稚蚕趋性：逸散性	全茧量（g）：1.395
化性：二化	食桑习性：踏叶	茧层量（g）：0.345
眠性：四眠	就眠整齐度：较齐	茧层率（%）：24.73
卵形：椭圆	老熟整齐度：齐涌	茧丝长（m）：1 137
卵色：灰绿色	催青经过（d:h）：11:00	解舒丝长（m）：837.06
卵壳色：乳白色，少淡黄色	五龄经过（d:h）：9:01	解舒率（%）：73.62
蚁蚕体色：黑褐色	全龄经过（d:h）：27:06	清洁（分）：98.52
壮蚕体色：青赤	蛰中经过（d:h）：19:00	洁净（分）：93.05
壮蚕斑纹：普斑	每蛾产卵数（粒）：338	茧丝纤度（dtex）：3.67
茧色：白色	良卵率（%）：97.24	调查年季：2020 年春

菁松 A

保存编号：5325127	茧形：短椭圆	不受精卵率（%）：1.60
选育单位：中国蚕研所	缩皱：细	实用孵化率（%）：93.99
育种亲本：781、757	蛹体色：黄色	生种率（%）：0.00
育成年份：1980	蛾体色：白色	死笼率（%）：0.61
种质类型：育成品种	蛾眼色：黑色	幼虫生命率（%）：96.80
地理系统：中国系统	蛾翅纹：无花纹斑	双宫茧率（%）：6.90
功能特性：优质	稚蚕趋性：趋光性	全茧量（g）：1.616
化性：二化	食桑习性：不踏叶	茧层量（g）：0.379
眠性：四眠	就眠整齐度：齐	茧层率（%）：23.47
卵形：椭圆	老熟整齐度：齐涌	茧丝长（m）：1 037.03
卵色：灰绿色	催青经过（d:h）：11:00	解舒丝长（m）：797.71
卵壳色：淡黄色	五龄经过（d:h）：7:21	解舒率（%）：76.92
蚁蚕体色：黑褐色	全龄经过（d:h）：27:23	清洁（分）：100.0
壮蚕体色：青白	蛰中经过（d:h）：16:17	洁净（分）：95.76
壮蚕斑纹：素斑	每蛾产卵数（粒）：606	茧丝纤度（dtex）：2.96
茧色：白色	良卵率（%）：97.85	调查年季：2020 年春

菁松 B

保存编号：5325128	茧形：短椭圆	不受精卵率（%）：0.95
选育单位：中国蚕研所	缩皱：细	实用孵化率（%）：96.37
育种亲本：781、757	蛹体色：黄色	生种率（%）：0.00
育成年份：1980	蛾体色：白色	死笼率（%）：0.84
种质类型：育成品种	蛾眼色：黑色	幼虫生命率（%）：93.32
地理系统：中国系统	蛾翅纹：无花纹斑	双宫茧率（%）：2.57
功能特性：优质	稚蚕趋性：趋光性	全茧量（g）：1.749
化性：二化	食桑习性：不踏叶	茧层量（g）：0.411
眠性：四眠	就眠整齐度：齐	茧层率（%）：23.47
卵形：椭圆	老熟整齐度：齐涌	茧丝长（m）：1 156.79
卵色：灰绿色	催青经过（d:h）：11:00	解舒丝长（m）：811.14
卵壳色：淡黄色	五龄经过（d:h）：7:06	解舒率（%）：70.12
蚁蚕体色：黑褐色	全龄经过（d:h）：25:11	清洁（分）：100.0
壮蚕体色：青白	蛰中经过（d:h）：16:00	洁净（分）：94.85
壮蚕斑纹：素斑	每蛾产卵数（粒）：548	茧丝纤度（dtex）：3.29
茧色：白色	良卵率（%）：96.61	调查年季：2020 年春

皓月 A

保存编号：5325129	茧形：浅束腰	不受精卵率（%）：0.12
选育单位：中国蚕研所	缩皱：中	实用孵化率（%）：91.64
育种亲本：782、758	蛹体色：黄色	生种率（%）：0.00
育成年份：1980	蛾体色：白色	死笼率（%）：0.59
种质类型：育成品种	蛾眼色：黑色	幼虫生命率（%）：95.28
地理系统：日本系统	蛾翅纹：无花纹斑	双宫茧率（%）：1.57
功能特性：优质	稚蚕趋性：逸散性	全茧量（g）：1.386
化性：二化	食桑习性：不踏叶	茧层量（g）：0.325
眠性：四眠	就眠整齐度：较齐	茧层率（%）：23.45
卵形：椭圆	老熟整齐度：齐涌	茧丝长（m）：1 156.98
卵色：灰紫色	催青经过（d:h）：11:00	解舒丝长（m）：736.30
卵壳色：乳白色	五龄经过（d:h）：7:11	解舒率（%）：63.64
蚁蚕体色：黑褐色	全龄经过（d:h）：25:11	清洁（分）：99.0
壮蚕体色：青赤	蛰中经过（d:h）：17:19	洁净（分）：95.25
壮蚕斑纹：普斑	每蛾产卵数（粒）：476	茧丝纤度（dtex）：3.21
茧色：白色	良卵率（%）：98.96	调查年季：2020 年春

皓月 B

保存编号：5325130	茧形：浅束腰	不受精卵率（%）：0.79
选育单位：中国蚕研所	缩皱：中	实用孵化率（%）：94.35
育种亲本：782、758	蛹体色：黄色	生种率（%）：0.00
育成年份：1980	蛾体色：白色	死笼率（%）：0.63
种质类型：育成品种	蛾眼色：黑色	幼虫生命率（%）：96.92
地理系统：日本系统	蛾翅纹：无花纹斑	双宫茧率（%）：3.08
功能特性：优质	稚蚕趋性：逸散性	全茧量（g）：1.536
化性：二化	食桑习性：不踏叶	茧层量（g）：0.358
眠性：四眠	就眠整齐度：较齐	茧层率（%）：23.29
卵形：椭圆	老熟整齐度：齐涌	茧丝长（m）：998.76
卵色：灰紫色	催青经过（d:h）：11:00	解舒丝长（m）：714.71
卵壳色：乳白色	五龄经过（d:h）：9:00	解舒率（%）：71.56
蚁蚕体色：黑褐色	全龄经过（d:h）：28:12	清洁（分）：99.0
壮蚕体色：青赤	蛰中经过（d:h）：18:19	洁净（分）：94.5
壮蚕斑纹：普斑	每蛾产卵数（粒）：494	茧丝纤度（dtex）：3.07
茧色：白色	良卵率（%）：97.25	调查年季：2020 年春

731

保存编号：5325131	茧形：短椭圆	不受精卵率（%）：0.28
选育单位：—	缩皱：细	实用孵化率（%）：97.25
育种亲本：—	蛹体色：黄色	生种率（%）：0.00
育成年份：—	蛾体色：白色	死笼率（%）：9.38
种质类型：育成品种	蛾眼色：黑色	幼虫生命率（%）：97.14
地理系统：中国系统	蛾翅纹：无花纹斑	双宫茧率（%）：2.60
功能特性：优质	稚蚕趋性：无趋性	全茧量（g）：1.774
化性：二化	食桑习性：踏叶	茧层量（g）：0.436
眠性：四眠	就眠整齐度：较齐	茧层率（%）：24.58
卵形：椭圆	老熟整齐度：齐涌	茧丝长（m）：—
卵色：灰绿色	催青经过（d:h）：11:00	解舒丝长（m）：—
卵壳色：淡黄色	五龄经过（d:h）：8:00	解舒率（%）：—
蚁蚕体色：黑褐色	全龄经过（d:h）：26:05	清洁（分）：—
壮蚕体色：青白	蛰中经过（d:h）：17:14	洁净（分）：—
壮蚕斑纹：素斑	每蛾产卵数（粒）：591	茧丝纤度（dtex）：—
茧色：白色	良卵率（%）：98.36	调查年季：2020 年春

平 28

保存编号：5325133	茧形：长筒形	不受精卵率（%）：0.84
选育单位：浙江蚕研所	缩皱：中	实用孵化率（%）：41.76
育种亲本：白玉、平30	蛹体色：黄色	生种率（%）：0.00
育成年份：2003	蛾体色：白色	死笼率（%）：1.35
种质类型：育成品种	蛾眼色：黑色	幼虫生命率（%）：97.18
地理系统：日本系统	蛾翅纹：有花纹斑	双宫茧率（%）：3.59
功能特性：性连锁平衡致死	稚蚕趋性：趋光趋密性	全茧量（g）：1.365
化性：二化	食桑习性：不踏叶	茧层量（g）：0.292
眠性：四眠	就眠整齐度：齐	茧层率（%）：21.37
卵形：椭圆	老熟整齐度：齐涌	茧丝长（m）：867.2
卵色：雌灰紫色，雄浅棕或淡黄色	催青经过（d:h）：11:00	解舒丝长（m）：522.49
卵壳色：乳白色	五龄经过（d:h）：8:00	解舒率（%）：60.25
蚁蚕体色：黑褐色	全龄经过（d:h）：26:11	清洁（分）：98.0
壮蚕体色：青赤	蛰中经过（d:h）：15:14	洁净（分）：94.5
壮蚕斑纹：普斑	每蛾产卵数（粒）：434	茧丝纤度（dtex）：2.96
茧色：白色	良卵率（%）：95.16	调查年季：2020 年春

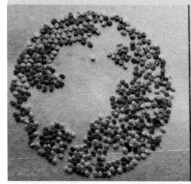
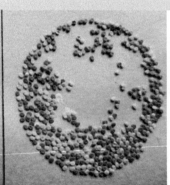

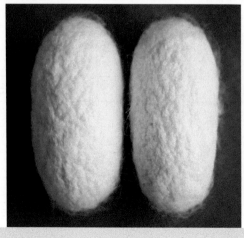

平30

保存编号：5325134	茧形：浅束腰	不受精卵率（%）：4.89
选育单位：浙江蚕研所	缩皱：中	实用孵化率（%）：37.03
育种亲本：白云、平2	蛹体色：黄色	生种率（%）：0.00
育成年份：2001	蛾体色：白色	死笼率（%）：0.98
种质类型：育成品种	蛾眼色：黑色	幼虫生命率（%）：96.70
地理系统：日本系统	蛾翅纹：无花纹斑	双宫茧率（%）：5.66
功能特性：性连锁平衡致死	稚蚕趋性：趋密性	全茧量（g）：1.461
化性：二化	食桑习性：不踏叶	茧层量（g）：0.317
眠性：四眠	就眠整齐度：齐	茧层率（%）：21.7
卵形：椭圆	老熟整齐度：齐涌	茧丝长（m）：1 114.31
卵色：雌灰紫色，雄浅棕或淡黄色	催青经过（d:h）：11:00	解舒丝长（m）：707.36
卵壳色：乳白色	五龄经过（d:h）：8:18	解舒率（%）：63.48
蚁蚕体色：黑褐色	全龄经过（d:h）：28:06	清洁（分）：99.0
壮蚕体色：青赤	蛰中经过（d:h）：17:13	洁净（分）：93.5
壮蚕斑纹：普斑	每蛾产卵数（粒）：459	茧丝纤度（dtex）：2.69
茧色：白色	良卵率（%）：93.11	调查年季：2020 年春

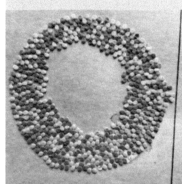
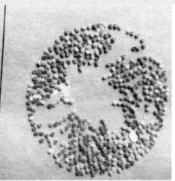

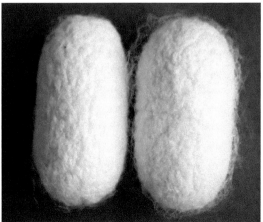

平 48

保存编号：5325135	茧形：浅束腰	不受精卵率（%）：9.41
选育单位：浙江蚕研所	缩皱：中	实用孵化率（%）：34.36
育种亲本：白云、平30	蛹体色：黄色	生种率（%）：0.00
育成年份：2005	蛾体色：白色	死笼率（%）：1.63
种质类型：育成	蛾眼色：黑色	幼虫生命率（%）：95.70
地理系统：日本	蛾翅纹：无花纹斑	双宫茧率（%）：1.91
功能特性：性连锁平衡致死	稚蚕趋性：趋光趋密性	全茧量（g）：1.377
化性：二化	食桑习性：不踏叶	茧层量（g）：0.299
眠性：四眠	就眠整齐度：较齐	茧层率（%）：21.69
卵形：椭圆	老熟整齐度：齐涌	茧丝长（m）：987.98
卵色：雌灰紫色，雄浅棕或淡黄色	催青经过（d:h）：11:00	解舒丝长（m）：646.63
卵壳色：乳白色	五龄经过（d:h）：8:13	解舒率（%）：65.45
蚁蚕体色：黑褐色	全龄经过（d:h）：27:00	清洁（分）：99.0
壮蚕体色：青赤	蛰中经过（d:h）：17:00	洁净（分）：95.0
壮蚕斑纹：普斑	每蛾产卵数（粒）：567	茧丝纤度（dtex）：3.43
茧色：白色	良卵率（%）：90.59	调查年季：2020年春

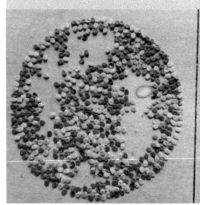
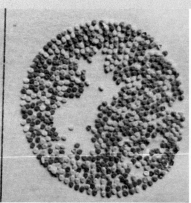

平 31

保存编号：5325136	茧形：短椭圆	不受精卵率（%）：9.30
选育单位：浙江蚕研所	缩皱：中	实用孵化率（%）：31.76
育种亲本：丰1、平1	蛹体色：黄色	生种率（%）：0.00
育成年份：1999	蛾体色：白色	死笼率（%）：5.63
种质类型：育成品种	蛾眼色：雌黑色，雄白色	幼虫生命率（%）：97.10
地理系统：中国系统	蛾翅纹：无花纹斑	双宫茧率（%）：0.26
功能特性：性连锁平衡致死	稚蚕趋性：趋密性	全茧量（g）：1.400
化性：二化	食桑习性：不踏叶	茧层量（g）：0.322
眠性：四眠	就眠整齐度：齐	茧层率（%）：23.02
卵形：椭圆	老熟整齐度：齐涌	茧丝长（m）：821.59
卵色：雌灰绿色，雄黄色	催青经过（d:h）：11:00	解舒丝长（m）：616.19
卵壳色：淡黄色	五龄经过（d:h）：7:17	解舒率（%）：75.00
蚁蚕体色：黑褐色	全龄经过（d:h）：26:23	清洁（分）：98.0
壮蚕体色：青白	蛰中经过（d:h）：16:15	洁净（分）：91.0
壮蚕斑纹：素斑	每蛾产卵数（粒）：326	茧丝纤度（dtex）：2.78
茧色：白色	良卵率（%）：90.70	调查年季：2020年春

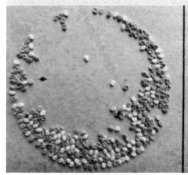
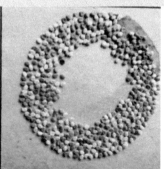

平 35

保存编号：5325137	茧形：短椭圆	不受精卵率（%）：1.89
选育单位：浙江蚕研所	缩皱：中	实用孵化率（%）：45.99
育种亲本：秋丰、菁松、平1	蛹体色：黄色	生种率（%）：0.00
育成年份：1999	蛾体色：白色	死笼率（%）：2.45
种质类型：育成品种	蛾眼色：雌黑色，雄白色	幼虫生命率（%）：94.75
地理系统：中国系统	蛾翅纹：无花纹斑	双宫茧率（%）：6.79
功能特性：性连锁平衡致死	稚蚕趋性：趋密性	全茧量（g）：1.734
化性：二化	食桑习性：不踏叶	茧层量（g）：0.358
眠性：四眠	就眠整齐度：较齐	茧层率（%）：20.61
卵形：椭圆	老熟整齐度：齐涌	茧丝长（m）：1 178.21
卵色：雌灰绿色，雄黄色	催青经过（d:h）：11:00	解舒丝长（m）：656.38
卵壳色：淡黄色，乳白色	五龄经过（d:h）：7:07	解舒率（%）：55.71
蚁蚕体色：黑褐色	全龄经过（d:h）：27:06	清洁（分）：—
壮蚕体色：青白	蛰中经过（d:h）：16:17	洁净（分）：—
壮蚕斑纹：素斑	每蛾产卵数（粒）：564	茧丝纤度（dtex）：2.68
茧色：白色	良卵率（%）：98.11	调查年季：2020 年春

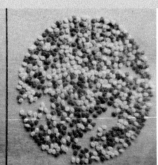

卵 21

保存编号：5325138	茧形：椭圆	不受精卵率（%）：6.00
选育单位：浙江蚕研所	缩皱：中	实用孵化率（%）：93.33
育种亲本：新杭、卵1	蛹体色：黄色	生种率（%）：0.00
育成年份：1999	蛾体色：白色	死笼率（%）：11.88
种质类型：育成品种	蛾眼色：雌黑色，雄白色	幼虫生命率（%）：90.16
地理系统：中国系统	蛾翅纹：无花纹斑	双宫茧率（%）：2.19
功能特性：限性卵色	稚蚕趋性：趋密性	全茧量（g）：1.391
化性：二化	食桑习性：不踏叶	茧层量（g）：0.314
眠性：四眠	就眠整齐度：较齐	茧层率（%）：22.60
卵形：椭圆	老熟整齐度：齐涌	茧丝长（m）：1 005.41
卵色：雌灰紫色，雄黄色	催青经过（d:h）：11:00	解舒丝长（m）：537.69
卵壳色：淡黄色	五龄经过（d:h）：8:02	解舒率（%）：53.48
蚁蚕体色：黑褐色	全龄经过（d:h）：27:08	清洁（分）：—
壮蚕体色：青白	蛰中经过（d:h）：17:00	洁净（分）：—
壮蚕斑纹：素斑	每蛾产卵数（粒）：434	茧丝纤度（dtex）：2.79
茧色：白色	良卵率（%）：91.01	调查年季：2020年春

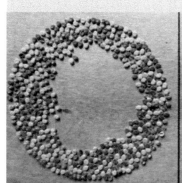

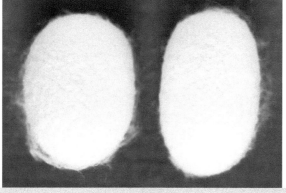

卵 22

保存编号：5325139	茧形：浅束腰	不受精卵率（%）：2.18
选育单位：浙江蚕研所	缩皱：中	实用孵化率（%）：73.24
育种亲本：卵 2、科明	蛹体色：黄色	生种率（%）：0.58
育成年份：1999	蛾体色：白色	死笼率（%）：1.88
种质类型：育成品种	蛾眼色：黑色	幼虫生命率（%）：94.50
地理系统：日本系统	蛾翅纹：无花纹斑	双宫茧率（%）：14.14
功能特性：限性卵色	稚蚕趋性：逸散性	全茧量（g）：1.500
化性：二化	食桑习性：不踏叶	茧层量（g）：0.330
眠性：四眠	就眠整齐度：较齐	茧层率（%）：22.02
卵形：椭圆	老熟整齐度：齐涌	茧丝长（m）：—
卵色：雌灰紫色，雄黄色	催青经过（d:h）：11:00	解舒丝长（m）：—
卵壳色：淡黄色	五龄经过（d:h）：8:12	解舒率（%）：—
蚁蚕体色：黑褐色	全龄经过（d:h）：26:23	清洁（分）：—
壮蚕体色：青赤	蛰中经过（d:h）：16:00	洁净（分）：—
壮蚕斑纹：普斑	每蛾产卵数（粒）：337	茧丝纤度（dtex）：3.69
茧色：白色	良卵率（%）：91.39	调查年季：2020 年春

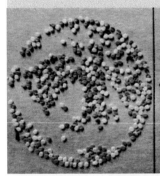

云 H8

保存编号：5325143	茧形：浅束腰	不受精卵率（%）：3.66
选育单位：云南蚕蜂所	缩皱：中	实用孵化率（%）：44.30
育种亲本：云月、平28	蛹体色：黄色	生种率（%）：0.00
育成年份：2008	蛾体色：白色	死笼率（%）：3.02
种质类型：育成品种	蛾眼色：黑色	幼虫生命率（%）：94.84
地理系统：日本系统	蛾翅纹：无花纹斑	双宫茧率（%）：1.09
功能特性：性连锁平衡致死	稚蚕趋性：无	全茧量（g）：1.135
化性：二化	食桑习性：踏叶	茧层量（g）：0.247
眠性：四眠	就眠整齐度：较齐	茧层率（%）：21.77
卵形：椭圆	老熟整齐度：齐涌	茧丝长（m）：—
卵色：雌灰紫色，雄浅棕或淡黄色	催青经过（d:h）：11:00	解舒丝长（m）：—
卵壳色：乳白色	五龄经过（d:h）：7:00	解舒率（%）：—
蚁蚕体色：黑褐色	全龄经过（d:h）：25:11	清洁（分）：—
壮蚕体色：青赤	蛰中经过（d:h）：15:00	洁净（分）：—
壮蚕斑纹：普斑	每蛾产卵数（粒）：364	茧丝纤度（dtex）：3.23
茧色：白色	良卵率（%）：96.34	调查年季：2020年春

云 H10

保存编号：5325144	茧形：浅束腰	不受精卵率（%）：2.74
选育单位：云南蚕蜂所	缩皱：粗	实用孵化率（%）：37.64
育种亲本：新月、平30	蛹体色：黄色	生种率（%）：0.00
育成年份：2008	蛾体色：白色	死笼率（%）：2.04
种质类型：育成品种	蛾眼色：黑色	幼虫生命率（%）：96.44
地理系统：日本系统	蛾翅纹：无花纹斑	双宫茧率（%）：3.05
功能特性：性连锁平衡致死	稚蚕趋性：无	全茧量（g）：1.523
化性：二化	食桑习性：踏叶	茧层量（g）：0.334
眠性：四眠	就眠整齐度：较齐	茧层率（%）：21.95
卵形：椭圆	老熟整齐度：齐涌	茧丝长（m）：1 057.95
卵色：雌灰紫色，雄浅棕或淡黄色	催青经过（d:h）：11:00	解舒丝长（m）：528.97
卵壳色：乳白色	五龄经过（d:h）：8:07	解舒率（%）：50.00
蚁蚕体色：黑褐色	全龄经过（d:h）：28:06	清洁（分）：—
壮蚕体色：青赤	蛰中经过（d:h）：17:18	洁净（分）：—
壮蚕斑纹：普斑	每蛾产卵数（粒）：438	茧丝纤度（dtex）：2.76
茧色：白色	良卵率（%）：97.26	调查年季：2020年春

云 H12

保存编号：5325145	茧形：浅束腰	不受精卵率（%）：3.26
选育单位：云南蚕蜂所	缩皱：中	实用孵化率（%）：33.45
育种亲本：云蚕 8、平 30	蛹体色：黄色	生种率（%）：0.00
育成年份：2008	蛾体色：白色	死笼率（%）：0.63
种质类型：育成品种	蛾眼色：黑色	幼虫生命率（%）：96.90
地理系统：日本系统	蛾翅纹：无花纹斑	双宫茧率（%）：1.55
功能特性：性连锁平衡致死	稚蚕趋性：趋密性	全茧量（g）：1.447
化性：二化	食桑习性：踏叶	茧层量（g）：0.315
眠性：四眠	就眠整齐度：较齐	茧层率（%）：21.79
卵形：椭圆	老熟整齐度：齐涌	茧丝长（m）：1 074.38
卵色：雌灰紫色，雄浅棕或淡黄色	催青经过（d:h）：11:00	解舒丝长（m）：969.70
卵壳色：乳白色	五龄经过（d:h）：8:00	解舒率（%）：90.91
蚁蚕体色：黑褐色	全龄经过（d:h）：26:11	清洁（分）：—
壮蚕体色：青赤	蛰中经过（d:h）：16:16	洁净（分）：—
壮蚕斑纹：普斑	每蛾产卵数（粒）：511	茧丝纤度（dtex）：2.59
茧色：白色	良卵率（%）：96.74	调查年季：2020 年春

云 H14

保存编号：5325146	茧形：浅束腰	不受精卵率（%）：1.95
选育单位：云南蚕蜂所	缩皱：中	实用孵化率（%）：23.59
育种亲本：红云、平 30	蛹体色：黄色	生种率（%）：0.00
育成年份：2008	蛾体色：白色	死笼率（%）：1.63
种质类型：育成品种	蛾眼色：黑色	幼虫生命率（%）：95.80
地理系统：日本系统	蛾翅纹：无花纹斑	双宫茧率（%）：1.53
功能特性：性连锁平衡致死	稚蚕趋性：无	全茧量（g）：1.400
化性：二化	食桑习性：踏叶	茧层量（g）：0.304
眠性：四眠	就眠整齐度：较齐	茧层率（%）：21.71
卵形：椭圆	老熟整齐度：齐涌	茧丝长（m）：1 069.99
卵色：雌灰紫色，雄浅棕或淡黄色	催青经过（d:h）：11:00	解舒丝长（m）：668.74
卵壳色：乳白色	五龄经过（d:h）：8:17	解舒率（%）：62.50
蚁蚕体色：黑褐色	全龄经过（d:h）：27:23	清洁（分）：—
壮蚕体色：青赤	蛰中经过（d:h）：16:00	洁净（分）：—
壮蚕斑纹：普斑	每蛾产卵数（粒）：427	茧丝纤度（dtex）：2.56
茧色：白色	良卵率（%）：98.05	调查年季：2020 年春

云 H16

保存编号：5325147	茧形：浅束腰	不受精卵率（%）：2.60
选育单位：云南蚕蜂所	缩皱：中	实用孵化率（%）：35.65
育种亲本：云月、平 30	蛹体色：黄色	生种率（%）：0.00
育成年份：2008	蛾体色：白色	死笼率（%）：0.38
种质类型：育成品种	蛾眼色：黑色	幼虫生命率（%）：98.86
地理系统：日本系统	蛾翅纹：无花纹斑	双宫茧率（%）：0.00
功能特性：性连锁平衡致死	稚蚕趋性：无	全茧量（g）：1.445
化性：二化	食桑习性：踏叶	茧层量（g）：0.350
眠性：四眠	就眠整齐度：较齐	茧层率（%）：24.15
卵形：椭圆	老熟整齐度：齐涌	茧丝长（m）：1 044.00
卵色：雌灰紫色，雄浅棕或淡黄色	催青经过（d:h）：11:00	解舒丝长（m）：522.00
卵壳色：乳白色	五龄经过（d:h）：7:12	解舒率（%）：50.00
蚁蚕体色：黑褐色	全龄经过（d:h）：26:11	清洁（分）：—
壮蚕体色：青赤	蛰中经过（d:h）：18:12	洁净（分）：—
壮蚕斑纹：普斑	每蛾产卵数（粒）：488	茧丝纤度（dtex）：2.60
茧色：白色	良卵率（%）：97.40	调查年季：2020 年春

云 H18

保存编号：5325148	茧形：浅束腰	不受精卵率（%）：2.20
选育单位：云南蚕蜂所	缩皱：中	实用孵化率（%）：41.44
育种亲本：新月、平 48	蛹体色：黄色	生种率（%）：0.00
育成年份：2008	蛾体色：白色	死笼率（%）：2.23
种质类型：育成品种	蛾眼色：黑色	幼虫生命率（%）：96.91
地理系统：日本系统	蛾翅纹：无花纹斑	双宫茧率（%）：0.00
功能特性：性连锁平衡致死	稚蚕趋性：无	全茧量（g）：1.599
化性：二化	食桑习性：踏叶	茧层量（g）：0.365
眠性：四眠	就眠整齐度：较齐	茧层率（%）：22.82
卵形：椭圆	老熟整齐度：齐涌	茧丝长（m）：—
卵色：雌灰紫色，雄浅棕或淡黄色	催青经过（d:h）：11:00	解舒丝长（m）：—
卵壳色：乳白色	五龄经过（d:h）：8:07	解舒率（%）：—
蚁蚕体色：黑褐色	全龄经过（d:h）：28:06	清洁（分）：—
壮蚕体色：青赤	蛰中经过（d:h）：16:15	洁净（分）：—
壮蚕斑纹：普斑	每蛾产卵数（粒）：440	茧丝纤度（dtex）：3.76
茧色：白色	良卵率（%）：97.80	调查年季：2020 年春

云 H20

保存编号：5325149	茧形：浅束腰	不受精卵率（%）：0.96
选育单位：云南蚕蜂所	缩皱：中	实用孵化率（%）：38.71
育种亲本：云蚕 8、平 48	蛹体色：黄色	生种率（%）：0.00
育成年份：2008	蛾体色：白色	死笼率（%）：1.89
种质类型：育成品种	蛾眼色：黑色	幼虫生命率（%）：97.86
地理系统：日本系统	蛾翅纹：无花纹斑	双宫茧率（%）：0.00
功能特性：性连锁平衡致死	稚蚕趋性：无	全茧量（g）：1.595
化性：二化	食桑习性：踏叶	茧层量（g）：0.349
眠性：四眠	就眠整齐度：较齐	茧层率（%）：21.85
卵形：椭圆	老熟整齐度：齐涌	茧丝长（m）：987.64
卵色：雌灰紫色，雄浅棕或淡黄色	催青经过（d:h）：11:00	解舒丝长（m）：823.03
卵壳色：乳白色	五龄经过（d:h）：8:07	解舒率（%）：83.33
蚁蚕体色：黑褐色	全龄经过（d:h）：28:06	清洁（分）：—
壮蚕体色：青赤	蛰中经过（d:h）：16:00	洁净（分）：—
壮蚕斑纹：普斑	每蛾产卵数（粒）：453	茧丝纤度（dtex）：3.33
茧色：白色	良卵率（%）：99.04	调查年季：2020 年春

云 H22

保存编号：5325150	茧形：浅束腰	不受精卵率（%）：1.26
选育单位：云南蚕蜂所	缩皱：中	实用孵化率（%）：42.98
育种亲本：红云、平 48	蛹体色：黄色	生种率（%）：0.00
育成年份：2008	蛾体色：白色	死笼率（%）：3.78
种质类型：育成品种	蛾眼色：黑色	幼虫生命率（%）：95.63
地理系统：日本系统	蛾翅纹：无花纹斑	双宫茧率（%）：1.64
功能特性：性连锁平衡致死	稚蚕趋性：趋密性	全茧量（g）：1.441
化性：二化	食桑习性：踏叶	茧层量（g）：0.310
眠性：四眠	就眠整齐度：较齐	茧层率（%）：21.51
卵形：椭圆	老熟整齐度：齐涌	茧丝长（m）：964.80
卵色：雌灰紫色，雄浅棕或淡黄色	催青经过（d:h）：11:00	解舒丝长（m）：536.00
卵壳色：乳白色	五龄经过（d:h）：8:07	解舒率（%）：55.56
蚁蚕体色：黑褐色	全龄经过（d:h）：28:06	清洁（分）：—
壮蚕体色：青赤	蛰中经过（d:h）：16:17	洁净（分）：—
壮蚕斑纹：普斑	每蛾产卵数（粒）：529	茧丝纤度（dtex）：2.73
茧色：白色	良卵率（%）：98.74	调查年季：2020 年春

云 H24

保存编号：5325151	茧形：浅束腰	不受精卵率（%）：2.60
选育单位：云南蚕蜂所	缩皱：中	实用孵化率（%）：41.77
育种亲本：云月、平48	蛹体色：黄色	生种率（%）：0.00
育成年份：2008	蛾体色：白色	死笼率（%）：0.63
种质类型：育成品种	蛾眼色：黑色	幼虫生命率（%）：98.00
地理系统：日本系统	蛾翅纹：无花纹斑	双宫茧率（%）：1.50
功能特性：性连锁平衡致死	稚蚕趋性：趋密性	全茧量（g）：1.456
化性：二化	食桑习性：踏叶	茧层量（g）：0.326
眠性：四眠	就眠整齐度：较齐	茧层率（%）：22.36
卵形：椭圆	老熟整齐度：齐涌	茧丝长（m）：842.29
卵色：雌灰紫色，雄浅棕或淡黄色	催青经过（d:h）：11:00	解舒丝长（m）：561.53
卵壳色：乳白色	五龄经过（d:h）：8:01	解舒率（%）：66.67
蚁蚕体色：黑褐色	全龄经过（d:h）：27:00	清洁（分）：—
壮蚕体色：青赤	蛰中经过（d:h）：16:00	洁净（分）：—
壮蚕斑纹：普斑	每蛾产卵数（粒）：514	茧丝纤度（dtex）：3.13
茧色：白色	良卵率（%）：97.40	调查年季：2020年春

云 H26

保存编号：5325152	茧形：浅束腰	不受精卵率（%）：1.02
选育单位：云南蚕蜂所	缩皱：中	实用孵化率（%）：42.39
育种亲本：—	蛹体色：黄色	生种率（%）：0.00
育成年份：2010	蛾体色：白色	死笼率（%）：3.75
种质类型：育成品种	蛾眼色：黑色	幼虫生命率（%）：96.87
地理系统：日本系统	蛾翅纹：无花纹斑	双宫茧率（%）：1.57
功能特性：性连锁平衡致死	稚蚕趋性：趋密性	全茧量（g）：1.712
化性：二化	食桑习性：踏叶	茧层量（g）：0.373
眠性：四眠	就眠整齐度：较齐	茧层率（%）：21.78
卵形：椭圆	老熟整齐度：齐涌	茧丝长（m）：1 012.16
卵色：雌灰紫色，雄浅棕或淡黄色	催青经过（d:h）：11:00	解舒丝长（m）：778.59
卵壳色：乳白色	五龄经过（d:h）：8:07	解舒率（%）：76.92
蚁蚕体色：黑褐色	全龄经过（d:h）：27:06	清洁（分）：—
壮蚕体色：青赤	蛰中经过（d:h）：—	洁净（分）：—
壮蚕斑纹：普斑	每蛾产卵数（粒）：522	茧丝纤度（dtex）：3.21
茧色：白色	良卵率（%）：98.98	调查年季：2020年春

云 D2

保存编号：5325153	茧形：浅束腰	不受精卵率（%）：3.80
选育单位：云南蚕蜂所	缩皱：中	实用孵化率（%）：42.57
育种亲本：新月、平 30	蛹体色：黄色	生种率（%）：0.00
育成年份：2008	蛾体色：白色	死笼率（%）：1.07
种质类型：育成品种	蛾眼色：黑色	幼虫生命率（%）：89.24
地理系统：日本系统	蛾翅纹：无花纹斑	双宫茧率（%）：1.79
功能特性：性连锁平衡致死	稚蚕趋性：趋密性	全茧量（g）：1.735
化性：二化	食桑习性：踏叶	茧层量（g）：0.403
眠性：四眠	就眠整齐度：较齐	茧层率（%）：23.21
卵形：椭圆	老熟整齐度：齐涌	茧丝长（m）：—
卵色：雌灰紫色，雄浅棕或淡黄色	催青经过（d:h）：11:00	解舒丝长（m）：—
卵壳色：乳白色	五龄经过（d:h）：9:07	解舒率（%）：—
蚁蚕体色：黑褐色	全龄经过（d:h）：28:06	清洁（分）：—
壮蚕体色：青赤	蛰中经过（d:h）：17:00	洁净（分）：—
壮蚕斑纹：普斑	每蛾产卵数（粒）：509	茧丝纤度（dtex）：—
茧色：白色	良卵率（%）：96.20	调查年季：2020 年春

云 D4

保存编号：5325154	茧形：浅束腰	不受精卵率（%）：—
选育单位：云南蚕蜂所	缩皱：中	实用孵化率（%）：—
育种亲本：云蚕 8、平 30	蛹体色：黄色	生种率（%）：0.00
育成年份：2010	蛾体色：白色	死笼率（%）：0.71
种质类型：育成品种	蛾眼色：黑色	幼虫生命率（%）：95.34
地理系统：日本系统	蛾翅纹：无花纹斑	双宫茧率（%）：1.04
功能特性：性连锁平衡致死	稚蚕趋性：无	全茧量（g）：1.550
化性：二化	食桑习性：踏叶	茧层量（g）：0.350
眠性：四眠	就眠整齐度：较齐	茧层率（%）：22.56
卵形：椭圆	老熟整齐度：齐涌	茧丝长（m）：1 244.48
卵色：雌灰紫色，雄浅棕或淡黄色	催青经过（d:h）：11:00	解舒丝长（m）：777.80
卵壳色：乳白色	五龄经过（d:h）：8:19	解舒率（%）：62.50
蚁蚕体色：黑褐色	全龄经过（d:h）：27:06	清洁（分）：—
壮蚕体色：青赤	蛰中经过（d:h）：17:19	洁净（分）：—
壮蚕斑纹：普斑	每蛾产卵数（粒）：—	茧丝纤度（dtex）：2.51
茧色：白色	良卵率（%）：—	调查年季：2020 年春

云 D6

保存编号：5325155	茧形：浅束腰	不受精卵率（%）：—
选育单位：云南蚕蜂所	缩皱：中	实用孵化率（%）：—
育种亲本：云蚕 8、平 30	蛹体色：黄色	生种率（%）：0.00
育成年份：2010	蛾体色：白色	死笼率（%）：1.18
种质类型：育成品种	蛾眼色：黑色	幼虫生命率（%）：97.62
地理系统：日本系统	蛾翅纹：无花纹斑	双宫茧率（%）：0.00
功能特性：性连锁平衡致死	稚蚕趋性：无	全茧量（g）：1.574
化性：二化	食桑习性：踏叶	茧层量（g）：0.330
眠性：四眠	就眠整齐度：较齐	茧层率（%）：20.97
卵形：椭圆	老熟整齐度：齐涌	茧丝长（m）：—
卵色：雌灰紫色，雄浅棕或淡黄色	催青经过（d:h）：11:00	解舒丝长（m）：—
卵壳色：乳白色	五龄经过（d:h）：8:12	解舒率（%）：—
蚁蚕体色：黑褐色	全龄经过（d:h）：28:23	清洁（分）：—
壮蚕体色：青赤	蛰中经过（d:h）：18:17	洁净（分）：—
壮蚕斑纹：普斑	每蛾产卵数（粒）：—	茧丝纤度（dtex）：—
茧色：白色	良卵率（%）：—	调查年季：2020 年春

云 D8

保存编号：5325156	茧形：浅束腰	不受精卵率（%）：—
选育单位：云南蚕蜂所	缩皱：中	实用孵化率（%）：—
育种亲本：972A、平 48	蛹体色：黄色	生种率（%）：0.00
育成年份：2010	蛾体色：白色	死笼率（%）：3.01
种质类型：育成品种	蛾眼色：黑色	幼虫生命率（%）：96.36
地理系统：日本系统	蛾翅纹：无花纹斑	双宫茧率（%）：5.71
功能特性：性连锁平衡致死	稚蚕趋性：无	全茧量（g）：1.633
化性：二化	食桑习性：踏叶	茧层量（g）：0.363
眠性：四眠	就眠整齐度：较齐	茧层率（%）：22.25
卵形：椭圆	老熟整齐度：齐涌	茧丝长（m）：—
卵色：雌灰紫色，雄浅棕或淡黄色	催青经过（d:h）：11:00	解舒丝长（m）：—
卵壳色：乳白色	五龄经过（d:h）：8:01	解舒率（%）：—
蚁蚕体色：黑褐色	全龄经过（d:h）：26:06	清洁（分）：—
壮蚕体色：青赤	蛰中经过（d:h）：—	洁净（分）：—
壮蚕斑纹：普斑	每蛾产卵数（粒）：—	茧丝纤度（dtex）：—
茧色：白色	良卵率（%）：—	调查年季：2020 年春

蒙草 A

保存编号：5325157	茧形：短椭圆	不受精卵率（%）：0.11
选育单位：云南蚕蜂所	缩皱：中	实用孵化率（%）：93.84
育种亲本：923A	蛹体色：黄色	生种率（%）：0.00
育成年份：2005	蛾体色：白色	死笼率（%）：3.22
种质类型：育成品种	蛾眼色：黑色	幼虫生命率（%）：90.46
地理系统：中国系统	蛾翅纹：无花纹斑	双宫茧率（%）：0.00
功能特性：优质	稚蚕趋性：趋密性	全茧量（g）：1.764
化性：二化	食桑习性：踏叶	茧层量（g）：0.443
眠性：四眠	就眠整齐度：较齐	茧层率（%）：25.11
卵形：椭圆	老熟整齐度：齐涌	茧丝长（m）：—
卵色：灰绿色	催青经过（d:h）：11:00	解舒丝长（m）：—
卵壳色：淡黄色，少黄色	五龄经过（d:h）：8:19	解舒率（%）：—
蚁蚕体色：黑褐色	全龄经过（d:h）：27:06	清洁（分）：—
壮蚕体色：青白	蛰中经过（d:h）：17:19	洁净（分）：—
壮蚕斑纹：雄素斑，雌普斑	每蛾产卵数（粒）：587	茧丝纤度（dtex）：3.12
茧色：白色	良卵率（%）：98.75	调查年季：2020 年春

蒙草 B

保存编号：5325158	茧形：短椭圆	不受精卵率（%）：0.69
选育单位：云南蚕蜂所	缩皱：中	实用孵化率（%）：93.60
育种亲本：923B	蛹体色：黄色	生种率（%）：0.00
育成年份：2005	蛾体色：白色	死笼率（%）：2.98
种质类型：育成品种	蛾眼色：黑色	幼虫生命率（%）：91.02
地理系统：中国系统	蛾翅纹：无花纹斑	双宫茧率（%）：1.00
功能特性：优质	稚蚕趋性：无	全茧量（g）：1.807
化性：二化	食桑习性：踏叶	茧层量（g）：0.451
眠性：四眠	就眠整齐度：较齐	茧层率（%）：24.98
卵形：椭圆	老熟整齐度：齐涌	茧丝长（m）：—
卵色：灰绿色	催青经过（d:h）：11:00	解舒丝长（m）：—
卵壳色：淡黄色，少黄色	五龄经过（d:h）：8:13	解舒率（%）：—
蚁蚕体色：黑褐色	全龄经过（d:h）：28:00	清洁（分）：—
壮蚕体色：青白	蛰中经过（d:h）：16:17	洁净（分）：—
壮蚕斑纹：雄素斑，雌普斑	每蛾产卵数（粒）：532	茧丝纤度（dtex）：3.78
茧色：白色	良卵率（%）：98.93	调查年季：2020 年春

红云 A

保存编号：5325159	茧形：浅束腰	不受精卵率（%）：0.18
选育单位：云南蚕蜂所	缩皱：中	实用孵化率（%）：95.47
育种亲本：968A、皓月 B	蛹体色：黄色	生种率（%）：0.00
育成年份：2005	蛾体色：白色	死笼率（%）：1.67
种质类型：育成品种	蛾眼色：黑色	幼虫生命率（%）：95.95
地理系：日本系统	蛾翅纹：无花纹斑	双宫茧率（%）：1.43
功能特性：优质	稚蚕趋性：趋密性	全茧量（g）：1.502
化性：二化	食桑习性：踏叶	茧层量（g）：0.346
眠性：四眠	就眠整齐度：较齐	茧层率（%）：23.01
卵形：椭圆	老熟整齐度：齐涌	茧丝长（m）：—
卵色：灰紫色	催青经过（d:h）：11:00	解舒丝长（m）：—
卵壳色：乳白色，少淡黄色	五龄经过（d:h）：8:19	解舒率（%）：—
蚁蚕体色：黑褐色	全龄经过（d:h）：29:06	清洁（分）：—
壮蚕体色：青赤	蛰中经过（d:h）：—	洁净（分）：—
壮蚕斑纹：普斑	每蛾产卵数（粒）：549	茧丝纤度（dtex）：—
茧色：白色	良卵率（%）：99.09	调查年季：2020 年春

红云 B

保存编号：5325160	茧形：浅束腰	不受精卵率（%）：0.25
选育单位：云南蚕蜂所	缩皱：中	实用孵化率（%）：96.48
育种亲本：968B、皓月 B	蛹体色：黄色	生种率（%）：0.00
育成年份：2005	蛾体色：白色	死笼率（%）：2.37
种质类型：育成品种	蛾眼色：黑色	幼虫生命率（%）：94.40
地理系：日本系统	蛾翅纹：无花纹斑	双宫茧率（%）：0.27
功能特性：优质	稚蚕趋性：逸散性	全茧量（g）：1.517
化性：二化	食桑习性：踏叶	茧层量（g）：0.323
眠性：四眠	就眠整齐度：齐	茧层率（%）：21.31
卵形：椭圆	老熟整齐度：齐涌	茧丝长（m）：—
卵色：灰紫色	催青经过（d:h）：11:00	解舒丝长（m）：—
卵壳色：乳白色，少淡黄色	五龄经过（d:h）：8:00	解舒率（%）：—
蚁蚕体色：黑褐色	全龄经过（d:h）：26:12	清洁（分）：—
壮蚕体色：青赤	蛰中经过（d:h）：17:19	洁净（分）：—
壮蚕斑纹：普斑	每蛾产卵数（粒）：540	茧丝纤度（dtex）：—
茧色：白色	良卵率（%）：96.48	调查年季：2020 年春

云蚕 7A

保存编号：5325161	茧形：短椭圆	不受精卵率（%）：0.26
选育单位：云南蚕蜂所	缩皱：中	实用孵化率（%）：96.99
育种亲本：57B、锦6	蛹体色：黄色	生种率（%）：0.00
育成年份：1997	蛾体色：白色	死笼率（%）：0.63
种质类型：育成品种	蛾眼色：黑色	幼虫生命率（%）：91.08
地理系统：中国系统	蛾翅纹：无花纹斑	双宫茧率（%）：12.53
功能特性：优质	稚蚕趋性：趋光趋密性	全茧量（g）：1.873
化性：二化	食桑习性：踏叶	茧层量（g）：0.455
眠性：四眠	就眠整齐度：较齐	茧层率（%）：24.29
卵形：椭圆	老熟整齐度：齐涌	茧丝长（m）：925.43
卵色：灰绿色	催青经过（d:h）：11:00	解舒丝长（m）：616.95
卵壳色：淡黄色，少黄色	五龄经过（d:h）：8:12	解舒率（%）：66.67
蚁蚕体色：黑褐色	全龄经过（d:h）：27:00	清洁（分）：—
壮蚕体色：青白	蛰中经过（d:h）：17:00	洁净（分）：—
壮蚕斑纹：雄素斑，雌普斑	每蛾产卵数（粒）：574	茧丝纤度（dtex）：3.61
茧色：白色	良卵率（%）：99.43	调查年季：2020年春

云蚕 7B

保存编号：5325162	茧形：短椭圆	不受精卵率（%）：0.61
选育单位：云南蚕蜂所	缩皱：中	实用孵化率（%）：95.45
育种亲本：57B、锦6	蛹体色：黄色	生种率（%）：0.00
育成年份：1997	蛾体色：白色	死笼率（%）：2.27
种质类型：育成品种	蛾眼色：黑色	幼虫生命率（%）：87.47
地理系统：中国系统	蛾翅纹：无花纹斑	双宫茧率（%）：0.53
功能特性：优质	稚蚕趋性：趋光趋密性	全茧量（g）：1.927
化性：二化	食桑习性：踏叶	茧层量（g）：0.473
眠性：四眠	就眠整齐度：较齐	茧层率（%）：24.56
卵形：椭圆	老熟整齐度：齐涌	茧丝长（m）：—
卵色：灰绿色	催青经过（d:h）：11:00	解舒丝长（m）：—
卵壳色：淡黄色，少黄色	五龄经过（d:h）：9:06	解舒率（%）：—
蚁蚕体色：黑褐色	全龄经过（d:h）：28:06	清洁（分）：—
壮蚕体色：青白	蛰中经过（d:h）：17:17	洁净（分）：—
壮蚕斑纹：雄素斑，雌普斑	每蛾产卵数（粒）：600	茧丝纤度（dtex）：3.74
茧色：白色	良卵率（%）：98.89	调查年季：2020年春

云蚕 8A

保存编号：5325163	茧形：长筒形	不受精卵率（%）：0.00
选育单位：云南蚕蜂所	缩皱：中	实用孵化率（%）：90.51
育种亲本：24、9031	蛹体色：黄色	生种率（%）：0.00
育成年份：1997	蛾体色：白色	死笼率（%）：1.89
种质类型：育成品种	蛾眼色：黑色	幼虫生命率（%）：98.21
地理系统：日本系统	蛾翅纹：无花纹斑	双宫茧率（%）：1.00
功能特性：优质	稚蚕趋性：逸散性	全茧量（g）：1.723
化性：二化	食桑习性：踏叶	茧层量（g）：0.407
眠性：四眠	就眠整齐度：较齐	茧层率（%）：23.64
卵形：椭圆	老熟整齐度：欠齐	茧丝长（m）：1 152.45
卵色：灰紫色	催青经过（d:h）：11:00	解舒丝长（m）：691.47
卵壳色：乳白色，少淡黄色	五龄经过（d:h）：8:06	解舒率（%）：60.00
蚁蚕体色：黑褐色	全龄经过（d:h）：28:06	清洁（分）：—
壮蚕体色：青赤	蛰中经过（d:h）：18:19	洁净（分）：—
壮蚕斑纹：普斑	每蛾产卵数（粒）：550	茧丝纤度（dtex）：2.56
茧色：白色	良卵率（%）：98.36	调查年季：2020 年春

云蚕 8B

保存编号：5325164	茧形：长筒形	不受精卵率（%）：1.03
选育单位：云南蚕蜂所	缩皱：中	实用孵化率（%）：97.63
育种亲本：46、9042	蛹体色：黄色	生种率（%）：0.00
育成年份：1997	蛾体色：白色	死笼率（%）：1.65
种质类型：育成品种	蛾眼色：黑色	幼虫生命率（%）：96.90
地理系统：日本系统	蛾翅纹：无花纹斑	双宫茧率（%）：2.07
功能特性：优质	稚蚕趋性：逸散性	全茧量（g）：1.514
化性：二化	食桑习性：踏叶	茧层量（g）：0.362
眠性：四眠	就眠整齐度：较齐	茧层率（%）：23.93
卵形：椭圆	老熟整齐度：欠齐	茧丝长（m）：1 172.93
卵色：灰紫色	催青经过（d:h）：11:00	解舒丝长（m）：651.63
卵壳色：乳白色，少淡黄色	五龄经过（d:h）：8:23	解舒率（%）：55.56
蚁蚕体色：黑褐色	全龄经过（d:h）：28:11	清洁（分）：—
壮蚕体色：青赤	蛰中经过（d:h）：18:17	洁净（分）：—
壮蚕斑纹：普斑	每蛾产卵数（粒）：517	茧丝纤度（dtex）：2.98
茧色：白色	良卵率（%）：98.13	调查年季：2020 年春

968A

保存编号：5325165	茧形：浅束腰	不受精卵率（%）：1.69
选育单位：—	缩皱：中	实用孵化率（%）：86.31
育种亲本：—	蛹体色：黄色	生种率（%）：0.00
育成年份：—	蛾体色：白色	死笼率（%）：1.22
种质类型：育成品种	蛾眼色：黑色	幼虫生命率（%）：96.06
地理系统：日本系统	蛾翅纹：无花纹斑	双宫茧率（%）：1.69
功能特性：优质	稚蚕趋性：无	全茧量（g）：1.445
化性：二化	食桑习性：踏叶	茧层量（g）：0.349
眠性：四眠	就眠整齐度：齐	茧层率（%）：24.15
卵形：椭圆	老熟整齐度：齐涌	茧丝长（m）：—
卵色：灰紫色	催青经过（d:h）：11:00	解舒丝长（m）：—
卵壳色：淡黄色	五龄经过（d:h）：8:06	解舒率（%）：—
蚁蚕体色：黑褐色	全龄经过（d:h）：26:06	清洁（分）：—
壮蚕体色：青赤	蛰中经过（d:h）：18:00	洁净（分）：—
壮蚕斑纹：普斑	每蛾产卵数（粒）：492	茧丝纤度（dtex）：2.67
茧色：白色	良卵率（%）：95.53	调查年季：2020 年春

968B

保存编号：5325166	茧形：浅束腰	不受精卵率（%）：0.00
选育单位：云南蚕蜂所	缩皱：中	实用孵化率（%）：96.03
育种亲本：—	蛹体色：黄色	生种率（%）：0.00
育成年份：—	蛾体色：白色	死笼率（%）：2.52
种质类型：育成品种	蛾眼色：黑色	幼虫生命率（%）：96.32
地理系统：日本系统	蛾翅纹：无花纹斑	双宫茧率（%）：2.63
功能特性：优质	稚蚕趋性：无	全茧量（g）：1.447
化性：二化	食桑习性：踏叶	茧层量（g）：0.326
眠性：四眠	就眠整齐度：较齐	茧层率（%）：22.55
卵形：椭圆	老熟整齐度：齐涌	茧丝长（m）：—
卵色：灰紫色	催青经过（d:h）：11:00	解舒丝长（m）：—
卵壳色：淡黄色	五龄经过（d:h）：8:18	解舒率（%）：—
蚁蚕体色：黑褐色	全龄经过（d:h）：27:06	清洁（分）：—
壮蚕体色：青赤	蛰中经过（d:h）：17:00	洁净（分）：—
壮蚕斑纹：普斑	每蛾产卵数（粒）：502	茧丝纤度（dtex）：3.39
茧色：白色	良卵率（%）：98.87	调查年季：2020 年春

972A

保存编号：5325167	茧形：浅束腰	不受精卵率（%）：0.59
选育单位：云南蚕蜂所	缩皱：细	实用孵化率（%）：92.50
育种亲本：—	蛹体色：黄色	生种率（%）：0.00
育成年份：—	蛾体色：白色	死笼率（%）：2.51
种质类型：育成品种	蛾眼色：黑色	幼虫生命率（%）：95.85
地理系：日本系统	蛾翅纹：有花纹斑	双宫茧率（%）：1.04
功能特性：优质	稚蚕趋性：无	全茧量（g）：1.706
化性：二化	食桑习性：踏叶	茧层量（g）：0.410
眠性：四眠	就眠整齐度：较齐	茧层率（%）：24.03
卵形：椭圆	老熟整齐度：齐涌	茧丝长（m）：—
卵色：灰紫色	催青经过（d:h）：11:00	解舒丝长（m）：—
卵壳色：乳白色，少淡黄色	五龄经过（d:h）：9:07	解舒率（%）：—
蚁蚕体色：黑褐色	全龄经过（d:h）：28:23	清洁（分）：—
壮蚕体色：青赤	蛰中经过（d:h）：19:00	洁净（分）：—
壮蚕斑纹：普斑	每蛾产卵数（粒）：565	茧丝纤度（dtex）：2.97
茧色：白色	良卵率（%）：98.29	调查年季：2020 年春

972B

保存编号：5325168	茧形：浅束腰	不受精卵率（%）：0.56
选育单位：云南蚕蜂所	缩皱：中	实用孵化率（%）：90.01
育种亲本：—	蛹体色：黄色	生种率（%）：0.00
育成年份：—	蛾体色：白色	死笼率（%）：2.14
种质类型：育成品种	蛾眼色：黑色	幼虫生命率（%）：96.57
地理系：日本系统	蛾翅纹：无花纹斑	双宫茧率（%）：0.53
功能特性：优质	稚蚕趋性：无	全茧量（g）：1.622
化性：二化	食桑习性：踏叶	茧层量（g）：0.380
眠性：四眠	就眠整齐度：较齐	茧层率（%）：23.39
卵形：椭圆	老熟整齐度：齐涌	茧丝长（m）：—
卵色：灰紫色	催青经过（d:h）：11:00	解舒丝长（m）：—
卵壳色：乳白色，少淡黄色	五龄经过（d:h）：8:12	解舒率（%）：—
蚁蚕体色：黑褐色	全龄经过（d:h）：28:00	清洁（分）：—
壮蚕体色：青赤	蛰中经过（d:h）：19:00	洁净（分）：—
壮蚕斑纹：普斑	每蛾产卵数（粒）：591	茧丝纤度（dtex）：3.47
茧色：白色	良卵率（%）：97.58	调查年季：2020 年春

7522

保存编号：5325169	茧形：浅束腰	不受精卵率（%）：0.89
选育单位：—	缩皱：中	实用孵化率（%）：91.22
育种亲本：—	蛹体色：黄色	生种率（%）：0.00
育成年份：—	蛾体色：白色	死笼率（%）：2.37
种质类型：育成品种	蛾眼色：黑色	幼虫生命率（%）：96.32
地理系统：日本系统	蛾翅纹：—	双宫茧率（%）：0.87
功能特性：优质	稚蚕趋性：无	全茧量（g）：1.621
化性：二化	食桑习性：踏叶	茧层量（g）：0.381
眠性：四眠	就眠整齐度：较齐	茧层率（%）：23.50
卵形：椭圆	老熟整齐度：齐涌	茧丝长（m）：—
卵色：灰紫色	催青经过（d:h）：11:00	解舒丝长（m）：—
卵壳色：乳白色，少黄色	五龄经过（d:h）：8:12	解舒率（%）：—
蚁蚕体色：黑褐色	全龄经过（d:h）：28:00	清洁（分）：—
壮蚕体色：青赤	蛰中经过（d:h）：19:00	洁净（分）：—
壮蚕斑纹：雄素斑，雌普斑	每蛾产卵数（粒）：556	茧丝纤度（dtex）：2.98
茧色：白色	良卵率（%）：96.98	调查年季：2020 年春

选二甲白

保存编号：5325170	茧形：浅束腰	不受精卵率（%）：0.96
选育单位：云南蚕蜂所	缩皱：细	实用孵化率（%）：95.63
育种亲本：—	蛹体色：黄色	生种率（%）：0.00
育成年份：—	蛾体色：白色	死笼率（%）：1.88
种质类型：育成品种	蛾眼色：黑色	幼虫生命率（%）：96.58
地理系统：日本系统	蛾翅纹：无花纹斑	双宫茧率（%）：0.00
功能特性：优质	稚蚕趋性：无	全茧量（g）：1.470
化性：二化	食桑习性：踏叶	茧层量（g）：0.324
眠性：四眠	就眠整齐度：较齐	茧层率（%）：22.01
卵形：椭圆	老熟整齐度：齐涌	茧丝长（m）：—
卵色：灰紫色	催青经过（d:h）：11:00	解舒丝长（m）：—
卵壳色：乳白色	五龄经过（d:h）：8:00	解舒率（%）：—
蚁蚕体色：黑褐色	全龄经过（d:h）：27:06	清洁（分）：—
壮蚕体色：青赤	蛰中经过（d:h）：16:00	洁净（分）：—
壮蚕斑纹：素斑	每蛾产卵数（粒）：486	茧丝纤度（dtex）：3.12
茧色：白色	良卵率（%）：97.39	调查年季：2020 年春

601（春蕾）

保存编号：5325171	茧形：短椭圆	不受精卵率（%）：0.12
选育单位：中国蚕研所	缩皱：中	实用孵化率（%）：93.24
育种亲本：华合、755	蛹体色：黄色	生种率（%）：0.00
育成年份：1982	蛾体色：白色	死笼率（%）：4.48
种质类型：育成品种	蛾眼色：黑色	幼虫生命率（%）：96.44
地理系统：中国系统	蛾翅纹：无花纹斑	双宫茧率（%）：3.05
功能特性：优质	稚蚕趋性：趋密性	全茧量（g）：1.523
化性：二化	食桑习性：踏叶	茧层量（g）：0.334
眠性：四眠	就眠整齐度：不齐	茧层率（%）：21.95
卵形：椭圆	老熟整齐度：不齐	茧丝长（m）：—
卵色：青灰色，间有绿色	催青经过（d:h）：11:00	解舒丝长（m）：—
卵壳色：淡黄色，少黄色	五龄经过（d:h）：8:18	解舒率（%）：—
蚁蚕体色：黑褐色	全龄经过（d:h）：28:06	清洁（分）：—
壮蚕体色：青白	蛰中经过（d:h）：16:12	洁净（分）：—
壮蚕斑纹：素斑	每蛾产卵数（粒）：539	茧丝纤度（dtex）：2.79
茧色：白色	良卵率（%）：98.76	调查年季：2020 年春

2001A

保存编号：5325172	茧形：短椭圆	不受精卵率（%）：0.28
选育单位：云南蚕蜂所	缩皱：细	实用孵化率（%）：94.55
育种亲本：—	蛹体色：黄色	生种率（%）：0.00
育成年份：—	蛾体色：白色	死笼率（%）：1.78
种质类型：育成品种	蛾眼色：黑色	幼虫生命率（%）：97.25
地理系统：中国系统	蛾翅纹：无花纹斑	双宫茧率（%）：1.50
功能特性：优质	稚蚕趋性：无	全茧量（g）：1.807
化性：二化	食桑习性：踏叶	茧层量（g）：0.444
眠性：四眠	就眠整齐度：较齐	茧层率（%）：24.54
卵形：椭圆	老熟整齐度：齐涌	茧丝长（m）：1 461.61
卵色：灰绿色	催青经过（d:h）：11:00	解舒丝长（m）：769.27
卵壳色：淡黄色	五龄经过（d:h）：8:12	解舒率（%）：52.63
蚁蚕体色：黑褐色	全龄经过（d:h）：26:11	清洁（分）：—
壮蚕体色：青白	蛰中经过（d:h）：16:17	洁净（分）：—
壮蚕斑纹：素斑	每蛾产卵数（粒）：476	茧丝纤度（dtex）：2.56
茧色：白色	良卵率（%）：99.02	调查年季：2020 年春

2002A

保存编号：5325173	茧形：浅束腰	不受精卵率（%）：1.62
选育单位：云南蚕蜂所	缩皱：粗	实用孵化率（%）：87.35
育种亲本：—	蛹体色：黄色	生种率（%）：0.00
育成年份：—	蛾体色：白色	死笼率（%）：2.82
种质类型：育成品种	蛾眼色：黑色	幼虫生命率（%）：90.38
地理系统：日本系统	蛾翅纹：无花纹斑	双宫茧率（%）：8.79
功能特性：优质	稚蚕趋性：无	全茧量（g）：1.118
化性：二化	食桑习性：踏叶	茧层量（g）：0.261
眠性：四眠	就眠整齐度：较齐	茧层率（%）：23.34
卵形：椭圆	老熟整齐度：齐涌	茧丝长（m）：—
卵色：灰紫色	催青经过（d:h）：11:00	解舒丝长（m）：—
卵壳色：乳白色，少淡黄色	五龄经过（d:h）：8:07	解舒率（%）：—
蚁蚕体色：黑褐色	全龄经过（d:h）：28:06	清洁（分）：—
壮蚕体色：青赤	蛰中经过（d:h）：18:00	洁净（分）：—
壮蚕斑纹：普斑	每蛾产卵数（粒）：536	茧丝纤度（dtex）：—
茧色：白色	良卵率（%）：96.77	调查年季：2020 年春

356

保存编号：5325174	茧形：浅束腰	不受精卵率（%）：0.34
选育单位：云南蚕蜂所	缩皱：粗	实用孵化率（%）：90.92
育种亲本：—	蛹体色：黄色	生种率（%）：0.15
育成年份：—	蛾体色：白色	死笼率（%）：1.88
种质类型：育成品种	蛾眼色：黑色	幼虫生命率（%）：96.07
地理系统：日本系统	蛾翅纹：无花纹斑	双宫茧率（%）：3.93
功能特性：优质	稚蚕趋性：趋密性	全茧量（g）：1.532
化性：二化	食桑习性：踏叶	茧层量（g）：0.331
眠性：四眠	就眠整齐度：不齐	茧层率（%）：21.58
卵形：椭圆	老熟整齐度：齐涌	茧丝长（m）：961.65
卵色：灰紫色	催青经过（d:h）：11:00	解舒丝长（m）：801.38
卵壳色：乳白色	五龄经过（d:h）：8:00	解舒率（%）：83.33
蚁蚕体色：黑褐色	全龄经过（d:h）：27:06	清洁（分）：98.0
壮蚕体色：青白	蛰中经过（d:h）：16:00	洁净（分）：93.72
壮蚕斑纹：素斑	每蛾产卵数（粒）：596	茧丝纤度（dtex）：3.12
茧色：白色	良卵率（%）：99.16	调查年季：2020 年春

2369

保存编号：5325175	茧形：短椭圆	不受精卵率（%）：0.05
选育单位：云南蚕蜂所	缩皱：细	实用孵化率（%）：96.21
育种亲本：923、春蕾	蛹体色：黄色	生种率（%）：0.00
育成年份：2008	蛾体色：白色	死笼率（%）：0.63
种质类型：育成品种	蛾眼色：黑色	幼虫生命率（%）：95.49
地理系统：中国系统	蛾翅纹：无花纹斑	双宫茧率（%）：5.22
功能特性：优质	稚蚕趋性：无	全茧量（g）：1.811
化性：二化	食桑习性：踏叶	茧层量（g）：0.403
眠性：四眠	就眠整齐度：齐	茧层率（%）：22.24
卵形：椭圆	老熟整齐度：齐涌	茧丝长（m）：—
卵色：灰绿色	催青经过（d:h）：11:00	解舒丝长（m）：—
卵壳色：淡黄色	五龄经过（d:h）：8:10	解舒率（%）：—
蚁蚕体色：黑褐色	全龄经过（d:h）：27:10	清洁（分）：—
壮蚕体色：青白	蛰中经过（d:h）：17:12	洁净（分）：—
壮蚕斑纹：雄素斑，雌普斑	每蛾产卵数（粒）：621	茧丝纤度（dtex）：3.32
茧色：白色	良卵率（%）：99.30	调查年季：2020 年春

2072

保存编号：5325176	茧形：浅束腰	不受精卵率（%）：—
选育单位：云南蚕蜂所	缩皱：中	实用孵化率（%）：—
育种亲本：—	蛹体色：黄色	生种率（%）：0.00
育成年份：—	蛾体色：白色	死笼率（%）：1.09
种质类型：育成品种	蛾眼色：黑色	幼虫生命率（%）：94.29
地理系统：日本系统	蛾翅纹：无花纹斑	双宫茧率（%）：1.49
功能特性：耐高温多湿	稚蚕趋性：无	全茧量（g）：1.490
化性：二化	食桑习性：踏叶	茧层量（g）：0.345
眠性：四眠	就眠整齐度：齐	茧层率（%）：23.14
卵形：椭圆	老熟整齐度：齐涌	茧丝长（m）：1 009.58
卵色：灰紫色	催青经过（d:h）：11:00	解舒丝长（m）：438.95
卵壳色：乳白色	五龄经过（d:h）：9:06	解舒率（%）：43.48
蚁蚕体色：黑褐色	全龄经过（d:h）：28:06	清洁（分）：—
壮蚕体色：青赤	蛰中经过（d:h）：18:18	洁净（分）：—
壮蚕斑纹：普斑	每蛾产卵数（粒）：—	茧丝纤度（dtex）：2.88
茧色：白色	良卵率（%）：—	调查年季：2020 年春

2073

保存编号：5325177	茧形：短椭圆	不受精卵率（%）：0.42
选育单位：云南蚕蜂所	缩皱：细	实用孵化率（%）：96.76
育种亲本：—	蛹体色：黄色	生种率（%）：0.00
育成年份：—	蛾体色：白色	死笼率（%）：0.93
种质类型：育成品种	蛾眼色：黑色	幼虫生命率（%）：97.56
地理系统：中国系统	蛾翅纹：无花纹斑	双宫茧率（%）：7.05
功能特性：耐高温多湿	稚蚕趋性：无	全茧量（g）：1.438
化性：二化	食桑习性：踏叶	茧层量（g）：0.276
眠性：四眠	就眠整齐度：齐	茧层率（%）：19.17
卵形：椭圆	老熟整齐度：齐涌	茧丝长（m）：888.86
卵色：灰绿色	催青经过（d:h）：11:00	解舒丝长（m）：592.58
卵壳色：淡黄色	五龄经过（d:h）：9:19	解舒率（%）：66.67
蚁蚕体色：黑褐色	全龄经过（d:h）：26:06	清洁（分）：—
壮蚕体色：青白	蛰中经过（d:h）：15:17	洁净（分）：—
壮蚕斑纹：素斑	每蛾产卵数（粒）：560	茧丝纤度（dtex）：2.74
茧色：白色	良卵率（%）：99.29	调查年季：2020 年春

2075

保存编号：5325178	茧形：短椭圆	不受精卵率（%）：0.44
选育单位：云南蚕蜂所	缩皱：中	实用孵化率（%）：98.79
育种亲本：—	蛹体色：黄色	生种率（%）：0.00
育成年份：—	蛾体色：白色	死笼率（%）：0.20
种质类型：育成品种	蛾眼色：黑色	幼虫生命率（%）：99.00
地理系统：中国系统	蛾翅纹：有花纹斑	双宫茧率（%）：1.50
功能特性：耐高温多湿	稚蚕趋性：无	全茧量（g）：1.613
化性：二化	食桑习性：踏叶	茧层量（g）：0.314
眠性：四眠	就眠整齐度：齐	茧层率（%）：19.47
卵形：椭圆	老熟整齐度：齐涌	茧丝长（m）：910.69
卵色：灰绿色	催青经过（d:h）：11:00	解舒丝长（m）：505.94
卵壳色：淡黄色	五龄经过（d:h）：7:12	解舒率（%）：55.56
蚁蚕体色：黑褐色	全龄经过（d:h）：25:23	清洁（分）：—
壮蚕体色：青白	蛰中经过（d:h）：15:17	洁净（分）：—
壮蚕斑纹：素斑	每蛾产卵数（粒）：610	茧丝纤度（dtex）：2.99
茧色：白色	良卵率（%）：99.29	调查年季：2020 年春

2031

保存编号：5325179	茧形：短椭圆	不受精卵率（%）：0.45
选育单位：云南蚕蜂所	缩皱：粗	实用孵化率（%）：98.84
育种亲本：—	蛹体色：黄色	生种率（%）：0.00
育成年份：—	蛾体色：白色	死笼率（%）：1.15
种质类型：育成品种	蛾眼色：黑色	幼虫生命率（%）：99.00
地理系：中国系统	蛾翅纹：无花纹斑	双宫茧率（%）：13.03
功能特性：耐高温多湿	稚蚕趋性：无	全茧量（g）：1.578
化性：二化	食桑习性：踏叶	茧层量（g）：0.372
眠性：四眠	就眠整齐度：不齐	茧层率（%）：23.60
卵形：椭圆	老熟整齐度：较齐	茧丝长（m）：—
卵色：灰绿色	催青经过（d:h）：11:00	解舒丝长（m）：—
卵壳色：淡黄色	五龄经过（d:h）：6:23	解舒率（%）：—
蚁蚕体色：黑褐色	全龄经过（d:h）：24:11	清洁（分）：—
壮蚕体色：青白	蛰中经过（d:h）：15:17	洁净（分）：—
壮蚕斑纹：雄素斑，雌普斑	每蛾产卵数（粒）：523	茧丝纤度（dtex）：2.88
茧色：白色	良卵率（%）：99.11	调查年季：2020 年春

2032

保存编号：5325180	茧形：浅束腰	不受精卵率（%）：0.42
选育单位：云南蚕蜂所	缩皱：粗	实用孵化率（%）：97.13
育种亲本：—	蛹体色：黄色	生种率（%）：0.00
育成年份：—	蛾体色：白色	死笼率（%）：1.50
种质类型：育成品种	蛾眼色：黑色	幼虫生命率（%）：98.02
地理系：日本系统	蛾翅纹：无花纹斑	双宫茧率（%）：3.47
功能特性：耐高温多湿	稚蚕趋性：无	全茧量（g）：1.401
化性：二化	食桑习性：踏叶	茧层量（g）：0.295
眠性：四眠	就眠整齐度：较齐	茧层率（%）：21.04
卵形：椭圆	老熟整齐度：齐涌	茧丝长（m）：1 091.25
卵色：灰紫色	催青经过（d:h）：11:00	解舒丝长（m）：779.46
卵壳色：乳白色，少淡黄色	五龄经过（d:h）：8:01	解舒率（%）：71.43
蚁蚕体色：黑褐色	全龄经过（d:h）：26:06	清洁（分）：100.0
壮蚕体色：青白	蛰中经过（d:h）：16:18	洁净（分）：95.5
壮蚕斑纹：雄素斑，雌普斑	每蛾产卵数（粒）：553	茧丝纤度（dtex）：3.01
茧色：白色	良卵率（%）：98.79	调查年季：2020 年春

芙蓉

保存编号：5325181	茧形：短椭圆	不受精卵率（%）：0.82
选育单位：湖南蚕研所	缩皱：细	实用孵化率（%）：96.60
育种亲本：新9、781、757、922	蛹体色：黄色	生种率（%）：0.35
育成年份：1986	蛾体色：白色	死笼率（%）：0.98
种质类型：育成品种	蛾眼色：黑色	幼虫生命率（%）：98.30
地理系统：中国系统	蛾翅纹：无花纹斑	双宫茧率（%）：11.19
功能特性：耐高温多湿	稚蚕趋性：趋密性	全茧量（g）：1.364
化性：二化	食桑习性：不踏叶	茧层量（g）：0.293
眠性：四眠	就眠整齐度：齐	茧层率（%）：21.47
卵形：椭圆	老熟整齐度：齐涌	茧丝长（m）：819
卵色：灰绿色	催青经过（d:h）：11:00	解舒丝长（m）：511.88
卵壳色：淡黄色，少白色	五龄经过（d:h）：7:00	解舒率（%）：62.50
蚁蚕体色：黑褐色	全龄经过（d:h）：24:12	清洁（分）：100.0
壮蚕体色：青白	蛰中经过（d:h）：16:17	洁净（分）：93.57
壮蚕斑纹：素斑	每蛾产卵数（粒）：457	茧丝纤度（dtex）：2.788
茧色：白色	良卵率（%）：98.46	调查年季：2020年春

湘晖

保存编号：5325182	茧形：浅束腰	不受精卵率（%）：0.21
选育单位：湖南蚕研所	缩皱：中	实用孵化率（%）：98.18
育种亲本：7532、782	蛹体色：黄色	生种率（%）：0.00
育成年份：1986	蛾体色：白色	死笼率（%）：1.12
种质类型：育成品种	蛾眼色：黑色	幼虫生命率（%）：98.82
地理系统：日本系统	蛾翅纹：无花纹斑	双宫茧率（%）：4.71
功能特性：耐高温多湿	稚蚕趋性：逸散性	全茧量（g）：1.325
化性：二化	食桑习性：不踏叶	茧层量（g）：0.299
眠性：四眠	就眠整齐度：较齐	茧层率（%）：22.59
卵形：椭圆	老熟整齐度：齐涌	茧丝长（m）：856.3
卵色：灰紫色	催青经过（d:h）：11:00	解舒丝长（m）：610.71
卵壳色：乳白色	五龄经过（d:h）：8:20	解舒率（%）：71.32
蚁蚕体色：黑褐色	全龄经过（d:h）：27:01	清洁（分）：100.0
壮蚕体色：青白	蛰中经过（d:h）：17:19	洁净（分）：94.35
壮蚕斑纹：素斑	每蛾产卵数（粒）：446	茧丝纤度（dtex）：3.09
茧色：白色	良卵率（%）：99.48	调查年季：2020年春

7532

保存编号：5325183	茧形：浅束腰	不受精卵率（%）：0.19
选育单位：广西蚕业推广站	缩皱：细	实用孵化率（%）：97.62
育种亲本：苏16、658、东肥、782	蛹体色：黄色	生种率（%）：0.00
育成年份：1982	蛾体色：白色	死笼率（%）：1.04
种质类型：育成品种	蛾眼色：黑色	幼虫生命率（%）：97.63
地理系统：日本系统	蛾翅纹：无花纹斑	双宫茧率（%）：2.64
功能特性：耐高温多湿	稚蚕趋性：逸散性	全茧量（g）：1.513
化性：二化	食桑习性：不踏叶	茧层量（g）：0.325
眠性：四眠	就眠整齐度：较齐	茧层率（%）：21.48
卵形：椭圆	老熟整齐度：齐涌	茧丝长（m）：849.15
卵色：灰紫色	催青经过（d:h）：11:00	解舒丝长（m）：707.63
卵壳色：乳白色	五龄经过（d:h）：8:19	解舒率（%）：83.33
蚁蚕体色：黑褐色	全龄经过（d:h）：27:00	清洁（分）：98.0
壮蚕体色：青白	蛰中经过（d:h）：17:19	洁净（分）：92.5
壮蚕斑纹：素斑	每蛾产卵数（粒）：535	茧丝纤度（dtex）：2.95
茧色：白色	良卵率（%）：99.44	调查年季：2020年春

932

保存编号：5325184	茧形：椭圆	不受精卵率（%）：0.29
选育单位：广西蚕业推广站	缩皱：细	实用孵化率（%）：97.64
育种亲本：九白海、7302	蛹体色：黄色	生种率（%）：1.30
育成年份：1992	蛾体色：白色	死笼率（%）：0.42
种质类型：育成品种	蛾眼色：黑色	幼虫生命率（%）：92.29
地理系统：中国系统	蛾翅纹：无花纹斑	双宫茧率（%）：2.79
功能特性：耐高温多湿	稚蚕趋性：趋密性	全茧量（g）：1.405
化性：二化	食桑习性：不踏叶	茧层量（g）：0.257
眠性：四眠	就眠整齐度：齐	茧层率（%）：18.31
卵形：椭圆	老熟整齐度：齐涌	茧丝长（m）：—
卵色：灰绿色	催青经过（d:h）：11:00	解舒丝长（m）：—
卵壳色：乳白色，少黄色	五龄经过（d:h）：8:08	解舒率（%）：—
蚁蚕体色：黑褐色	全龄经过（d:h）：26:08	清洁（分）：—
壮蚕体色：青白	蛰中经过（d:h）：15:00	洁净（分）：—
壮蚕斑纹：素斑	每蛾产卵数（粒）：455	茧丝纤度（dtex）：2.84
茧色：白色	良卵率（%）：99.12	调查年季：2020年春

云蚕 8C

保存编号：5325185	茧形：椭圆	不受精卵率（%）：0.91
选育单位：云南蚕蜂所	缩皱：细	实用孵化率（%）：96.64
育种亲本：—	蛹体色：黄色	生种率（%）：0.00
育成年份：1997	蛾体色：白色	死笼率（%）：3.02
种质类型：育成品种	蛾眼色：黑色	幼虫生命率（%）：93.25
地理系统：日本系统	蛾翅纹：无花纹斑	双宫茧率（%）：2.96
功能特性：优质	稚蚕趋性：无	全茧量（g）：1.505
化性：二化	食桑习性：不踏叶	茧层量（g）：0.327
眠性：四眠	就眠整齐度：齐	茧层率（%）：21.73
卵形：椭圆	老熟整齐度：齐涌	茧丝长（m）：—
卵色：灰紫色	催青经过（d:h）：11:00	解舒丝长（m）：—
卵壳色：乳白色，少黄色	五龄经过（d:h）：8:08	解舒率（%）：—
蚁蚕体色：黑褐色	全龄经过（d:h）：26:08	清洁（分）：—
壮蚕体色：青白	蛰中经过（d:h）：15:00	洁净（分）：—
壮蚕斑纹：普斑	每蛾产卵数（粒）：475	茧丝纤度（dtex）：2.84
茧色：白色	良卵率（%）：98.12	调查年季：2020 年春

新松 A

保存编号：5325186	茧形：短椭圆	不受精卵率（%）：0.81
选育单位：—	缩皱：细	实用孵化率（%）：94.62
育种亲本：—	蛹体色：黄色	生种率（%）：0.00
育成年份：—	蛾体色：白色	死笼率（%）：0.87
种质类型：育成品种	蛾眼色：黑色	幼虫生命率（%）：98.23
地理系统：中国系统	蛾翅纹：无花纹斑	双宫茧率（%）：3.98
功能特性：优质	稚蚕趋性：趋密性	全茧量（g）：1.496
化性：二化	食桑习性：踏叶	茧层量（g）：0.355
眠性：四眠	就眠整齐度：较齐	茧层率（%）：23.73
卵形：椭圆	老熟整齐度：齐涌	茧丝长（m）：1 136.48
卵色：灰绿色	催青经过（d:h）：11:00	解舒丝长（m）：568.24
卵壳色：淡黄色，少乳白色	五龄经过（d:h）：8:19	解舒率（%）：50.00
蚁蚕体色：黑褐色	全龄经过（d:h）：27:00	清洁（分）：—
壮蚕体色：青白	蛰中经过（d:h）：16:19	洁净（分）：—
壮蚕斑纹：素斑	每蛾产卵数（粒）：535	茧丝纤度（dtex）：3.17
茧色：白色	良卵率（%）：98.44	调查年季：2020 年春

新松 B

保存编号：5325187	茧形：短椭圆	不受精卵率（%）：0.13
选育单位：—	缩皱：细	实用孵化率（%）：96.14
育种亲本：—	蛹体色：黄色	生种率（%）：0.00
育成年份：—	蛾体色：白色	死笼率（%）：2.23
种质类型：育成品种	蛾眼色：黑色	幼虫生命率（%）：95.51
地理系统：中国系统	蛾翅纹：无花纹斑	双宫茧率（%）：14.22
功能特性：优质	稚蚕趋性：无	全茧量（g）：1.543
化性：二化	食桑习性：踏叶	茧层量（g）：0.381
眠性：四眠	就眠整齐度：较齐	茧层率（%）：24.67
卵形：椭圆	老熟整齐度：齐涌	茧丝长（m）：1 109.03
卵色：灰绿色，少绿色	催青经过（d:h）：11:00	解舒丝长（m）：528.11
卵壳色：淡黄色，少乳白色	五龄经过（d:h）：9:12	解舒率（%）：47.62
蚁蚕体色：黑褐色	全龄经过（d:h）：28:00	清洁（分）：—
壮蚕体色：青白	蛰中经过（d:h）：17:17	洁净（分）：—
壮蚕斑纹：素斑	每蛾产卵数（粒）：494	茧丝纤度（dtex）：2.88
茧色：白色	良卵率（%）：97.91	调查年季：2020 年春

新月 A

保存编号：5325188	茧形：浅束腰	不受精卵率（%）：1.93
选育单位：—	缩皱：中	实用孵化率（%）：81.99
育种亲本：—	蛹体色：黄色	生种率（%）：0.00
育成年份：—	蛾体色：白色	死笼率（%）：1.63
种质类型：育成品种	蛾眼色：黑色	幼虫生命率（%）：98.03
地理系统：日本系统	蛾翅纹：无花纹斑	双宫茧率（%）：2.96
功能特性：优质	稚蚕趋性：无	全茧量（g）：1.502
化性：二化	食桑习性：踏叶	茧层量（g）：0.372
眠性：四眠	就眠整齐度：较齐	茧层率（%）：24.74
卵形：椭圆	老熟整齐度：齐涌	茧丝长（m）：1 072.39
卵色：灰紫色	催青经过（d:h）：11:00	解舒丝长（m）：670.24
卵壳色：乳白色	五龄经过（d:h）：9:00	解舒率（%）：62.50
蚁蚕体色：黑褐色	全龄经过（d:h）：27:05	清洁（分）：—
壮蚕体色：青白	蛰中经过（d:h）：16:17	洁净（分）：—
壮蚕斑纹：普斑	每蛾产卵数（粒）：448	茧丝纤度（dtex）：2.78
茧色：白色	良卵率（%）：97.03	调查年季：2020 年春

新月B

保存编号：5325189	茧形：浅束腰	不受精卵率（%）：0.00
选育单位：—	缩皱：中	实用孵化率（%）：95.57
育种亲本：—	蛹体色：黄色	生种率（%）：0.00
育成年份：—	蛾体色：白色	死笼率（%）：1.02
种质类型：育成品种	蛾眼色：雌黑色、雄白色	幼虫生命率（%）：93.91
地理系统：日本系统	蛾翅纹：无花纹斑	双宫茧率（%）：1.02
功能特性：优质	稚蚕趋性：无	全茧量（g）：1.621
化性：二化	食桑习性：不踏叶	茧层量（g）：0.362
眠性：四眠	就眠整齐度：较齐	茧层率（%）：22.33
卵形：椭圆	老熟整齐度：齐涌	茧丝长（m）：883.58
卵色：灰紫色	催青经过（d:h）：11:00	解舒丝长（m）：401.63
卵壳色：乳白色	五龄经过（d:h）：8:11	解舒率（%）：45.45
蚁蚕体色：黑褐色	全龄经过（d:h）：26:11	清洁（分）：—
壮蚕体色：青白	蛰中经过（d:h）：17:17	洁净（分）：—
壮蚕斑纹：普斑	每蛾产卵数（粒）：453	茧丝纤度（dtex）：3.24
茧色：白色	良卵率（%）：94.77	调查年季：2020年春

日新A

保存编号：5325190	茧形：浅束腰	不受精卵率（%）：1.32
选育单位：—	缩皱：中	实用孵化率（%）：98.44
育种亲本：—	蛹体色：黄色	生种率（%）：0.00
育成年份：—	蛾体色：白色	死笼率（%）：3.75
种质类型：育成品种	蛾眼色：黑色	幼虫生命率（%）：97.08
地理系统：日本系统	蛾翅纹：无花纹斑	双宫茧率（%）：1.17
功能特性：优质	稚蚕趋性：趋密性	全茧量（g）：1.634
化性：二化	食桑习性：踏叶	茧层量（g）：0.394
眠性：四眠	就眠整齐度：较齐	茧层率（%）：24.10
卵形：椭圆	老熟整齐度：齐涌	茧丝长（m）：1 117.24
卵色：灰紫色	催青经过（d:h）：11:00	解舒丝长（m）：712.91
卵壳色：乳白色	五龄经过（d:h）：9:18	解舒率（%）：63.81
蚁蚕体色：黑褐色	全龄经过（d:h）：28:06	清洁（分）：—
壮蚕体色：青白	蛰中经过（d:h）：18:00	洁净（分）：—
壮蚕斑纹：雄素斑，雌普斑	每蛾产卵数（粒）：480	茧丝纤度（dtex）：3.40
茧色：白色	良卵率（%）：97.71	调查年季：2020年春

日新 B

保存编号：5325191	茧形：浅束腰	不受精卵率（%）：1.18
选育单位：—	缩皱：中	实用孵化率（%）：98.31
育种亲本：—	蛹体色：黄色	生种率（%）：0.30
育成年份：—	蛾体色：白色	死笼率（%）：3.02
种质类型：育成品种	蛾眼色：黑色	幼虫生命率（%）：94.71
地理系统：日本系统	蛾翅纹：无花纹斑	双宫茧率（%）：2.12
功能特性：优质	稚蚕趋性：趋密性	全茧量（g）：1.705
化性：二化	食桑习性：踏叶	茧层量（g）：0.389
眠性：四眠	就眠整齐度：较齐	茧层率（%）：22.83
卵形：椭圆	老熟整齐度：齐涌	茧丝长（m）：1 032.41
卵色：灰紫色	催青经过（d:h）：11:00	解舒丝长（m）：938.56
卵壳色：乳白色	五龄经过（d:h）：9:19	解舒率（%）：90.91
蚁蚕体色：黑褐色	全龄经过（d:h）：28:00	清洁（分）：—
壮蚕体色：青白	蛰中经过（d:h）：17:17	洁净（分）：—
壮蚕斑纹：雄素斑，雌普斑	每蛾产卵数（粒）：510	茧丝纤度（dtex）：3.31
茧色：白色	良卵率（%）：96.54	调查年季：2020 年春

黑花 4 号

保存编号：5325192	茧形：浅束腰	不受精卵率（%）：2.07
选育单位：—	缩皱：中	实用孵化率（%）：99.67
育种亲本：—	蛹体色：黄色	生种率（%）：0.00
育成年份：—	蛾体色：白色	死笼率（%）：2.75
种质类型：育成品种	蛾眼色：黑色	幼虫生命率（%）：95.23
地理系统：日本系统	蛾翅纹：无花纹斑	双宫茧率（%）：2.66
功能特性：优质	稚蚕趋性：趋密性	全茧量（g）：1.627
化性：二化	食桑习性：踏叶	茧层量（g）：0.396
眠性：四眠	就眠整齐度：较齐	茧层率（%）：24.34
卵形：椭圆	老熟整齐度：齐涌	茧丝长（m）：—
卵色：灰紫色	催青经过（d:h）：11:00	解舒丝长（m）：—
卵壳色：乳白色	五龄经过（d:h）：9:19	解舒率（%）：—
蚁蚕体色：黑褐色	全龄经过（d:h）：28:00	清洁（分）：—
壮蚕体色：青白	蛰中经过（d:h）：17:17	洁净（分）：—
壮蚕斑纹：普斑	每蛾产卵数（粒）：500	茧丝纤度（dtex）：—
茧色：白色	良卵率（%）：95.54	调查年季：2020 年春

CH

保存编号：5325193	茧形：短椭圆	不受精卵率（%）：1.08
选育单位：云南蚕蜂所	缩皱：中	实用孵化率（%）：92.05
育种亲本：—	蛹体色：黄色	生种率（%）：0.30
育成年份：—	蛾体色：白色	死笼率（%）：0.82
种质类型：育成品种	蛾眼色：黑色	幼虫生命率（%）：97.93
地理系统：中国系统	蛾翅纹：无花纹斑	双宫茧率（%）：10.36
功能特性：优质	稚蚕趋性：无	全茧量（g）：1.660
化性：二化	食桑习性：踏叶	茧层量（g）：0.381
眠性：四眠	就眠整齐度：较齐	茧层率（%）：22.97
卵形：椭圆	老熟整齐度：齐涌	茧丝长（m）：1343.59
卵色：灰绿色，少绿色	催青经过（d:h）：11:00	解舒丝长（m）：1 049.75
卵壳色：淡黄色，少黄色	五龄经过（d:h）：7:19	解舒率（%）：78.13
蚁蚕体色：黑褐色	全龄经过（d:h）：26:06	清洁（分）：100.0
壮蚕体色：青白	蛰中经过（d:h）：14:17	洁净（分）：94.0
壮蚕斑纹：雄素斑，雌普斑	每蛾产卵数（粒）：426	茧丝纤度（dtex）：2.86
茧色：白色	良卵率（%）：96.38	调查年季：2020 年春

黑花 4 号 B 花

保存编号：5325194	茧形：浅束腰	不受精卵率（%）：2.07
选育单位：云南蚕蜂所	缩皱：中	实用孵化率（%）：94.68
育种亲本：—	蛹体色：黄色	生种率（%）：0.00
育成年份：—	蛾体色：白色	死笼率（%）：2.01
种质类型：育成品种	蛾眼色：黑色	幼虫生命率（%）：95.31
地理系统：日本系统	蛾翅纹：无花纹斑	双宫茧率（%）：2.12
功能特性：优质	稚蚕趋性：趋密性	全茧量（g）：1.667
化性：二化	食桑习性：踏叶	茧层量（g）：0.398
眠性：四眠	就眠整齐度：较齐	茧层率（%）：23.88
卵形：椭圆	老熟整齐度：齐涌	茧丝长（m）：—
卵色：灰紫色	催青经过（d:h）：11:00	解舒丝长（m）：—
卵壳色：乳白色	五龄经过（d:h）：9:19	解舒率（%）：—
蚁蚕体色：黑褐色	全龄经过（d:h）：28:00	清洁（分）：—
壮蚕体色：青白	蛰中经过（d:h）：17:17	洁净（分）：—
壮蚕斑纹：雄素斑，雌普斑	每蛾产卵数（粒）：483	茧丝纤度（dtex）：—
茧色：白色	良卵率（%）：95.37	调查年季：2020 年春

272A

保存编号：5325195	茧形：浅束腰	不受精卵率（%）：0.12
选育单位：云南蚕蜂所	缩皱：细	实用孵化率（%）：95.36
育种亲本：—	蛹体色：黄色	生种率（%）：0.00
育成年份：—	蛾体色：白色	死笼率（%）：2.50
种质类型：育成品种	蛾眼色：黑色	幼虫生命率（%）：96.70
地理系统：日本系统	蛾翅纹：无花纹斑	双宫茧率（%）：5.73
功能特性：优质	稚蚕趋性：趋密性	全茧量（g）：1.698
化性：二化	食桑习性：踏叶	茧层量（g）：0.375
眠性：四眠	就眠整齐度：较齐	茧层率（%）：22.06
卵形：椭圆	老熟整齐度：齐涌	茧丝长（m）：1 237.16
卵色：灰紫色	催青经过（d:h）：11:00	解舒丝长（m）：824.78
卵壳色：乳白色	五龄经过（d:h）：8:13	解舒率（%）：66.67
蚁蚕体色：黑褐色	全龄经过（d:h）：27:01	清洁（分）：—
壮蚕体色：青白	蛰中经过（d:h）：17:00	洁净（分）：—
壮蚕斑纹：雄素斑，雌普斑	每蛾产卵数（粒）：500	茧丝纤度（dtex）：3.19
茧色：白色	良卵率（%）：99.54	调查年季：2020 年春

苏

保存编号：5325196	茧形：短椭圆	不受精卵率（%）：1.48
选育单位：江苏浒墅关蚕种场	缩皱：细	实用孵化率（%）：89.99
育种亲本：829	蛹体色：黄色	生种率（%）：0.00
育成年份：1995	蛾体色：白色	死笼率（%）：1.87
种质类型：育成品种	蛾眼色：黑色	幼虫生命率（%）：96.79
地理系统：中国系统	蛾翅纹：无花纹斑	双宫茧率（%）：11.85
功能特性：优质	稚蚕趋性：趋光趋密性	全茧量（g）：1.609
化性：二化	食桑习性：踏叶	茧层量（g）：0.361
眠性：四眠	就眠整齐度：较齐	茧层率（%）：22.44
卵形：椭圆	老熟整齐度：齐涌	茧丝长（m）：1 039
卵色：灰绿色	催青经过（d:h）：11:00	解舒丝长（m）：761.07
卵壳色：淡黄色	五龄经过（d:h）：7:11	解舒率（%）：73.25
蚁蚕体色：黑褐色	全龄经过（d:h）：25:11	清洁（分）：97.0
壮蚕体色：青白	蛰中经过（d:h）：17:17	洁净（分）：94.34
壮蚕斑纹：素斑	每蛾产卵数（粒）：449	茧丝纤度（dtex）：2.63
茧色：白色	良卵率（%）：97.11	调查年季：2020 年春

菊

保存编号：5325197	茧形：短椭圆	不受精卵率（%）：0.43
选育单位：江苏浒墅关蚕种场	缩皱：细	实用孵化率（%）：91.91
育种亲本：827	蛹体色：黄色	生种率（%）：0.00
育成年份：1995	蛾体色：白色	死笼率（%）：2.50
种质类型：育成品种	蛾眼色：黑色	幼虫生命率（%）：97.27
地理系统：中国系统	蛾翅纹：无花纹斑	双宫茧率（%）：3.47
功能特性：优质	稚蚕趋性：趋光趋密性	全茧量（g）：1.918
化性：二化	食桑习性：踏叶	茧层量（g）：0.427
眠性：四眠	就眠整齐度：较齐	茧层率（%）：22.28
卵形：椭圆	老熟整齐度：齐涌	茧丝长（m）：1 077
卵色：灰绿色	催青经过（d:h）：11:00	解舒丝长（m）：714.7
卵壳色：淡黄色	五龄经过（d:h）：8:07	解舒率（%）：66.36
蚁蚕体色：黑褐色	全龄经过（d:h）：26:06	清洁（分）：99.0
壮蚕体色：青白	蛰中经过（d:h）：16:17	洁净（分）：93.5
壮蚕斑纹：素斑	每蛾产卵数（粒）：539	茧丝纤度（dtex）：3.40
茧色：白色	良卵率（%）：99.32	调查年季：2020 年春

明

保存编号：5325198	茧形：浅束腰	不受精卵率（%）：2.51
选育单位：江苏浒墅关蚕种场	缩皱：粗	实用孵化率（%）：83.39
育种亲本：7910	蛹体色：黄色	生种率（%）：0.00
育成年份：1995	蛾体色：白色	死笼率（%）：1.92
种质类型：育成品种	蛾眼色：黑色	幼虫生命率（%）：96.91
地理系统：日本系统	蛾翅纹：无花纹斑	双宫茧率（%）：19.59
功能特性：优质	稚蚕趋性：趋光性，逸散性	全茧量（g）：1.376
化性：二化	食桑习性：踏叶	茧层量（g）：0.324
眠性：四眠	就眠整齐度：较齐	茧层率（%）：23.53
卵形：椭圆	老熟整齐度：齐涌	茧丝长（m）：—
卵色：灰紫色	催青经过（d:h）：11:00	解舒丝长（m）：—
卵壳色：乳白色	五龄经过（d:h）：8:07	解舒率（%）：—
蚁蚕体色：黑褐色	全龄经过（d:h）：28:06	清洁（分）：—
壮蚕体色：青白	蛰中经过（d:h）：18:18	洁净（分）：—
壮蚕斑纹：普斑	每蛾产卵数（粒）：478	茧丝纤度（dtex）：3.24
茧色：白色	良卵率（%）：95.33	调查年季：2020 年春

P50

保存编号：5325200	茧形：纺锤形	不受精卵率（%）：0.95
选育单位：—	缩皱：细	实用孵化率（%）：92.21
育种亲本：—	蛹体色：黄色	生种率（%）：0.00
育成年份：—	蛾体色：白色	死笼率（%）：0.73
种质类型：地方品种	蛾眼色：黑色	幼虫生命率（%）：97.08
地理系统：中国系统	蛾翅纹：雌无花纹斑，雄有花纹斑	双宫茧率（%）：0.31
功能特性：遗传材料	稚蚕趋性：趋密性	全茧量（g）：1.013
化性：二化	食桑习性：踏叶	茧层量（g）：0.146
眠性：四眠	就眠整齐度：较齐	茧层率（%）：14.39
卵形：椭圆	老熟整齐度：齐涌	茧丝长（m）：—
卵色：灰绿色	催青经过（d:h）：11:00	解舒丝长（m）：—
卵壳色：淡黄色	五龄经过（d:h）：7:00	解舒率（%）：—
蚁蚕体色：黑褐色	全龄经过（d:h）：23:23	清洁（分）：—
壮蚕体色：青白	蛰中经过（d:h）：11:18	洁净（分）：—
壮蚕斑纹：普斑	每蛾产卵数（粒）：430	茧丝纤度（dtex）：2.65
茧色：绿色	良卵率（%）：96.41	调查年季：2020 年春

虎

保存编号：5325199	茧形：浅束腰	不受精卵率（%）：2.51
选育单位：江苏浒墅关蚕种场	缩皱：粗	实用孵化率（%）：85.28
育种亲本：8214	蛹体色：黄色	生种率（%）：0.00
育成年份：1995	蛾体色：白色	死笼率（%）：2.50
种质类型：育成品种	蛾眼色：黑色	幼虫生命率（%）：88.25
地理系统：日本系统	蛾翅纹：无花纹斑	双宫茧率（%）：4.58
功能特性：优质	稚蚕趋性：趋光性，逸散性	全茧量（g）：1.725
化性：二化	食桑习性：踏叶	茧层量（g）：0.410
眠性：四眠	就眠整齐度：较齐	茧层率（%）：23.75
卵形：椭圆	老熟整齐度：齐涌	茧丝长（m）：—
卵色：灰紫色	催青经过（d:h）：11:00	解舒丝长（m）：—
卵壳色：乳白色	五龄经过（d:h）：8:19	解舒率（%）：—
蚁蚕体色：黑褐色	全龄经过（d:h）：27:06	清洁（分）：—
壮蚕体色：青白	蛰中经过（d:h）：17:19	洁净（分）：—
壮蚕斑纹：普斑	每蛾产卵数（粒）：259	茧丝纤度（dtex）：3.69
茧色：白色	良卵率（%）：94.58	调查年季：2020年春

77越

保存编号：5325201	茧形：浅束腰	不受精卵率（%）：0.57
选育单位：广东蚕研所	缩皱：粗	实用孵化率（%）：92.09
育种亲本：—	蛹体色：黄色	生种率（%）：0.00
育成年份：—	蛾体色：白色	死笼率（%）：0.00
种质类型：育成品种	蛾眼色：黑色	幼虫生命率（%）：98.54
地理系统：日本系统	蛾翅纹：无花纹斑	双宫茧率（%）：2.33
功能特性：耐高温多湿	稚蚕趋性：趋密性	全茧量（g）：1.353
化性：二化	食桑习性：踏叶	茧层量（g）：0.279
眠性：四眠	就眠整齐度：较齐	茧层率（%）：20.64
卵形：椭圆	老熟整齐度：齐涌	茧丝长（m）：—
卵色：灰紫色	催青经过（d:h）：11:00	解舒丝长（m）：—
卵壳色：乳白色	五龄经过（d:h）：7:11	解舒率（%）：—
蚁蚕体色：黑褐色	全龄经过（d:h）：25:11	清洁（分）：—
壮蚕体色：青白	蛰中经过（d:h）：—	洁净（分）：—
壮蚕斑纹：普斑	每蛾产卵数（粒）：415	茧丝纤度（dtex）：—
茧色：白色	良卵率（%）：98.41	调查年季：2020年春

8677

保存编号：5325202	茧形：长浅束腰	不受精卵率（%）：2.14
选育单位：广东蚕研所	缩皱：粗	实用孵化率（%）：95.03
育种亲本：—	蛹体色：黄色	生种率（%）：0.00
育成年份：—	蛾体色：白色	死笼率（%）：0.00
种质类型：育成品种	蛾眼色：黑色	幼虫生命率（%）：97.97
地理系统：日本系统	蛾翅纹：无花纹斑	双宫茧率（%）：0.51
功能特性：耐高温多湿	稚蚕趋性：趋密性	全茧量（g）：1.691
化性：二化	食桑习性：踏叶	茧层量（g）：0.352
眠性：四眠	就眠整齐度：较齐	茧层率（%）：20.81
卵形：椭圆	老熟整齐度：齐涌	茧丝长（m）：—
卵色：灰紫色	催青经过（d:h）：11:00	解舒丝长（m）：—
卵壳色：乳白色	五龄经过（d:h）：7:07	解舒率（%）：—
蚁蚕体色：黑褐色	全龄经过（d:h）：25:06	清洁（分）：—
壮蚕体色：青白	蛰中经过（d:h）：19	洁净（分）：—
壮蚕斑纹：普斑	每蛾产卵数（粒）：463	茧丝纤度（dtex）：—
茧色：白色	良卵率（%）：95.32	调查年季：2020 年春

东43

保存编号：5325203	茧形：短椭圆	不受精卵率（%）：0.98
选育单位：广东蚕研所	缩皱：细	实用孵化率（%）：88.40
育种亲本：—	蛹体色：黄色	生种率（%）：0.00
育成年份：—	蛾体色：白色	死笼率（%）：0.23
种质类型：育成品种	蛾眼色：黑色	幼虫生命率（%）：97.73
地理系统：中国系统	蛾翅纹：无花纹斑	双宫茧率（%）：3.81
功能特性：耐高温多湿	稚蚕趋性：无	全茧量（g）：1.346
化性：二化	食桑习性：踏叶	茧层量（g）：0.298
眠性：四眠	就眠整齐度：较齐	茧层率（%）：22.12
卵形：椭圆	老熟整齐度：齐涌	茧丝长（m）：912
卵色：灰绿色	催青经过（d:h）：11:00	解舒丝长（m）：624.9
卵壳色：淡黄色，少白色	五龄经过（d:h）：6:23	解舒率（%）：68.53
蚁蚕体色：黑褐色	全龄经过（d:h）：24:11	清洁（分）：99.0
壮蚕体色：青白	蛰中经过（d:h）：—	洁净（分）：93.0
壮蚕斑纹：素斑	每蛾产卵数（粒）：334	茧丝纤度（dtex）：2.59
茧色：白色	良卵率（%）：98.36	调查年季：2020 年春

化五

保存编号：5325204	茧形：椭圆形	不受精卵率（%）：0.28
选育单位：广东蚕研所	缩皱：细	实用孵化率（%）：95.87
育种亲本：—	蛹体色：黄色	生种率（%）：1.02
育成年份：—	蛾体色：白色	死笼率（%）：2.03
种质类型：育成品种	蛾眼色：黑色	幼虫生命率（%）：93.38
地理系统：中国系统	蛾翅纹：无花纹斑	双宫茧率（%）：20.63
功能特性：耐高温多湿	稚蚕趋性：无	全茧量（g）：1.303
化性：二化	食桑习性：踏叶	茧层量（g）：0.257
眠性：四眠	就眠整齐度：较齐	茧层率（%）：19.70
卵形：椭圆	老熟整齐度：齐涌	茧丝长（m）：916
卵色：灰绿色	催青经过（d:h）：11:00	解舒丝长（m）：749.47
卵壳色：淡黄色，少白色	五龄经过（d:h）：6:18	解舒率（%）：81.82
蚁蚕体色：黑褐色	全龄经过（d:h）：24:06	清洁（分）：99.0
壮蚕体色：青白	蛰中经过（d:h）：—	洁净（分）：91.72
壮蚕斑纹：素斑	每蛾产卵数（粒）：557	茧丝纤度（dtex）：2.52
茧色：白色	良卵率（%）：97.42	调查年季：2020 年春

抗 2F

保存编号：5325205	茧形：浅束腰	不受精卵率（%）：0.46
选育单位：广东蚕研所	缩皱：粗	实用孵化率（%）：98.31
育种亲本：—	蛹体色：黄色	生种率（%）：0.00
育成年份：—	蛾体色：白色	死笼率（%）：4.85
种质类型：育成品种	蛾眼色：黑色	幼虫生命率（%）：89.12
地理系统：日本系统	蛾翅纹：无花纹斑	双宫茧率（%）：2.59
功能特性：耐高温多湿	稚蚕趋性：无	全茧量（g）：1.527
化性：二化	食桑习性：踏叶	茧层量（g）：0.304
眠性：四眠	就眠整齐度：较齐	茧层率（%）：19.90
卵形：椭圆	老熟整齐度：齐涌	茧丝长（m）：—
卵色：灰紫色	催青经过（d:h）：11:00	解舒丝长（m）：—
卵壳色：乳白色	五龄经过（d:h）：8:07	解舒率（%）：—
蚁蚕体色：黑褐色	全龄经过（d:h）：26:06	清洁（分）：—
壮蚕体色：青白	蛰中经过（d:h）：—	洁净（分）：—
壮蚕斑纹：普斑	每蛾产卵数（粒）：634	茧丝纤度（dtex）：—
茧色：白色	良卵率（%）：99.41	调查年季：2020 年春

抗 5F

保存编号：5325206	茧形：短椭圆	不受精卵率（%）：0.21
选育单位：广东蚕研所	缩皱：中	实用孵化率（%）：99.03
育种亲本：—	蛹体色：黄色	生种率（%）：0.00
育成年份：—	蛾体色：白色	死笼率（%）：6.00
种质类型：育成品种	蛾眼色：黑色	幼虫生命率（%）：92.25
地理系统：中国系统	蛾翅纹：无花纹斑	双宫茧率（%）：13.61
功能特性：耐高温多湿	稚蚕趋性：无	全茧量（g）：1.354
化性：二化	食桑习性：踏叶	茧层量（g）：0.316
眠性：四眠	就眠整齐度：较齐	茧层率（%）：23.32
卵形：椭圆	老熟整齐度：齐涌	茧丝长（m）：—
卵色：灰绿色	催青经过（d:h）：11:00	解舒丝长（m）：—
卵壳色：淡黄色，少白色	五龄经过（d:h）：7:12	解舒率（%）：—
蚁蚕体色：黑褐色	全龄经过（d:h）：26:23	清洁（分）：—
壮蚕体色：青白	蛰中经过（d:h）：—	洁净（分）：—
壮蚕斑纹：素斑	每蛾产卵数（粒）：548	茧丝纤度（dtex）：—
茧色：白色	良卵率（%）：97.16	调查年季：2020 年春

石 7 形白

保存编号：5325207	茧形：短深束腰	不受精卵率（%）：1.04
选育单位：广东蚕研所	缩皱：中	实用孵化率（%）：97.63
育种亲本：—	蛹体色：黄色	生种率（%）：0.00
育成年份：—	蛾体色：白色	死笼率（%）：5.23
种质类型：育成品种	蛾眼色：黑色	幼虫生命率（%）：87.84
地理系统：日本系统	蛾翅纹：无花纹斑	双宫茧率（%）：1.53
功能特性：耐高温多湿	稚蚕趋性：无	全茧量（g）：1.334
化性：二化	食桑习性：踏叶	茧层量（g）：0.258
眠性：四眠	就眠整齐度：较齐	茧层率（%）：19.36
卵形：椭圆	老熟整齐度：齐涌	茧丝长（m）：—
卵色：灰紫色	催青经过（d:h）：11:00	解舒丝长（m）：—
卵壳色：乳白色	五龄经过（d:h）：7:07	解舒率（%）：—
蚁蚕体色：黑褐色	全龄经过（d:h）：27:07	清洁（分）：—
壮蚕体色：青白	蛰中经过（d:h）：—	洁净（分）：—
壮蚕斑纹：素斑	每蛾产卵数（粒）：584	茧丝纤度（dtex）：—
茧色：白色	良卵率（%）：95.08	调查年季：2020 年春

研化 A

保存编号：5325208	茧形：短椭圆	不受精卵率（%）：0.16
选育单位：广东蚕研所	缩皱：中	实用孵化率（%）：96.27
育种亲本：—	蛹体色：黄色	生种率（%）：0.00
育成年份：—	蛾体色：白色	死笼率（%）：2.50
种质类型：育成品种	蛾眼色：黑色	幼虫生命率（%）：96.43
地理系统：中国系统	蛾翅纹：无花纹斑	双宫茧率（%）：14.66
功能特性：耐高温多湿	稚蚕趋性：无	全茧量（g）：1.519
化性：二化	食桑习性：踏叶	茧层量（g）：0.340
眠性：四眠	就眠整齐度：较齐	茧层率（%）：22.39
卵形：椭圆	老熟整齐度：齐涌	茧丝长（m）：—
卵色：灰绿色	催青经过（d:h）：11:00	解舒丝长（m）：—
卵壳色：淡黄色，少白色	五龄经过（d:h）：8:06	解舒率（%）：—
蚁蚕体色：黑褐色	全龄经过（d:h）：26:06	清洁（分）：—
壮蚕体色：青白	蛰中经过（d:h）：—	洁净（分）：—
壮蚕斑纹：素斑	每蛾产卵数（粒）：316	茧丝纤度（dtex）：—
茧色：白色	良卵率（%）：99.42	调查年季：2020 年春

Ge

保存编号：5325209	茧形：浅束腰	不受精卵率（%）：1.13
选育单位：—	缩皱：中	实用孵化率（%）：70.47
育种亲本：—	蛹体色：黄色	生种率（%）：3.01
育成年份：—	蛾体色：白色	死笼率（%）：2.07
种质类型：遗传材料	蛾眼色：黑色	幼虫生命率（%）：95.69
地理系统：日本系统	蛾翅纹：无花纹斑	双宫茧率（%）：3.05
功能特性：卵形大	稚蚕趋性：趋密性	全茧量（g）：1.228
化性：二化	食桑习性：踏叶	茧层量（g）：0.195
眠性：四眠	就眠整齐度：较齐	茧层率（%）：15.86
卵形：椭圆	老熟整齐度：齐涌	茧丝长（m）：—
卵色：灰紫色	催青经过（d:h）：11:00	解舒丝长（m）：—
卵壳色：乳白色	五龄经过（d:h）：6:02	解舒率（%）：—
蚁蚕体色：黑褐色	全龄经过（d:h）：23:03	清洁（分）：—
壮蚕体色：青白	蛰中经过（d:h）：—	洁净（分）：—
壮蚕斑纹：普斑	每蛾产卵数（粒）：256	茧丝纤度（dtex）：2.57
茧色：白色	良卵率（%）：94.42	调查年季：2020 年春

re

保存编号：5325210	茧形：浅束腰	不受精卵率（%）：0.93
选育单位：—	缩皱：细	实用孵化率（%）：93.65
育种亲本：—	蛹体色：黄色	生种率（%）：0.00
育成年份：—	蛾体色：白色	死笼率（%）：5.00
种质类型：遗传材料	蛾眼色：黑色	幼虫生命率（%）：96.28
地理系统：日本系统	蛾翅纹：无花纹斑	双宫茧率（%）：4.26
功能特性：红色卵细纤度	稚蚕趋性：无	全茧量（g）：1.012
化性：二化	食桑习性：踏叶	茧层量（g）：0.121
眠性：四眠	就眠整齐度：较齐	茧层率（%）：11.98
卵形：椭圆	老熟整齐度：齐涌	茧丝长（m）：—
卵色：红色	催青经过（d:h）：11:00	解舒丝长（m）：—
卵壳色：乳白色	五龄经过（d:h）：6:12	解舒率（%）：—
蚁蚕体色：黑褐色	全龄经过（d:h）：22:11	清洁（分）：—
壮蚕体色：青白	蛰中经过（d:h）：—	洁净（分）：—
壮蚕斑纹：素斑	每蛾产卵数（粒）：503	茧丝纤度（dtex）：1.97
茧色：白色	良卵率（%）：96.11	调查年季：2020年春

C108

保存编号：5325211	茧形：椭圆	不受精卵率（%）：0.66
选育单位：—	缩皱：中	实用孵化率（%）：94.56
育种亲本：—	蛹体色：黄色	生种率（%）：0.00
育成年份：—	蛾体色：白色	死笼率（%）：1.16
种质类型：地方品种	蛾眼色：黑色	幼虫生命率（%）：97.68
地理系统：中国系统	蛾翅纹：无花纹斑	双宫茧率（%）：10.82
功能特性：遗传材料	稚蚕趋性：无	全茧量（g）：1.300
化性：二化	食桑习性：踏叶	茧层量（g）：0.238
眠性：四眠	就眠整齐度：较齐	茧层率（%）：18.31
卵形：椭圆	老熟整齐度：齐涌	茧丝长（m）：—
卵色：灰紫色	催青经过（d:h）：11:00	解舒丝长（m）：—
卵壳色：乳白色	五龄经过（d:h）：6:12	解舒率（%）：—
蚁蚕体色：黑褐色	全龄经过（d:h）：24:12	清洁（分）：—
壮蚕体色：青白	蛰中经过（d:h）：—	洁净（分）：—
壮蚕斑纹：素斑	每蛾产卵数（粒）：554	茧丝纤度（dtex）：—
茧色：白色	良卵率（%）：97.89	调查年季：2020年春

大卵

保存编号：5325212	茧形：浅束腰	不受精卵率（%）：0.39
选育单位：—	缩皱：中	实用孵化率（%）：55.75
育种亲本：—	蛹体色：黄色	生种率（%）：0.00
育成年份：—	蛾体色：白色	死笼率（%）：15.00
种质类型：遗传材料	蛾眼色：黑色	幼虫生命率（%）：82.72
地理系统：日本系统	蛾翅纹：无花纹斑	双宫茧率（%）：6.45
功能特性：卵形大	稚蚕趋性：无	全茧量（g）：1.329
化性：二化	食桑习性：踏叶	茧层量（g）：0.181
眠性：四眠	就眠整齐度：较齐	茧层率（%）：13.62
卵形：椭圆	老熟整齐度：齐涌	茧丝长（m）：—
卵色：灰紫色	催青经过（d:h）：11:00	解舒丝长（m）：—
卵壳色：乳白色	五龄经过（d:h）：7:12	解舒率（%）：—
蚁蚕体色：黑褐色	全龄经过（d:h）：26:11	清洁（分）：—
壮蚕体色：青白	蛰中经过（d:h）：—	洁净（分）：—
壮蚕斑纹：普斑	每蛾产卵数（粒）：367	茧丝纤度（dtex）：2.96
茧色：白色	良卵率（%）：98.26	调查年季：2020 年春

菁松 A（鲁）

保存编号：5325213	茧形：短椭圆	不受精卵率（%）：0.42
选育单位：中国蚕研所	缩皱：细	实用孵化率（%）：91.08
育种亲本：781、757	蛹体色：黄色	生种率（%）：0.00
育成年份：1980	蛾体色：白色	死笼率（%）：0.00
种质类型：育成品种	蛾眼色：黑色	幼虫生命率（%）：98.27
地理系统：中国系统	蛾翅纹：无花纹斑	双宫茧率（%）：11.41
功能特性：优质	稚蚕趋性：趋光性	全茧量（g）：1.713
化性：二化	食桑习性：不踏叶	茧层量（g）：0.411
眠性：四眠	就眠整齐度：较齐	茧层率（%）：23.99
卵形：椭圆	老熟整齐度：齐涌	茧丝长（m）：—
卵色：灰绿色	催青经过（d:h）：11:00	解舒丝长（m）：—
卵壳色：淡黄色，少白色	五龄经过（d:h）：8:22	解舒率（%）：—
蚁蚕体色：黑褐色	全龄经过（d:h）：26:23	清洁（分）：—
壮蚕体色：青白	蛰中经过（d:h）：17:17	洁净（分）：—
壮蚕斑纹：素斑	每蛾产卵数（粒）：557	茧丝纤度（dtex）：3.16
茧色：白色	良卵率（%）：98.62	调查年季：2020 年春

菁松 B（鲁）

保存编号：5325214	茧形：短椭圆	不受精卵率（%）：0.84
选育单位：中国蚕研所	缩皱：细	实用孵化率（%）：93.04
育种亲本：781、757	蛹体色：黄色	生种率（%）：0.00
育成年份：1980	蛾体色：白色	死笼率（%）：4.50
种质类型：育成品种	蛾眼色：黑色	幼虫生命率（%）：94.32
地理系统：中国系统	蛾翅纹：无花纹斑	双宫茧率（%）：5.93
功能特性：优质	稚蚕趋性：趋光性	全茧量（g）：1.526
化性：二化	食桑习性：不踏叶	茧层量（g）：0.342
眠性：四眠	就眠整齐度：较齐	茧层率（%）：22.39
卵形：椭圆	老熟整齐度：齐涌	茧丝长（m）：—
卵色：灰绿色	催青经过（d:h）：11:00	解舒丝长（m）：—
卵壳色：淡黄色，少白色	五龄经过（d:h）：8:19	解舒率（%）：—
蚁蚕体色：黑褐色	全龄经过（d:h）：27:07	清洁（分）：—
壮蚕体色：青白	蛰中经过（d:h）：17:17	洁净（分）：—
壮蚕斑纹：素斑	每蛾产卵数（粒）：521	茧丝纤度（dtex）：3.10
茧色：白色	良卵率（%）：96.99	调查年季：2020 年春

皓月 A（鲁）

保存编号：5325215	茧形：浅束腰	不受精卵率（%）：2.33
选育单位：中国蚕研所	缩皱：中	实用孵化率（%）：93.66
育种亲本：782、758	蛹体色：黄色	生种率（%）：0.00
育成年份：1980	蛾体色：白色	死笼率（%）：1.98
种质类型：育成品种	蛾眼色：黑色	幼虫生命率（%）：93.78
地理系统：日本系统	蛾翅纹：无花纹斑	双宫茧率（%）：1.22
功能特性：优质	稚蚕趋性：逸散性	全茧量（g）：1.621
化性：二化	食桑习性：不踏叶	茧层量（g）：0.362
眠性：四眠	就眠整齐度：较齐	茧层率（%）：22.33
卵形：椭圆	老熟整齐度：齐涌	茧丝长（m）：—
卵色：灰紫色	催青经过（d:h）：11:00	解舒丝长（m）：—
卵壳色：乳白色	五龄经过（d:h）：8:06	解舒率（%）：—
蚁蚕体色：黑褐色	全龄经过（d:h）：26:06	清洁（分）：—
壮蚕体色：青白	蛰中经过（d:h）：—	洁净（分）：—
壮蚕斑纹：普斑	每蛾产卵数（粒）：392	茧丝纤度（dtex）：—
茧色：白色	良卵率（%）：95.79	调查年季：2020 年春

皓月 B（鲁）

保存编号：5325216	茧形：浅束腰	不受精卵率（%）：0.68
选育单位：中国蚕研所	缩皱：中	实用孵化率（%）：95.57
育种亲本：782、758	蛹体色：黄色	生种率（%）：0.00
育成年份：1980	蛾体色：白色	死笼率（%）：1.02
种质类型：育成品种	蛾眼色：黑色	幼虫生命率（%）：93.91
地理系统：日本系统	蛾翅纹：无花纹斑	双宫茧率（%）：1.63
功能特性：优质	稚蚕趋性：逸散性	全茧量（g）：1.667
化性：二化	食桑习性：不踏叶	茧层量（g）：0.381
眠性：四眠	就眠整齐度：较齐	茧层率（%）：22.86
卵形：椭圆	老熟整齐度：齐涌	茧丝长（m）：—
卵色：灰紫色	催青经过（d:h）：11:00	解舒丝长（m）：—
卵壳色：乳白色	五龄经过（d:h）：8:06	解舒率（%）：—
蚁蚕体色：黑褐色	全龄经过（d:h）：26:06	清洁（分）：—
壮蚕体色：青白	蛰中经过（d:h）：—	洁净（分）：—
壮蚕斑纹：普斑	每蛾产卵数（粒）：376	茧丝纤度（dtex）：—
茧色：白色	良卵率（%）：85.50	调查年季：2020 年春

芙印

保存编号：5325217	茧形：浅束腰	不受精卵率（%）：0.85
选育单位：云南蚕蜂所	缩皱：中	实用孵化率（%）：97.11
育种亲本：—	蛹体色：黄色	生种率（%）：0.00
育成年份：—	蛾体色：白色	死笼率（%）：3.04
种质类型：育成品种	蛾眼色：黑色	幼虫生命率（%）：94.72
地理系统：日本系统	蛾翅纹：无花纹斑	双宫茧率（%）：1.67
功能特性：优质	稚蚕趋性：无	全茧量（g）：1.581
化性：二化	食桑习性：踏叶	茧层量（g）：0.332
眠性：四眠	就眠整齐度：较齐	茧层率（%）：20.97
卵形：椭圆	老熟整齐度：齐涌	茧丝长（m）：1 147.50
卵色：灰紫色	催青经过（d:h）：11:00	解舒丝长（m）：478.13
卵壳色：乳白色	五龄经过（d:h）：9:12	解舒率（%）：41.67
蚁蚕体色：黑褐色	全龄经过（d:h）：28:00	清洁（分）：—
壮蚕体色：青赤	蛰中经过（d:h）：—	洁净（分）：—
壮蚕斑纹：普斑	每蛾产卵数（粒）：524	茧丝纤度（dtex）：3.37
茧色：白色	良卵率（%）：97.81	调查年季：2020 年春

芙印红

保存编号：5325218	茧形：浅束腰	不受精卵率（%）：0.34
选育单位：—	缩皱：中	实用孵化率（%）：64.08
育种亲本：—	蛹体色：黄色	生种率（%）：0.00
育成年份：—	蛾体色：白色	死笼率（%）：2.96
种质类型：遗传材料	蛾眼色：黑色	幼虫生命率（%）：91.24
地理系统：日本系统	蛾翅纹：无花纹斑	双宫茧率（%）：1.10
功能特性：红色致死卵	稚蚕趋性：无	全茧量（g）：1.410
化性：二化	食桑习性：踏叶	茧层量（g）：0.274
眠性：四眠	就眠整齐度：较齐	茧层率（%）：19.40
卵形：椭圆	老熟整齐度：齐涌	茧丝长（m）：—
卵色：灰紫色，红色	催青经过（d:h）：11:00	解舒丝长（m）：—
卵壳色：乳白色	五龄经过（d:h）：9:07	解舒率（%）：—
蚁蚕体色：黑褐色	全龄经过（d:h）：29:06	清洁（分）：—
壮蚕体色：青赤	蛰中经过（d:h）：17:16	洁净（分）：—
壮蚕斑纹：普斑	每蛾产卵数（粒）：488	茧丝纤度（dtex）：—
茧色：白色	良卵率（%）：96.66	调查年季：2020 年春

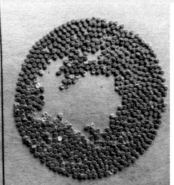

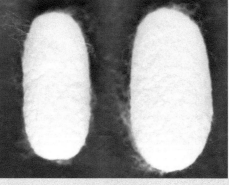

238

保存编号：5325219	茧形：浅束腰	不受精卵率（%）：0.35
选育单位：云南蚕蜂所	缩皱：中	实用孵化率（%）：94.45
育种亲本：—	蛹体色：黄色	生种率（%）：0.17
育成年份：—	蛾体色：白色	死笼率（%）：2.55
种质类型：育成品种	蛾眼色：黑色	幼虫生命率（%）：98.04
地理系统：日本系统	蛾翅纹：无花纹斑	双宫茧率（%）：0.00
功能特性：耐高温多湿	稚蚕趋性：无	全茧量（g）：1.360
化性：二化	食桑习性：踏叶	茧层量（g）：0.313
眠性：四眠	就眠整齐度：较齐	茧层率（%）：23.01
卵形：椭圆	老熟整齐度：齐涌	茧丝长（m）：—
卵色：灰紫色	催青经过（d:h）：11:00	解舒丝长（m）：—
卵壳色：乳白色	五龄经过（d:h）：8:00	解舒率（%）：—
蚁蚕体色：黑褐色	全龄经过（d:h）：27:00	清洁（分）：—
壮蚕体色：青赤	蛰中经过（d:h）：18:00	洁净（分）：—
壮蚕斑纹：雄素斑，雌普斑	每蛾产卵数（粒）：564	茧丝纤度（dtex）：—
茧色：白色	良卵率（%）：99.17	调查年季：2020 年春

2062 白

保存编号：5325220	茧形：浅束腰	不受精卵率（%）：0.57
选育单位：云南蚕蜂所	缩皱：中	实用孵化率（%）：96.37
育种亲本：—	蛹体色：黄色	生种率（%）：0.00
育成年份：—	蛾体色：白色	死笼率（%）：2.65
种质类型：育成品种	蛾眼色：黑色	幼虫生命率（%）：97.49
地理系统：日本系统	蛾翅纹：无花纹斑	双宫茧率（%）：5.51
功能特性：耐高温多湿	稚蚕趋性：无	全茧量（g）：1.618
化性：二化	食桑习性：踏叶	茧层量（g）：0.364
眠性：四眠	就眠整齐度：较齐	茧层率（%）：22.27
卵形：椭圆	老熟整齐度：齐涌	茧丝长（m）：930
卵色：灰紫色	催青经过（d:h）：11:00	解舒丝长（m）：616.78
卵壳色：乳白色	五龄经过（d:h）：8:06	解舒率（%）：66.32
蚁蚕体色：黑褐色	全龄经过（d:h）：26:06	清洁（分）：99.0
壮蚕体色：青赤	蛰中经过（d:h）：16:19	洁净（分）：94.83
壮蚕斑纹：素斑	每蛾产卵数（粒）：530	茧丝纤度（dtex）：2.892
茧色：白色	良卵率（%）：98.93	调查年季：2020 年春

7532TL

保存编号：5325221	茧形：浅束腰	不受精卵率（%）：1.06
选育单位：—	缩皱：中	实用孵化率（%）：96.29
育种亲本：—	蛹体色：黄色	生种率（%）：0.00
育成年份：—	蛾体色：白色	死笼率（%）：3.21
种质类型：遗传材料	蛾眼色：黑色	幼虫生命率（%）：95.24
地理系统：日本系统	蛾翅纹：无花纹斑	双宫茧率（%）：4.76
功能特性：竹节蚕	稚蚕趋性：无	全茧量（g）：0.571
化性：二化	食桑习性：踏叶	茧层量（g）：0.121
眠性：四眠	就眠整齐度：小蚕齐，大蚕不齐	茧层率（%）：21.14
卵形：椭圆	老熟整齐度：不齐	茧丝长（m）：—
卵色：灰紫色	催青经过（d:h）：11:00	解舒丝长（m）：—
卵壳色：乳白色	五龄经过（d:h）：10:00	解舒率（%）：—
蚁蚕体色：黑褐色	全龄经过（d:h）：30:00	清洁（分）：—
壮蚕体色：青白	蛰中经过（d:h）：18:00	洁净（分）：—
壮蚕斑纹：素斑	每蛾产卵数（粒）：323	茧丝纤度（dtex）：—
茧色：白色	良卵率（%）：97.78	调查年季：2020年春

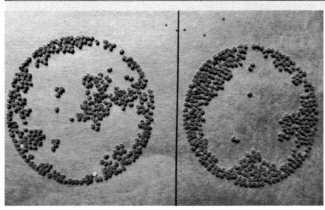

DW2

保存编号：5325222	茧形：短椭圆	不受精卵率（%）：2.40
选育单位：云南蚕蜂所	缩皱：中	实用孵化率（%）：70.57
育种亲本：蒙草、卵21	蛹体色：黄色	生种率（%）：0.00
育成年份：2016	蛾体色：白色	死笼率（%）：2.58
种质类型：育成品种	蛾眼色：雌黑色，雄白色	幼虫生命率（%）：88.02
地理系统：中国系统	蛾翅纹：无花纹斑	双宫茧率（%）：5.57
功能特性：限性卵色	稚蚕趋性：无	全茧量（g）：1.235
化性：二化	食桑习性：踏叶	茧层量（g）：0.272
眠性：四眠	就眠整齐度：较齐	茧层率（%）：21.98
卵形：椭圆	老熟整齐度：齐涌	茧丝长（m）：992.14
卵色：雌灰绿色，雄黄色	催青经过（d:h）：11:00	解舒丝长（m）：431.36
卵壳色：淡黄色	五龄经过（d:h）：9:00	解舒率（%）：43.48
蚁蚕体色：黑褐色	全龄经过（d:h）：29:00	清洁（分）：—
壮蚕体色：青白	蛰中经过（d:h）：16:00	洁净（分）：—
壮蚕斑纹：素斑	每蛾产卵数（粒）：389	茧丝纤度（dtex）：2.44
茧色：白色	良卵率（%）：92.97	调查年季：2020年春

印芙

保存编号：5325223	茧形：浅束腰	不受精卵率（%）：0.51
选育单位：云南蚕蜂所	缩皱：中	实用孵化率（%）：93.02
育种亲本：—	蛹体色：黄色	生种率（%）：0.00
育成年份：—	蛾体色：白色	死笼率（%）：3.51
种质类型：育成品种	蛾眼色：黑色	幼虫生命率（%）：94.12
地理系统：日本系统	蛾翅纹：无花纹斑	双宫茧率（%）：1.67
功能特性：耐高温多湿	稚蚕趋性：无	全茧量（g）：1.581
化性：二化	食桑习性：踏叶	茧层量（g）：0.332
眠性：四眠	就眠整齐度：较齐	茧层率（%）：20.97
卵形：椭圆	老熟整齐度：齐涌	茧丝长（m）：1 147.50
卵色：灰紫色	催青经过（d:h）：11:00	解舒丝长（m）：478.13
卵壳色：乳白色	五龄经过（d:h）：7:18	解舒率（%）：41.67
蚁蚕体色：黑褐色	全龄经过（d:h）：26:06	清洁（分）：—
壮蚕体色：青白	蛰中经过（d:h）：17:18	洁净（分）：—
壮蚕斑纹：普斑	每蛾产卵数（粒）：590	茧丝纤度（dtex）：3.37
茧色：白色	良卵率（%）：98.64	调查年季：2020 年春

印芙黄

保存编号：5325224	茧形：浅束腰	不受精卵率（%）：0.45
选育单位：云南蚕蜂所	缩皱：中	实用孵化率（%）：94.07
育种亲本：—	蛹体色：黄色	生种率（%）：0.00
育成年份：—	蛾体色：白色	死笼率（%）：3.56
种质类型：育成品种	蛾眼色：黑色	幼虫生命率（%）：95.77
地理系统：日本系统	蛾翅纹：无花纹斑	双宫茧率（%）：0.00
功能特性：耐高温多湿	稚蚕趋性：趋密性	全茧量（g）：1.461
化性：二化	食桑习性：踏叶	茧层量（g）：0.289
眠性：四眠	就眠整齐度：较齐	茧层率（%）：19.71
卵形：椭圆	老熟整齐度：齐涌	茧丝长（m）：—
卵色：灰紫色	催青经过（d:h）：11:00	解舒丝长（m）：—
卵壳色：乳白色	五龄经过（d:h）：9:01	解舒率（%）：—
蚁蚕体色：黑褐色	全龄经过（d:h）：27:06	清洁（分）：—
壮蚕体色：青白	蛰中经过（d:h）：17:12	洁净（分）：—
壮蚕斑纹：普斑	每蛾产卵数（粒）：586	茧丝纤度（dtex）：3.37
茧色：黄色	良卵率（%）：98.75	调查年季：2020 年春

A 黄夏嫩

保存编号：5325225	茧形：浅束腰	不受精卵率（%）：0.47
选育单位：云南蚕蜂所	缩皱：粗	实用孵化率（%）：93.93
育种亲本：—	蛹体色：黄色	生种率（%）：0.11
育成年份：—	蛾体色：白色	死笼率（%）：5.65
种质类型：育成品种	蛾眼色：黑色	幼虫生命率（%）：92.25
地理系统：日本系统	蛾翅纹：无花纹斑	双宫茧率（%）：2.67
功能特性：彩色茧	稚蚕趋性：无	全茧量（g）：1.387
化性：二化	食桑习性：踏叶	茧层量（g）：0.297
眠性：四眠	就眠整齐度：较齐	茧层率（%）：21.38
卵形：椭圆	老熟整齐度：齐涌	茧丝长（m）：—
卵色：灰紫色	催青经过（d:h）：11:00	解舒丝长（m）：—
卵壳色：乳白色	五龄经过（d:h）：8:06	解舒率（%）：—
蚁蚕体色：黑褐色	全龄经过（d:h）：26:06	清洁（分）：—
壮蚕体色：青白	蛰中经过（d:h）：16:00	洁净（分）：—
壮蚕斑纹：普斑	每蛾产卵数（粒）：569	茧丝纤度（dtex）：—
茧色：嫩黄色	良卵率（%）：99.36	调查年季：2020 年春

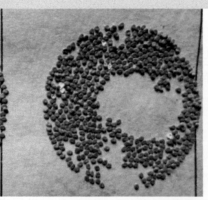

A 黄夏肉

保存编号：5325226	茧形：长筒形	不受精卵率（%）：0.28
选育单位：云南蚕蜂所	缩皱：细	实用孵化率（%）：86.75
育种亲本：—	蛹体色：黄色	生种率（%）：0.00
育成年份：—	蛾体色：白色	死笼率（%）：2.50
种质类型：育成品种	蛾眼色：黑色	幼虫生命率（%）：88.86
地理系统：日本系统	蛾翅纹：无花纹斑	双宫茧率（%）：2.65
功能特性：彩色茧	稚蚕趋性：无	全茧量（g）：1.387
化性：二化	食桑习性：踏叶	茧层量（g）：0.281
眠性：四眠	就眠整齐度：较齐	茧层率（%）：20.25
卵形：椭圆	老熟整齐度：齐涌	茧丝长（m）：—
卵色：灰紫色	催青经过（d:h）：11:00	解舒丝长（m）：—
卵壳色：乳白色	五龄经过（d:h）：9:06	解舒率（%）：—
蚁蚕体色：黑褐色	全龄经过（d:h）：28:06	清洁（分）：—
壮蚕体色：青白	蛰中经过（d:h）：16:00	洁净（分）：—
壮蚕斑纹：普斑	每蛾产卵数（粒）：481	茧丝纤度（dtex）：—
茧色：嫩黄色	良卵率（%）：96.32	调查年季：2020 年春

云蚕 7 大

保存编号：5325227	茧形：椭圆	不受精卵率（%）：0.46
选育单位：—	缩皱：中	实用孵化率（%）：43.87
育种亲本：—	蛹体色：黄色	生种率（%）：0.00
育成年份：—	蛾体色：白色	死笼率（%）：0.00
种质类型：遗传材料	蛾眼色：黑色	幼虫生命率（%）：90.26
地理系统：中国系统	蛾翅纹：无花纹斑	双宫茧率（%）：17.17
功能特性：卵型大	稚蚕趋性：无	全茧量（g）：1.850
化性：二化	食桑习性：踏叶	茧层量（g）：0.420
眠性：四眠	就眠整齐度：较齐	茧层率（%）：22.70
卵形：椭圆	老熟整齐度：齐涌	茧丝长（m）：1 249.86
卵色：灰绿色	催青经过（d:h）：11:00	解舒丝长（m）：624.93
卵壳色：淡黄色，少白色	五龄经过（d:h）：9:06	解舒率（%）：50.00
蚁蚕体色：黑褐色	全龄经过（d:h）：28:06	清洁（分）：—
壮蚕体色：青白	蛰中经过（d:h）：16:19	洁净（分）：—
壮蚕斑纹：雄素斑，雌普斑	每蛾产卵数（粒）：358	茧丝纤度（dtex）：4.19
茧色：白色	良卵率（%）：96.34	调查年季：2020 年春

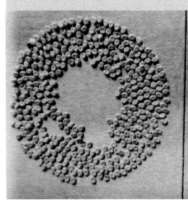
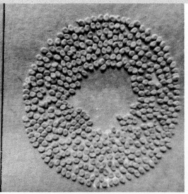

A1G

保存编号：5325232	茧形：浅束腰	不受精卵率（%）：1.85
选育单位：—	缩皱：中	实用孵化率（%）：87.60
育种亲本：—	蛹体色：黄色	生种率（%）：0.00
育成年份：—	蛾体色：白色	死笼率（%）：5.00
种质类型：遗传材料	蛾眼色：黑色	幼虫生命率（%）：98.79
地理系统：日本系统	蛾翅纹：无花纹斑	双宫茧率（%）：3.39
功能特性：彩色茧	稚蚕趋性：趋密性	全茧量（g）：1.213
化性：二化	食桑习性：踏叶	茧层量（g）：0.160
眠性：四眠	就眠整齐度：较齐	茧层率（%）：13.18
卵形：椭圆	老熟整齐度：齐涌	茧丝长（m）：—
卵色：灰色	催青经过（d:h）：11:00	解舒丝长（m）：—
卵壳色：乳白色	五龄经过（d:h）：6:00	解舒率（%）：—
蚁蚕体色：黑褐色	全龄经过（d:h）：23:11	清洁（分）：—
壮蚕体色：青白	蛰中经过（d:h）：15:00	洁净（分）：—
壮蚕斑纹：素斑	每蛾产卵数（粒）：292	茧丝纤度（dtex）：—
茧色：浅黄色	良卵率（%）：94.30	调查年季：2020 年春

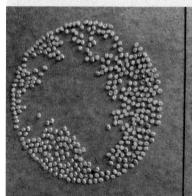
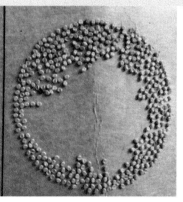

A1H

保存编号：5325233	茧形：长筒形	不受精卵率（%）：0.32
选育单位：—	缩皱：中	实用孵化率（%）：95.98
育种亲本：—	蛹体色：黄色	生种率（%）：0.00
育成年份：—	蛾体色：白色	死笼率（%）：2.12
种质类型：遗传材料	蛾眼色：黑色	幼虫生命率（%）：97.33
地理系统：日本系统	蛾翅纹：无花纹斑	双宫茧率（%）：1.07
功能特性：彩色茧	稚蚕趋性：无	全茧量（g）：1.024
化性：二化	食桑习性：踏叶	茧层量（g）：0.151
眠性：三眠	就眠整齐度：较齐	茧层率（%）：14.70
卵形：椭圆	老熟整齐度：齐涌	茧丝长（m）：—
卵色：灰紫色	催青经过（d:h）：11:00	解舒丝长（m）：—
卵壳色：乳白色	五龄经过（d:h）：7:14	解舒率（%）：—
蚁蚕体色：黑褐色	全龄经过（d:h）：22:01	清洁（分）：—
壮蚕体色：青白	蚝中经过（d:h）：15:00	洁净（分）：—
壮蚕斑纹：素斑	每蛾产卵数（粒）：415	茧丝纤度（dtex）：—
茧色：黄红色	良卵率（%）：96.10	调查年季：2020 年春

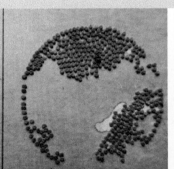

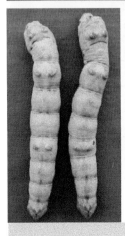

A1R

保存编号：5325234	茧形：浅束腰	不受精卵率（%）：1.08
选育单位：—	缩皱：中	实用孵化率（%）：92.05
育种亲本：—	蛹体色：黄色	生种率（%）：0.00
育成年份：—	蛾体色：白色	死笼率（%）：2.63
种质类型：遗传材料	蛾眼色：黑色	幼虫生命率（%）：96.22
地理系统：日本系统	蛾翅纹：无花纹斑	双宫茧率（%）：3.62
功能特性：彩色茧	稚蚕趋性：无	全茧量（g）：1.215
化性：二化	食桑习性：踏叶	茧层量（g）：0.158
眠性：四眠	就眠整齐度：较齐	茧层率（%）：13.03
卵形：椭圆	老熟整齐度：齐涌	茧丝长（m）：—
卵色：红色	催青经过（d:h）：11:00	解舒丝长（m）：—
卵壳色：乳白色	五龄经过（d:h）：4:12	解舒率（%）：—
蚁蚕体色：黑褐色	全龄经过（d:h）：20:11	清洁（分）：—
壮蚕体色：青白	蛰中经过（d:h）：14:12	洁净（分）：—
壮蚕斑纹：素斑	每蛾产卵数（粒）：426	茧丝纤度（dtex）：—
茧色：淡黄色	良卵率（%）：96.38	调查年季：2020 年春

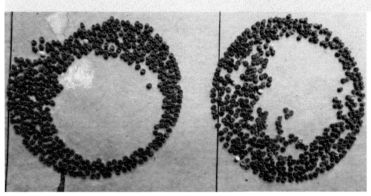

A2F

保存编号：5325235	茧形：浅束腰	不受精卵率（%）：0.87
选育单位：—	缩皱：中	实用孵化率（%）：91.46
育种亲本：—	蛹体色：黄色	生种率（%）：0.00
育成年份：—	蛾体色：白色	死笼率（%）：1.59
种质类型：遗传材料	蛾眼色：黑色	幼虫生命率（%）：97.82
地理系统：日本系统	蛾翅纹：无花纹斑	双宫茧率（%）：2.42
功能特性：彩色茧	稚蚕趋性：无	全茧量（g）：0.997
化性：二化	食桑习性：踏叶	茧层量（g）：0.126
眠性：四眠	就眠整齐度：较齐	茧层率（%）：12.59
卵形：椭圆	老熟整齐度：齐涌	茧丝长（m）：—
卵色：粉色	催青经过（d:h）：11:00	解舒丝长（m）：—
卵壳色：乳白色	五龄经过（d:h）：6:01	解舒率（%）：—
蚁蚕体色：黑褐色	全龄经过（d:h）：24:06	清洁（分）：—
壮蚕体色：轻油	蛰中经过（d:h）：15:00	洁净（分）：—
壮蚕斑纹：普斑	每蛾产卵数（粒）：431	茧丝纤度（dtex）：—
茧色：微黄色	良卵率（%）：98.13	调查年季：2020 年春

A2H

保存编号：5325236	茧形：浅束腰	不受精卵率（%）：0.12
选育单位：云南蚕蜂所	缩皱：中	实用孵化率（%）：95.36
育种亲本：—	蛹体色：黑头	生种率（%）：0.00
育成年份：—	蛾体色：白色	死笼率（%）：2.50
种质类型：育成品种	蛾眼色：黑色	幼虫生命率（%）：97.16
地理系统：日本系统	蛾翅纹：无花纹斑	双宫茧率（%）：1.55
功能特性：彩色茧	稚蚕趋性：无	全茧量（g）：0.971
化性：二化	食桑习性：踏叶	茧层量（g）：0.126
眠性：四眠	就眠整齐度：较齐	茧层率（%）：13.03
卵形：椭圆	老熟整齐度：齐涌	茧丝长（m）：—
卵色：黄色	催青经过（d:h）：11:00	解舒丝长（m）：—
卵壳色：乳白色	五龄经过（d:h）：6:01	解舒率（%）：—
蚁蚕体色：黑褐色	全龄经过（d:h）：24:06	清洁（分）：—
壮蚕体色：轻油	蛰中经过（d:h）：15:00	洁净（分）：—
壮蚕斑纹：普斑	每蛾产卵数（粒）：400	茧丝纤度（dtex）：—
茧色：微黄色	良卵率（%）：99.54	调查年季：2020 年春

A3F

保存编号：5325237	茧形：浅束腰	不受精卵率（%）：0.45
选育单位：—	缩皱：中	实用孵化率（%）：93.68
育种亲本：—	蛹体色：黄色	生种率（%）：0.00
育成年份：—	蛾体色：白色	死笼率（%）：1.94
种质类型：遗传材料	蛾眼色：黑色	幼虫生命率（%）：97.81
地理系统：日本系统	蛾翅纹：无花纹斑	双宫茧率（%）：0.55
功能特性：彩色茧	稚蚕趋性：无	全茧量（g）：1.008
化性：二化	食桑习性：踏叶	茧层量（g）：0.121
眠性：四眠	就眠整齐度：较齐	茧层率（%）：12.01
卵形：椭圆	老熟整齐度：齐涌	茧丝长（m）：—
卵色：粉色	催青经过（d:h）：11:00	解舒丝长（m）：—
卵壳色：乳白色	五龄经过（d:h）：6:01	解舒率（%）：—
蚁蚕体色：黑褐色	全龄经过（d:h）：24:06	清洁（分）：—
壮蚕体色：轻油	蛰中经过（d:h）：15:00	洁净（分）：—
壮蚕斑纹：普斑	每蛾产卵数（粒）：423	茧丝纤度（dtex）：—
茧色：微黄色	良卵率（%）：98.87	调查年季：2020 年春

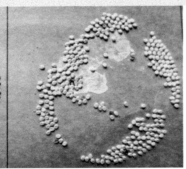

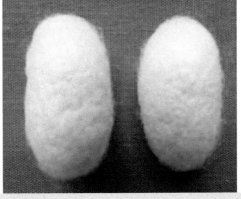

A3H

保存编号：5325238	茧形：浅束腰	不受精卵率（%）：0.34
选育单位：—	缩皱：中	实用孵化率（%）：96.61
育种亲本：—	蛹体色：黄色	生种率（%）：0.00
育成年份：—	蛾体色：白色	死笼率（%）：0.92
种质类型：遗传材料	蛾眼色：黑色	幼虫生命率（%）：97.51
地理系统：日本系统	蛾翅纹：无花纹斑	双宫茧率（%）：6.48
功能特性：彩色茧	稚蚕趋性：无	全茧量（g）：1.047
化性：二化	食桑习性：踏叶	茧层量（g）：0.123
眠性：四眠	就眠整齐度：较齐	茧层率（%）：11.70
卵形：椭圆	老熟整齐度：齐涌	茧丝长（m）：—
卵色：黄色	催青经过（d:h）：11:00	解舒丝长（m）：—
卵壳色：乳白色	五龄经过（d:h）：5:07	解舒率（%）：—
蚁蚕体色：黑褐色	全龄经过（d:h）：23:06	清洁（分）：—
壮蚕体色：轻油	蛰中经过（d:h）：15:00	洁净（分）：—
壮蚕斑纹：普斑	每蛾产卵数（粒）：410	茧丝纤度（dtex）：—
茧色：微黄色	良卵率（%）：98.74	调查年季：2020 年春

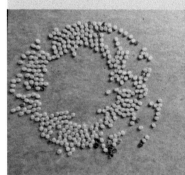
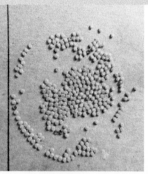

A5D

保存编号：5325239	茧形：椭圆	不受精卵率（%）：0.95
选育单位：—	缩皱：中	实用孵化率（%）：92.21
育种亲本：—	蛹体色：黄色	生种率（%）：0.00
育成年份：—	蛾体色：白色	死笼率（%）：0.00
种质类型：遗传材料	蛾眼色：黑色	幼虫生命率（%）：98.15
地理系统：日本系统	蛾翅纹：无花纹斑	双宫茧率（%）：0.53
功能特性：特殊斑纹	稚蚕趋性：趋密性	全茧量（g）：1.170
化性：二化	食桑习性：踏叶	茧层量（g）：0.180
眠性：四眠	就眠整齐度：较齐	茧层率（%）：15.35
卵形：椭圆	老熟整齐度：齐涌	茧丝长（m）：—
卵色：灰紫色	催青经过（d:h）：11:00	解舒丝长（m）：—
卵壳色：乳白色	五龄经过（d:h）：4:12	解舒率（%）：—
蚁蚕体色：黑褐色	全龄经过（d:h）：20:11	清洁（分）：—
壮蚕体色：青白	蛰中经过（d:h）：15:00	洁净（分）：—
壮蚕斑纹：多星斑	每蛾产卵数（粒）：430	茧丝纤度（dtex）：—
茧色：淡黄色	良卵率（%）：96.41	调查年季：2020 年春

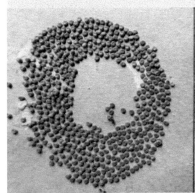
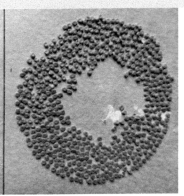

A5S		
保存编号：5325240	茧形：椭圆	不受精卵率（%）：0.57
选育单位：—	缩皱：中	实用孵化率（%）：92.09
育种亲本：—	蛹体色：黄色	生种率（%）：0.00
育成年份：—	蛾体色：白色	死笼率（%）：2.50
种质类型：遗传材料	蛾眼色：黑色	幼虫生命率（%）：95.99
地理系统：日本系统	蛾翅纹：无花纹斑	双宫茧率（%）：0.00
功能特性：彩色茧	稚蚕趋性：趋密性	全茧量（g）：1.253
化性：二化	食桑习性：踏叶	茧层量（g）：0.193
眠性：四眠	就眠整齐度：较齐	茧层率（%）：15.38
卵形：椭圆	老熟整齐度：齐涌	茧丝长（m）：—
卵色：灰紫色	催青经过（d:h）：11:00	解舒丝长（m）：—
卵壳色：乳白色	五龄经过（d:h）：5:12	解舒率（%）：—
蚁蚕体色：黑褐色	全龄经过（d:h）：21:23	清洁（分）：—
壮蚕体色：青灰色	蛰中经过（d:h）：15:00	洁净（分）：—
壮蚕斑纹：深普斑	每蛾产卵数（粒）：415	茧丝纤度（dtex）：—
茧色：淡黄色	良卵率（%）：98.41	调查年季：2020年春

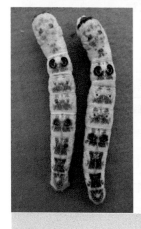

A8

保存编号：5325241	茧形：浅束腰	不受精卵率（%）：2.25
选育单位：—	缩皱：中	实用孵化率（%）：93.89
育种亲本：—	蛹体色：蛹翅黑色	生种率（%）：0.00
育成年份：—	蛾体色：白色	死笼率（%）：3.22
种质类型：遗传材料	蛾眼色：黑色	幼虫生命率（%）：94.46
地理系统：日本系统	蛾翅纹：无花纹斑	双宫茧率（%）：0.26
功能特性：彩色茧	稚蚕趋性：无	全茧量（g）：0.842
化性：二化	食桑习性：踏叶	茧层量（g）：0.102
眠性：四眠	就眠整齐度：较齐	茧层率（%）：12.11
卵形：椭圆	老熟整齐度：齐涌	茧丝长（m）：—
卵色：杏黄色	催青经过（d:h）：11:00	解舒丝长（m）：—
卵壳色：乳白色	五龄经过（d:h）：5:12	解舒率（%）：—
蚁蚕体色：黑褐色	全龄经过（d:h）：24:11	清洁（分）：—
壮蚕体色：青白	蛰中经过（d:h）：15:00	洁净（分）：—
壮蚕斑纹：普斑	每蛾产卵数（粒）：327	茧丝纤度（dtex）：—
茧色：淡黄色	良卵率（%）：94.81	调查年季：2020 年春

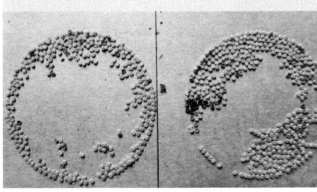

A10Q

保存编号：5325242	茧形：浅束腰	不受精卵率（%）：0.98
选育单位：—	缩皱：中	实用孵化率（%）：88.40
育种亲本：—	蛹体色：黑色	生种率（%）：0.00
育成年份：—	蛾体色：白色	死笼率（%）：0.00
种质类型：遗传材料	蛾眼色：黑色	幼虫生命率（%）：98.43
地理系统：日本系统	蛾翅纹：无花纹斑	双宫茧率（%）：4.24
功能特性：彩色茧	稚蚕趋性：无	全茧量（g）：0.981
化性：二化	食桑习性：踏叶	茧层量（g）：0.115
眠性：四眠	就眠整齐度：较齐	茧层率（%）：11.76
卵形：椭圆	老熟整齐度：齐涌	茧丝长（m）：—
卵色：灰紫色	催青经过（d:h）：11:00	解舒丝长（m）：—
卵壳色：乳白色	五龄经过（d:h）：6:05	解舒率（%）：—
蚁蚕体色：黑褐色	全龄经过（d:h）：24:04	清洁（分）：—
壮蚕体色：轻度油蚕	蛰中经过（d:h）：15:00	洁净（分）：—
壮蚕斑纹：浅普斑	每蛾产卵数（粒）：334	茧丝纤度（dtex）：—
茧色：肉黄色	良卵率（%）：98.36	调查年季：2020 年春

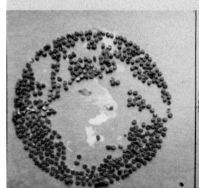
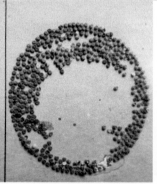

A10S

保存编号：5325243	茧形：浅束腰	不受精卵率（%）：0.28
选育单位：—	缩皱：中	实用孵化率（%）：95.87
育种亲本：—	蛹体色：黄色	生种率（%）：0.00
育成年份：—	蛾体色：白色	死笼率（%）：1.29
种质类型：遗传材料	蛾眼色：黑色	幼虫生命率（%）：97.97
地理系统：日本系统	蛾翅纹：无花纹斑	双宫茧率（%）：0.00
功能特性：彩色茧	稚蚕趋性：无	全茧量（g）：1.174
化性：二化	食桑习性：踏叶	茧层量（g）：0.176
眠性：四眠	就眠整齐度：较齐	茧层率（%）：14.96
卵形：椭圆	老熟整齐度：齐涌	茧丝长（m）：—
卵色：灰紫色	催青经过（d:h）：11:00	解舒丝长（m）：—
卵壳色：乳白色	五龄经过（d:h）：6:00	解舒率（%）：—
蚁蚕体色：黑褐色	全龄经过（d:h）：23:23	清洁（分）：—
壮蚕体色：灰黑	蛰中经过（d:h）：15:00	洁净（分）：—
壮蚕斑纹：深普斑	每蛾产卵数（粒）：357	茧丝纤度（dtex）：—
茧色：黄色	良卵率（%）：97.42	调查年季：2020 年春

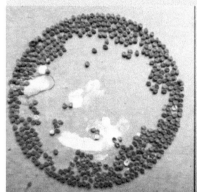 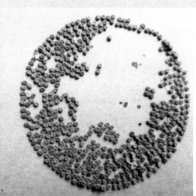 

A11G

保存编号：5325244	茧形：浅束腰	不受精卵率（%）：0.46
选育单位：—	缩皱：中	实用孵化率（%）：98.31
育种亲本：—	蛹体色：黄色	生种率（%）：0.00
育成年份：—	蛾体色：白色	死笼率（%）：2.36
种质类型：遗传材料	蛾眼色：黑色	幼虫生命率（%）：96.65
地理系统：日本系统	蛾翅纹：无花纹斑	双宫茧率（%）：0.00
功能特性：彩色茧	稚蚕趋性：无	全茧量（g）：0.808
化性：二化	食桑习性：踏叶	茧层量（g）：0.105
眠性：三眠	就眠整齐度：较齐	茧层率（%）：13.00
卵形：椭圆	老熟整齐度：齐涌	茧丝长（m）：—
卵色：灰绿色	催青经过（d:h）：11:00	解舒丝长（m）：—
卵壳色：乳白色	五龄经过（d:h）：6:00	解舒率（%）：—
蚁蚕体色：黑褐色	全龄经过（d:h）：20:11	清洁（分）：—
壮蚕体色：青白	蛰中经过（d:h）：15:00	洁净（分）：—
壮蚕斑纹：素斑	每蛾产卵数（粒）：434	茧丝纤度（dtex）：—
茧色：黄红色	良卵率（%）：99.41	调查年季：2020 年春

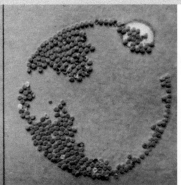

A11R

保存编号：5325245	茧形：浅束腰	不受精卵率（%）：0.21
选育单位：—	缩皱：中	实用孵化率（%）：99.03
育种亲本：—	蛹体色：黄色	生种率（%）：0.00
育成年份：—	蛾体色：白色	死笼率（%）：3.57
种质类型：遗传材料	蛾眼色：黑色	幼虫生命率（%）：91.75
地理系统：日本系统	蛾翅纹：无花纹斑	双宫茧率（%）：0.80
功能特性：彩色茧	稚蚕趋性：无	全茧量（g）：0.858
化性：二化	食桑习性：踏叶	茧层量（g）：0.105
眠性：三眠	就眠整齐度：较齐	茧层率（%）：12.16
卵形：椭圆	老熟整齐度：齐涌	茧丝长（m）：—
卵色：灰紫色	催青经过（d:h）：11:00	解舒丝长（m）：—
卵壳色：乳白色	五龄经过（d:h）：8:00	解舒率（%）：—
蚁蚕体色：黑褐色	全龄经过（d:h）：22:11	清洁（分）：—
壮蚕体色：青白	蛰中经过（d:h）：15:00	洁净（分）：—
壮蚕斑纹：素斑	每蛾产卵数（粒）：348	茧丝纤度（dtex）：—
茧色：红色	良卵率（%）：97.16	调查年季：2020 年春

A15R

保存编号：5325248	茧形：短椭圆	不受精卵率（%）：1.13
选育单位：—	缩皱：中	实用孵化率（%）：85.47
育种亲本：—	蛹体色：黄色	生种率（%）：0.00
育成年份：—	蛾体色：白色	死笼率（%）：0.00
种质类型：遗传材料	蛾眼色：黑色	幼虫生命率（%）：97.72
地理系统：中国系统	蛾翅纹：无花纹斑	双宫茧率（%）：6.60
功能特性：彩色茧	稚蚕趋性：趋密性	全茧量（g）：1.243
化性：二化	食桑习性：踏叶	茧层量（g）：0.148
眠性：三眠	就眠整齐度：较齐	茧层率（%）：11.93
卵形：椭圆	老熟整齐度：齐涌	茧丝长（m）：—
卵色：灰绿色	催青经过（d:h）：11:00	解舒丝长（m）：—
卵壳色：淡黄色	四龄经过（d:h）：6:21	解舒率（%）：—
蚁蚕体色：黑褐色	全龄经过（d:h）：21:08	清洁（分）：—
壮蚕体色：青白	蛰中经过（d:h）：13:19	洁净（分）：—
壮蚕斑纹：素斑	每蛾产卵数（粒）：456	茧丝纤度（dtex）：
茧色：黄红色	良卵率（%）：94.42	调查年季：2020 年春

A12H

保存编号：5325246	茧形：浅束腰	不受精卵率（%）：1.04
选育单位：—	缩皱：中	实用孵化率（%）：97.63
育种亲本：—	蛹体色：黄色	生种率（%）：0.00
育成年份：—	蛾体色：白色	死笼率（%）：0.00
种质类型：中间材料	蛾眼色：黑色	幼虫生命率（%）：94.67
地理系统：日本系统	蛾翅纹：无花纹斑	双宫茧率（%）：0.00
功能特性：彩色茧	稚蚕趋性：无	全茧量（g）：0.636
化性：二化	食桑习性：踏叶	茧层量（g）：0.071
眠性：三眠	就眠整齐度：较齐	茧层率（%）：11.17
卵形：椭圆	老熟整齐度：齐涌	茧丝长（m）：—
卵色：灰紫色	催青经过（d:h）：11:00	解舒丝长（m）：—
卵壳色：乳白色	五龄经过（d:h）：8:00	解舒率（%）：—
蚁蚕体色：黑褐色	全龄经过（d:h）：22:11	清洁（分）：—
壮蚕体色：青白	蛰中经过（d:h）：15:00	洁净（分）：—
壮蚕斑纹：素斑	每蛾产卵数（粒）：386	茧丝纤度（dtex）：—
茧色：肉黄色	良卵率（%）：95.08	调查年季：2020 年春

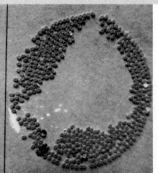

A14R

保存编号：5325247	茧形：浅束腰	不受精卵率（%）：0.16
选育单位：—	缩皱：中	实用孵化率（%）：96.27
育种亲本：—	蛹体色：黄色	生种率（%）：0.00
育成年份：—	蛾体色：白色	死笼率（%）：1.86
种质类型：遗传材料	蛾眼色：黑色	幼虫生命率（%）：95.00
地理系统：日本系统	蛾翅纹：无花纹斑	双宫茧率（%）：0.00
功能特性：彩色茧	稚蚕趋性：无	全茧量（g）：0.867
化性：二化	食桑习性：踏叶	茧层量（g）：0.107
眠性：三眠	就眠整齐度：较齐	茧层率（%）：12.29
卵形：椭圆	老熟整齐度：齐涌	茧丝长（m）：—
卵色：灰紫色	催青经过（d:h）：11:00	解舒丝长（m）：—
卵壳色：乳白色	四龄经过（d:h）：8:00	解舒率（%）：—
蚁蚕体色：黑褐色	全龄经过（d:h）：22:11	清洁（分）：—
壮蚕体色：青白	蛰中经过（d:h）：13:01	洁净（分）：—
壮蚕斑纹：素斑	每蛾产卵数（粒）：316	茧丝纤度（dtex）：—
茧色：黄红色	良卵率（%）：99.42	调查年季：2020 年春

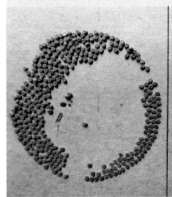
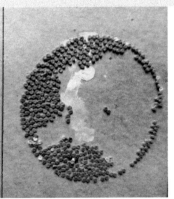

A16R

保存编号：5325249	茧形：短椭圆、球形	不受精卵率（%）：1.85
选育单位：—	缩皱：中	实用孵化率（%）：87.60
育种亲本：—	蛹体色：黄色	生种率（%）：0.00
育成年份：—	蛾体色：白色	死笼率（%）：3.26
种质类型：遗传材料	蛾眼色：黑色	幼虫生命率（%）：94.59
地理系统：中国系统	蛾翅纹：无花纹斑	双宫茧率（%）：6.19
功能特性：彩色茧	稚蚕趋性：无	全茧量（g）：1.253
化性：二化	食桑习性：踏叶	茧层量（g）：0.162
眠性：三眠	就眠整齐度：较齐	茧层率（%）：12.93
卵形：椭圆	老熟整齐度：齐涌	茧丝长（m）：—
卵色：灰绿色	催青经过（d:h）：11:00	解舒丝长（m）：—
卵壳色：淡黄色	四龄经过（d:h）：6:21	解舒率（%）：—
蚁蚕体色：黑褐色	全龄经过（d:h）：21:08	清洁（分）：—
壮蚕体色：青白	蛰中经过（d:h）：13:19	洁净（分）：—
壮蚕斑纹：素斑	每蛾产卵数（粒）：403	茧丝纤度（dtex）：—
茧色：黄红色	良卵率（%）：96.11	调查年季：2020 年春

Cb

保存编号：5325250	茧形：浅束腰	不受精卵率（%）：2.79
选育单位：—	缩皱：中	实用孵化率（%）：91.37
育种亲本：—	蛹体色：黄色	生种率（%）：0.00
育成年份：—	蛾体色：白色	死笼率（%）：5.00
种质类型：遗传材料	蛾眼色：黑色	幼虫生命率（%）：85.79
地理系统：日本系统	蛾翅纹：无花纹斑	双宫茧率（%）：2.51
功能特性：特殊斑纹	稚蚕趋性：背光性	全茧量（g）：1.213
化性：二化	食桑习性：踏叶	茧层量（g）：0.152
眠性：四眠	就眠整齐度：较齐	茧层率（%）：12.53
卵形：椭圆	老熟整齐度：齐涌	茧丝长（m）：—
卵色：灰紫色	催青经过（d:h）：11:00	解舒丝长（m）：—
卵壳色：乳白色	五龄经过（d:h）：6:12	解舒率（%）：—
蚁蚕体色：黑褐色	全龄经过（d:h）：22:06	清洁（分）：—
壮蚕体色：青白	蛰中经过（d:h）：13:10	洁净（分）：—
壮蚕斑纹：茶斑	每蛾产卵数（粒）：327	茧丝纤度（dtex）：—
茧色：白色	良卵率（%）：93.78	调查年季：2016 年春

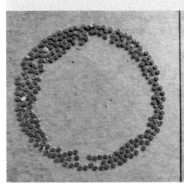

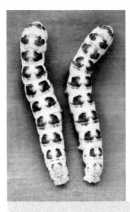

D2 白卵

保存编号：5325251	茧形：短椭圆	不受精卵率（%）：1.62
选育单位：云南蚕蜂所	缩皱：中	实用孵化率（%）：92.79
育种亲本：921、CM1	蛹体色：黑头	生种率（%）：0.00
育成年份：2016	蛾体色：白色	死笼率（%）：2.71
种质类型：育成品种	蛾眼色：雌黑雄白	幼虫生命率（%）：92.69
地理系统：中国系统	蛾翅纹：无花纹斑	双宫茧率（%）：3.92
功能特性：白色卵	稚蚕趋性：趋密性	全茧量（g）：1.561
化性：二化	食桑习性：不踏叶	茧层量（g）：0.286
眠性：四眠	就眠整齐度：较齐	茧层率（%）：18.30
卵形：椭圆	老熟整齐度：齐涌	茧丝长（m）：—
卵色：白色	催青经过（d:h）：11:00	解舒丝长（m）：—
卵壳色：淡黄色	五龄经过（d:h）：6:12	解舒率（%）：—
蚁蚕体色：黑褐色	全龄经过（d:h）：24:11	清洁（分）：—
壮蚕体色：轻油	蛰中经过（d:h）：17:00	洁净（分）：—
壮蚕斑纹：素斑	每蛾产卵数（粒）：419	茧丝纤度（dtex）：—
茧色：白色	良卵率（%）：95.33	调查年季：2016 年春

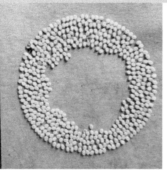

A17

保存编号：5325250	茧形：浅束腰	不受精卵率（%）：0.66
选育单位：—	缩皱：细	实用孵化率（%）：94.56
育种亲本：—	蛹体色：黄色	生种率（%）：0.00
育成年份：—	蛾体色：白色	死笼率（%）：5.00
种质类型：遗传材料	蛾眼色：黑色	幼虫生命率（%）：94.56
地理系统：日本系统	蛾翅纹：无花纹斑	双宫茧率（%）：4.66
功能特性：—	稚蚕趋性：趋密性	全茧量（g）：1.201
化性：二化	食桑习性：踏叶	茧层量（g）：0.166
眠性：四眠	就眠整齐度：较齐	茧层率（%）：13.85
卵形：椭圆	老熟整齐度：齐涌	茧丝长（m）：—
卵色：灰紫色	催青经过（d:h）：11:00	解舒丝长（m）：—
卵壳色：乳白色	五龄经过（d:h）：6:00	解舒率（%）：—
蚁蚕体色：黑褐色	全龄经过（d:h）：25:23	清洁（分）：—
壮蚕体色：青白	蛰中经过（d:h）：15:12	洁净（分）：—
壮蚕斑纹：素斑	每蛾产卵数（粒）：554	茧丝纤度（dtex）：—
茧色：白色	良卵率（%）：97.89	调查年季：2020 年春

S1

保存编号：5325252	茧形：长浅束腰	不受精卵率（%）：0.01
选育单位：云南蚕蜂所	缩皱：中	实用孵化率（%）：98.06
育种亲本：云 4B、8677	蛹体色：琥珀色	生种率（%）：0.00
育成年份：2020	蛾体色：灰白色	死笼率（%）：0.00
种质类型：中间材料	蛾眼色：黑色	幼虫生命率（%）：93.64
地理系统：日本系统	蛾翅纹：无花纹斑	双宫茧率（%）：—
功能特性：小蚕人工饲料用	稚蚕趋性：无	全茧量（g）：1.49
化性：二化	食桑习性：不踏叶	茧层量（g）：0.32
眠性：四眠	就眠整齐度：齐	茧层率（%）：21.7
卵形：椭圆	老熟整齐度：齐涌	茧丝长（m）：—
卵色：灰紫色	催青经过（d:h）：11:00	解舒丝长（m）：—
卵壳色：白色	五龄经过（d:h）：8:00	解舒率（%）：—
蚁蚕体色：黑褐色	全龄经过（d:h）：26:00	清洁（分）：—
壮蚕体色：青白	蛰中经过（d:h）：16:00	洁净（分）：—
壮蚕斑纹：普斑	每蛾产卵数（粒）：489	茧丝纤度（dtex）：—
茧色：白色	良卵率（%）：99.61	调查年季：2020 年春

S2		
保存编号：5325253	茧形：短深束腰	不受精卵率（%）：0.01
选育单位：云南蚕蜂所	缩皱：中	实用孵化率（%）：98.01
育种亲本：云4B、石7形	蛹体色：琥珀色	生种率（%）：0.00
育成年份：2020	蛾体色：白色	死笼率（%）：2.50
种质类型：中间材料	蛾眼色：黑色	幼虫生命率（%）：98.84
地理系统：日本系统	蛾翅纹：无花纹斑	双宫茧率（%）：—
功能特性：小蚕人工饲料用	稚蚕趋性：无	全茧量（g）：1.39
化性：二化	食桑习性：不踏叶	茧层量（g）：0.29
眠性：四眠	就眠整齐度：齐	茧层率（%）：20.59
卵形：椭圆	老熟整齐度：齐涌	茧丝长（m）：—
卵色：灰紫色	催青经过（d:h）：11:00	解舒丝长（m）：—
卵壳色：白色	五龄经过（d:h）：7:06	解舒率（%）：—
蚁蚕体色：黑褐色	全龄经过（d:h）：26:06	清洁（分）：—
壮蚕体色：青白	蛰中经过（d:h）：15:00	洁净（分）：—
壮蚕斑纹：普斑	每蛾产卵数（粒）：468	茧丝纤度（dtex）：—
茧色：白色	良卵率（%）：99.01	调查年季：2018年秋

S3		
保存编号：5325254	茧形：长浅束腰	不受精卵率（%）：0.02
选育单位：云南蚕蜂所	缩皱：中	实用孵化率（%）：96.54
育种亲本：972A、8677	蛹体色：琥珀色	生种率（%）：0.00
育成年份：2020	蛾体色：灰白色	死笼率（%）：0.00
种质类型：中间材料	蛾眼色：黑色	幼虫生命率（%）：89.41
地理系统：日本系统	蛾翅纹：无花纹斑	双宫茧率（%）：—
功能特性：小蚕人工饲料用	稚蚕趋性：无	全茧量（g）：1.62
化性：二化	食桑习性：不踏叶	茧层量（g）：0.31
眠性：四眠	就眠整齐度：齐	茧层率（%）：19.42
卵形：椭圆	老熟整齐度：齐涌	茧丝长（m）：—
卵色：灰紫色	催青经过（d:h）：11:00	解舒丝长（m）：—
卵壳色：白色	五龄经过（d:h）：6:18	解舒率（%）：—
蚁蚕体色：黑褐色	全龄经过（d:h）：25:06	清洁（分）：—
壮蚕体色：青白	蛰中经过（d:h）：16:00	洁净（分）：—
壮蚕斑纹：普斑	每蛾产卵数（粒）：452	茧丝纤度（dtex）：—
茧色：白色	良卵率（%）：97.96	调查年季：2020年春

S4

保存编号：5325255	茧形：短深束腰	不受精卵率（%）：0.01
选育单位：云南蚕蜂所	缩皱：中	实用孵化率（%）：98.96
育种亲本：972A、石7形	蛹体色：琥珀色	生种率（%）：0.00
育成年份：2020	蛾体色：白色	死笼率（%）：5.00
种质类型：中间材料	蛾眼色：黑色	幼虫生命率（%）：96.76
地理系统：日本系统	蛾翅纹：无花纹斑	双宫茧率（%）：—
功能特性：小蚕人工饲料用	稚蚕趋性：无	全茧量（g）：1.57
化性：二化	食桑习性：不踏叶	茧层量（g）：0.33
眠性：四眠	就眠整齐度：齐	茧层率（%）：20.86
卵形：椭圆	老熟整齐度：齐涌	茧丝长（m）：—
卵色：灰紫色	催青经过（d:h）：11:00	解舒丝长（m）：—
卵壳色：白色	五龄经过（d:h）：7:00	解舒率（%）：—
蚁蚕体色：黑褐色	全龄经过（d:h）：25:06	清洁（分）：—
壮蚕体色：青白	蛰中经过（d:h）：14:00	洁净（分）：—
壮蚕斑纹：普斑	每蛾产卵数（粒）：485	茧丝纤度（dtex）：—
茧色：白色	良卵率（%）：98.96	调查年季：2020年春

S5

保存编号：5325256	茧形：长浅束腰	不受精卵率（%）：0.01
选育单位：云南蚕蜂所	缩皱：细	实用孵化率（%）：98.31
育种亲本：锦秀A、8677	蛹体色：琥珀色	生种率（%）：0.00
育成年份：2020	蛾体色：灰白色	死笼率（%）：0.00
种质类型：中间材料	蛾眼色：黑色	幼虫生命率（%）：88.40
地理系统：日本系统	蛾翅纹：无花纹斑	双宫茧率（%）：—
功能特性：小蚕人工饲料用	稚蚕趋性：无	全茧量（g）：1.77
化性：二化	食桑习性：不踏叶	茧层量（g）：0.38
眠性：四眠	就眠整齐度：齐	茧层率（%）：21.6
卵形：椭圆	老熟整齐度：齐涌	茧丝长（m）：—
卵色：灰紫色	催青经过（d:h）：11:00	解舒丝长（m）：—
卵壳色：白色	五龄经过（d:h）：8:00	解舒率（%）：—
蚁蚕体色：黑褐色	全龄经过（d:h）：26:06	清洁（分）：—
壮蚕体色：青白	蛰中经过（d:h）：17:00	洁净（分）：—
壮蚕斑纹：普斑	每蛾产卵数（粒）：415	茧丝纤度（dtex）：—
茧色：白色	良卵率（%）：98.79	调查年季：2020年春

D3 白卵

保存编号：5325257	茧形：浅束腰	不受精卵率（%）：3.97
选育单位：云南蚕蜂所	缩皱：中	实用孵化率（%）：94.93
育种亲本：秋白 B、平 48	蛹体色：黄色	生种率（%）：0.00
育成年份：2016	蛾体色：白色	死笼率（%）：2.50
种质类型：育成品种	蛾眼色：黑色	幼虫生命率（%）：90.11
地理系统：日本系统	蛾翅纹：无花纹斑	双宫茧率（%）：3.39
功能特性：白色卵	稚蚕趋性：趋密	全茧量（g）：1.235
化性：二化	食桑习性：踏叶	茧层量（g）：0.272
眠性：四眠	就眠整齐度：较齐	茧层率（%）：21.98
卵形：椭圆	老熟整齐度：齐涌	茧丝长（m）：—
卵色：浅棕色，淡黄色	催青经过（d:h）：11:00	解舒丝长（m）：—
卵壳色：乳白色	五龄经过（d:h）：8:10	解舒率（%）：—
蚁蚕体色：黑褐色	全龄经过（d:h）：25:07	清洁（分）：—
壮蚕体色：青白	蛰中经过（d:h）：16:18	洁净（分）：—
壮蚕斑纹：普斑	每蛾产卵数（粒）：352	茧丝纤度（dtex）：—
茧色：白色	良卵率（%）：91.71	调查年季：2020 年春

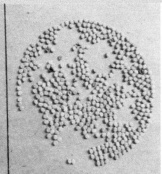

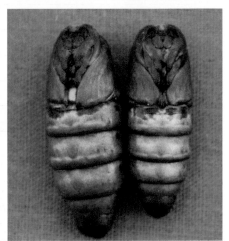

Y7532G

保存编号：5325258	茧形：浅束腰	不受精卵率（%）：1.79
选育单位：云南蚕蜂所	缩皱：中	实用孵化率（%）：92.78
育种亲本：野桑蚕、7532	蛹体色：黄色	生种率（%）：0.00
育成年份：2018	蛾体色：白色	死笼率（%）：5.00
种质类型：育成品种	蛾眼色：黑色	幼虫生命率（%）：90.44
地理系统：日本系统	蛾翅纹：无花纹斑	双宫茧率（%）：2.65
功能特性：耐高温多湿	稚蚕趋性：趋密性	全茧量（g）：1.460
化性：二化	食桑习性：踏叶	茧层量（g）：0.324
眠性：四眠	就眠整齐度：较齐	茧层率（%）：22.21
卵形：椭圆	老熟整齐度：齐涌	茧丝长（m）：—
卵色：灰紫色	催青经过（d:h）：11:00	解舒丝长（m）：—
卵壳色：乳白色	五龄经过（d:h）：7:19	解舒率（%）：—
蚁蚕体色：黑褐色	全龄经过（d:h）：25:07	清洁（分）：—
壮蚕体色：青白	蛰中经过（d:h）：15:20	洁净（分）：—
壮蚕斑纹：雄素斑，雌普斑	每蛾产卵数（粒）：569	茧丝纤度（dtex）：—
茧色：白色	良卵率（%）：93.78	调查年季：2020 年春

932-FM1

保存编号：5325259	茧形：短椭圆	不受精卵率（%）：2.17
选育单位：西南大学	缩皱：中	实用孵化率（%）：90.62
育种亲本：932	蛹体色：黄色	生种率（%）：0.00
育成年份：—	蛾体色：白色	死笼率（%）：0.96
种质类型：遗传材料	蛾眼色：黑色	幼虫生命率（%）：92.84
地理系统：中国系统	蛾翅纹：无花纹斑	双宫茧率（%）：1.85
功能特性：优质	稚蚕趋性：趋密性	全茧量（g）：1.170
化性：二化	食桑习性：踏叶	茧层量（g）：0.216
眠性：四眠	就眠整齐度：较齐	茧层率（%）：18.45
卵形：椭圆	老熟整齐度：齐涌	茧丝长（m）：958
卵色：灰绿色	催青经过（d:h）：11:00	解舒丝长（m）：624.81
卵壳色：淡黄色	五龄经过（d:h）：8:12	解舒率（%）：65.22
蚁蚕体色：黑褐色	全龄经过（d:h）：26:12	清洁（分）：99.0
壮蚕体色：青白	蛰中经过（d:h）：17:00	洁净（分）：93.58
壮蚕斑纹：素斑	每蛾产卵数（粒）：453	茧丝纤度（dtex）：2.588
茧色：白色	良卵率（%）：94.30	调查年季：2022 年春

2081A

保存编号：5325260	茧形：短椭圆	不受精卵率（%）：3.01
选育单位：云南蚕蜂所	缩皱：中	实用孵化率（%）：97.60
育种亲本：蒙草 A、蒙草 C	蛹体色：黄色	生种率（%）：0.00
育成年份：2010	蛾体色：白色	死笼率（%）：2.51
种质类型：育成品种	蛾眼色：黑色	幼虫生命率（%）：90.37
地理系统：中国系统	蛾翅纹：无花纹斑	双宫茧率（%）：1.75
功能特性：优质高产	稚蚕趋性：趋密性	全茧量（g）：1.600
化性：二化	食桑习性：踏叶	茧层量（g）：0.409
眠性：四眠	就眠整齐度：较齐	茧层率（%）：25.56
卵形：椭圆	老熟整齐度：齐涌	茧丝长（m）：—
卵色：灰绿色	催青经过（d:h）：11:00	解舒丝长（m）：—
卵壳色：淡黄色	五龄经过（d:h）：8:12	解舒率（%）：—
蚁蚕体色：黑褐色	全龄经过（d:h）：27:00	清洁（分）：—
壮蚕体色：青白	蛰中经过（d:h）：17:00	洁净（分）：—
壮蚕斑纹：雄素斑，雌普斑	每蛾产卵数（粒）：537	茧丝纤度（dtex）：—
茧色：白色	良卵率（%）：95.19	调查年季：2022 年春

2081B

保存编号：5325261	茧形：短椭圆	不受精卵率（%）：2.85
选育单位：云南蚕蜂所	缩皱：中	实用孵化率（%）：95.12
育种亲本：蒙草 A、蒙草 C	蛹体色：黄色	生种率（%）：0.00
育成年份：2010	蛾体色：白色	死笼率（%）：2.73
种质类型：育成品种	蛾眼色：黑色	幼虫生命率（%）：96.59
地理系统：中国系统	蛾翅纹：无花纹斑	双宫茧率（%）：2.84
功能特性：优质高产	稚蚕趋性：趋密性	全茧量（g）：1.416
化性：二化	食桑习性：踏叶	茧层量（g）：0.328
眠性：四眠	就眠整齐度：较齐	茧层率（%）：23.18
卵形：椭圆	老熟整齐度：齐涌	茧丝长（m）：—
卵色：灰绿色	催青经过（d:h）：11:00	解舒丝长（m）：—
卵壳色：淡黄色	五龄经过（d:h）：8:12	解舒率（%）：—
蚁蚕体色：黑褐色	全龄经过（d:h）：27:00	清洁（分）：—
壮蚕体色：青白	蛰中经过（d:h）：18:00	洁净（分）：—
壮蚕斑纹：雄素斑，雌普斑	每蛾产卵数（粒）：509	茧丝纤度（dtex）：—
茧色：白色	良卵率（%）：96.35	调查年季：2022 年春

2082A

保存编号：5325262	茧形：浅束腰	不受精卵率（%）：2.96
选育单位：云南蚕蜂所	缩皱：中	实用孵化率（%）：96.23
育种亲本：黑蚕、2032	蛹体色：黄色	生种率（%）：0.00
育成年份：2010	蛾体色：白色	死笼率（%）：4.32
种质类型：中间材料	蛾眼色：黑色	幼虫生命率（%）：92.89
地理系统：日本系统	蛾翅纹：无花纹斑	双宫茧率（%）：11.61
功能特性：彩色茧	稚蚕趋性：趋密性	全茧量（g）：1.612
化性：二化	食桑习性：踏叶	茧层量（g）：0.352
眠性：四眠	就眠整齐度：较齐	茧层率（%）：21.84
卵形：椭圆	老熟整齐度：齐涌	茧丝长（m）：—
卵色：灰紫色	催青经过（d:h）：11:00	解舒丝长（m）：—
卵壳色：乳白色	五龄经过（d:h）：9:00	解舒率（%）：—
蚁蚕体色：黑褐色	全龄经过（d:h）：27:12	清洁（分）：—
壮蚕体色：青白	蛰中经过（d:h）：19:00	洁净（分）：—
壮蚕斑纹：雄素斑，雌普斑	每蛾产卵数（粒）：493	茧丝纤度（dtex）：—
茧色：白色	良卵率（%）：95.72	调查年季：2022 年春

2082B

保存编号：5325263	茧形：浅束腰	不受精卵率（%）：1.93
选育单位：云南蚕蜂所	缩皱：中	实用孵化率（%）：95.13
育种亲本：黑花 4 号、2064 白	蛹体色：黄色	生种率（%）：0.00
育成年份：2010	蛾体色：白色	死笼率（%）：5.27
种质类型：育成品种	蛾眼色：黑色	幼虫生命率（%）：93.74
地理系统：日本系统	蛾翅纹：无花纹斑	双宫茧率（%）：1.93
功能特性：优质高产	稚蚕趋性：趋密性	全茧量（g）：1.818
化性：二化	食桑习性：踏叶	茧层量（g）：0.369
眠性：四眠	就眠整齐度：较齐	茧层率（%）：20.29
卵形：椭圆	老熟整齐度：齐涌	茧丝长（m）：1 103
卵色：灰紫色	催青经过（d:h）：11:00	解舒丝长（m）：870.82
卵壳色：乳白色	五龄经过（d:h）：9:06	解舒率（%）：78.95
蚁蚕体色：黑褐色	全龄经过（d:h）：27:06	清洁（分）：98.0
壮蚕体色：青白	蛰中经过（d:h）：19:00	洁净（分）：94.75
壮蚕斑纹：雄素斑，雌普斑	每蛾产卵数（粒）：487	茧丝纤度（dtex）：—
茧色：白色	良卵率（%）：95.63	调查年季：2022 年春

新河 A

保存编号：5325264	茧形：短椭圆	不受精卵率（%）：2.07
选育单位：云南蚕蜂所	缩皱：中	实用孵化率（%）：95.66
育种亲本：山河 A	蛹体色：黄色	生种率（%）：0.00
育成年份：2016	蛾体色：白色	死笼率（%）：5.60
种质类型：中间材料	蛾眼色：黑色	幼虫生命率（%）：93.42
地理系统：中国系统	蛾翅纹：无花纹斑	双宫茧率（%）：0.60
功能特性：高产优质	稚蚕趋性：趋密性	全茧量（g）：1.366
化性：二化	食桑习性：踏叶	茧层量（g）：0.278
眠性：四眠	就眠整齐度：较齐	茧层率（%）：20.36
卵形：椭圆	老熟整齐度：齐涌	茧丝长（m）：—
卵色：灰绿色	催青经过（d:h）：11:00	解舒丝长（m）：—
卵壳色：淡黄色	五龄经过（d:h）：8:00	解舒率（%）：—
蚁蚕体色：黑褐色	全龄经过（d:h）：26:00	清洁（分）：—
壮蚕体色：青白	蛰中经过（d:h）：17:00	洁净（分）：—
壮蚕斑纹：素斑	每蛾产卵数（粒）：531	茧丝纤度（dtex）：—
茧色：白色	良卵率（%）：96.21	调查年季：2022 年春

新河 B

保存编号：5325265	茧形：短椭圆	不受精卵率（%）：3.82
选育单位：云南蚕蜂所	缩皱：中	实用孵化率（%）：94.31
育种亲本：山河 B、2041	蛹体色：黄色	生种率（%）：0.00
育成年份：2016	蛾体色：白色	死笼率（%）：3.22
种质类型：育成品种	蛾眼色：黑色	幼虫生命率（%）：94.27
地理系统：中国系统	蛾翅纹：无花纹斑	双宫茧率（%）：8.09
功能特性：高产优质	稚蚕趋性：趋密性	全茧量（g）：1.476
化性：二化	食桑习性：踏叶	茧层量（g）：0.329
眠性：四眠	就眠整齐度：较齐	茧层率（%）：22.27
卵形：椭圆	老熟整齐度：齐涌	茧丝长（m）：—
卵色：灰绿色	催青经过（d:h）：11:00	解舒丝长（m）：—
卵壳色：淡黄色	五龄经过（d:h）：8:12	解舒率（%）：—
蚁蚕体色：黑褐色	全龄经过（d:h）：26:12	清洁（分）：—
壮蚕体色：青白	蛰中经过（d:h）：18:00	洁净（分）：—
壮蚕斑纹：素斑	每蛾产卵数（粒）：506	茧丝纤度（dtex）：—
茧色：白色	良卵率（%）：94.78	调查年季：2022 年春

新秀 A

保存编号：5325266	茧形：浅束腰	不受精卵率（%）：1.42
选育单位：云南蚕蜂所	缩皱：中	实用孵化率（%）：93.65
育种亲本：锦秀	蛹体色：黄色	生种率（%）：0.00
育成年份：2016	蛾体色：白色	死笼率（%）：4.32
种质类型：育成品种	蛾眼色：黑色	幼虫生命率（%）：93.67
地理系统：日本系统	蛾翅纹：无花纹斑	双宫茧率（%）：6.35
功能特性：高产优质	稚蚕趋性：趋密性	全茧量（g）：1.417
化性：二化	食桑习性：踏叶	茧层量（g）：0.305
眠性：四眠	就眠整齐度：较齐	茧层率（%）：21.51
卵形：椭圆	老熟整齐度：齐涌	茧丝长（m）：—
卵色：灰绿色	催青经过（d:h）：11:00	解舒丝长（m）：—
卵壳色：淡黄色	五龄经过（d:h）：8:00	解舒率（%）：—
蚁蚕体色：黑褐色	全龄经过（d:h）：26:12	清洁（分）：—
壮蚕体色：青白	蛰中经过（d:h）：18:00	洁净（分）：—
壮蚕斑纹：普斑	每蛾产卵数（粒）：515	茧丝纤度（dtex）：—
茧色：白色	良卵率（%）：96.32	调查年季：2022 年春

新秀 B

保存编号：5325267	茧形：浅束腰	不受精卵率（%）：2.71
选育单位：云南蚕蜂所	缩皱：中	实用孵化率（%）：93.94
育种亲本：锦秀、2042	蛹体色：黄色	生种率（%）：0.00
育成年份：2016	蛾体色：白色	死笼率（%）：1.34
种质类型：育成品种	蛾眼色：黑色	幼虫生命率（%）：91.97
地理系统：日本系统	蛾翅纹：无花纹斑	双宫茧率（%）：8.09
功能特性：高产优质	稚蚕趋性：趋密性	全茧量（g）：1.403
化性：二化	食桑习性：踏叶	茧层量（g）：0.329
眠性：四眠	就眠整齐度：较齐	茧层率（%）：23.45
卵形：椭圆	老熟整齐度：齐涌	茧丝长（m）：—
卵色：灰紫色	催青经过（d:h）：11:00	解舒丝长（m）：—
卵壳色：乳白色	五龄经过（d:h）：9:00	解舒率（%）：—
蚁蚕体色：黑褐色	全龄经过（d:h）：28:00	清洁（分）：—
壮蚕体色：青白	蛰中经过（d:h）：18:00	洁净（分）：—
壮蚕斑纹：普斑	每蛾产卵数（粒）：483	茧丝纤度（dtex）：—
茧色：白色	良卵率（%）：95.30	调查年季：2022 年春

红平 2		
保存编号：5325268	茧形：浅束腰	不受精卵率（%）：1.12
选育单位：云南蚕蜂所	缩皱：中	实用孵化率（%）：39.88
育种亲本：平 30、云蚕 7	蛹体色：黄色	生种率（%）：0.00
育成年份：2008	蛾体色：白色	死笼率（%）：2.50
种质类型：育成品种	蛾眼色：黑色	幼虫生命率（%）：92.46
地理系统：日本系统	蛾翅纹：无花纹斑	双宫茧率（%）：0.00
功能特性：优质	稚蚕趋性：趋密性	全茧量（g）：1.391
化性：二化	食桑习性：踏叶	茧层量（g）：0.300
眠性：四眠	就眠整齐度：较齐	茧层率（%）：21.60
卵形：椭圆	老熟整齐度：齐涌	茧丝长（m）：—
卵色：雌灰紫色，雄浅棕色	催青经过（d:h）：11:00	解舒丝长（m）：—
卵壳色：乳白色	五龄经过（d:h）：9:00	解舒率（%）：—
蚁蚕体色：黑褐色	全龄经过（d:h）：28:00	清洁（分）：—
壮蚕体色：青白	蛰中经过（d:h）：17:00	洁净（分）：—
壮蚕斑纹：普斑	每蛾产卵数（粒）：526	茧丝纤度（dtex）：—
茧色：白色	良卵率（%）：95.13	调查年季：2022 年春

红平 4		
保存编号：5325269	茧形：浅束腰	不受精卵率（%）：2.77
选育单位：云南蚕蜂所	缩皱：中	实用孵化率（%）：39.79
育种亲本：平 48、蒙草	蛹体色：黄色	生种率（%）：0.00
育成年份：2008	蛾体色：白色	死笼率（%）：2.29
种质类型：育成品种	蛾眼色：黑色	幼虫生命率（%）：94.21
地理系统：日本系统	蛾翅纹：无花纹斑	双宫茧率（%）：2.61
功能特性：优质	稚蚕趋性：趋密性	全茧量（g）：1.477
化性：二化	食桑习性：踏叶	茧层量（g）：0.303
眠性：四眠	就眠整齐度：较齐	茧层率（%）：20.54
卵形：椭圆	老熟整齐度：齐涌	茧丝长（m）：—
卵色：雌灰紫色，雄浅棕色	催青经过（d:h）：11:00	解舒丝长（m）：—
卵壳色：乳白色	五龄经过（d:h）：9:06	解舒率（%）：—
蚁蚕体色：黑褐色	全龄经过（d:h）：27:06	清洁（分）：—
壮蚕体色：青白	蛰中经过（d:h）：18:00	洁净（分）：—
壮蚕斑纹：普斑	每蛾产卵数（粒）：428	茧丝纤度（dtex）：—
茧色：白色	良卵率（%）：92.98	调查年季：2022 年春

镇781

保存编号：5325270	茧形：短椭圆	不受精卵率（%）：2.43
选育单位：云南蚕蜂所	缩皱：中	实用孵化率（%）：96.02
育种亲本：781、2033	蛹体色：黄色	生种率（%）：0.00
育成年份：2018	蛾体色：白色	死笼率（%）：0.00
种质类型：育成品种	蛾眼色：黑色	幼虫生命率（%）：99.15
地理系统：中国系统	蛾翅纹：无花纹斑	双宫茧率（%）：3.39
功能特性：优质	稚蚕趋性：趋密性	全茧量（g）：1.535
化性：二化	食桑习性：踏叶	茧层量（g）：0.370
眠性：四眠	就眠整齐度：较齐	茧层率（%）：24.10
卵形：椭圆	老熟整齐度：齐涌	茧丝长（m）：—
卵色：灰绿色	催青经过（d:h）：11:00	解舒丝长（m）：—
卵壳色：淡黄色	五龄经过（d:h）：8:00	解舒率（%）：—
蚁蚕体色：黑褐色	全龄经过（d:h）：27:12	清洁（分）：—
壮蚕体色：青白	蛰中经过（d:h）：17:00	洁净（分）：—
壮蚕斑纹：雄素斑，雌普斑	每蛾产卵数（粒）：483	茧丝纤度（dtex）：—
茧色：白色	良卵率（%）：95.21	调查年季：2022年春

红平6

保存编号：5325271	茧形：浅束腰	不受精卵率（%）：2.48
选育单位：云南蚕蜂所	缩皱：中	实用孵化率（%）：41.08
育种亲本：7532、红平2	蛹体色：黄色	生种率（%）：0.00
育成年份：2018	蛾体色：白色	死笼率（%）：1.18
种质类型：育成品种	蛾眼色：黑色	幼虫生命率（%）：95.44
地理系统：日本系统	蛾翅纹：无花纹斑	双宫茧率（%）：0.00
功能特性：优质	稚蚕趋性：趋密性	全茧量（g）：1.381
化性：二化	食桑习性：踏叶	茧层量（g）：0.273
眠性：四眠	就眠整齐度：较齐	茧层率（%）：19.74
卵形：椭圆	老熟整齐度：齐涌	茧丝长（m）：—
卵色：雌灰紫色，雄浅棕色	催青经过（d:h）：11:00	解舒丝长（m）：—
卵壳色：乳白色	五龄经过（d:h）：8:18	解舒率（%）：—
蚁蚕体色：黑褐色	全龄经过（d:h）：27:06	清洁（分）：—
壮蚕体色：青白	蛰中经过（d:h）：17:00	洁净（分）：—
壮蚕斑纹：普斑	每蛾产卵数（粒）：412	茧丝纤度（dtex）：—
茧色：白色	良卵率（%）：94.89	调查年季：2022年春

6J

保存编号：5325272	茧形：浅束腰	不受精卵率（%）：4.53
选育单位：—	缩皱：中	实用孵化率（%）：85.77
育种亲本：—	蛹体色：黄色	生种率（%）：0.00
育成年份：—	蛾体色：白色	死笼率（%）：5.07
种质类型：遗传材料	蛾眼色：黑色	幼虫生命率（%）：86.75
地理系统：日本系统	蛾翅纹：无花纹斑	双宫茧率（%）：7.21
功能特性：特殊体型	稚蚕趋性：趋密性	全茧量（g）：1.372
化性：二化	食桑习性：踏叶	茧层量（g）：0.188
眠性：四眠	就眠整齐度：较齐	茧层率（%）：13.72
卵形：椭圆	老熟整齐度：齐涌	茧丝长（m）：—
卵色：灰紫色	催青经过（d:h）：11:00	解舒丝长（m）：—
卵壳色：乳白色	五龄经过（d:h）：7:12	解舒率（%）：—
蚁蚕体色：黑褐色	全龄经过（d:h）：25:00	清洁（分）：—
壮蚕体色：青白油蚕	蛰中经过（d:h）：15:00	洁净（分）：—
壮蚕斑纹：素斑	每蛾产卵数（粒）：382	茧丝纤度（dtex）：—
茧色：淡黄色	良卵率（%）：91.08	调查年季：2022 年春

DJ

保存编号：5325273	茧形：长筒形	不受精卵率（%）：5.13
选育单位：—	缩皱：中	实用孵化率（%）：82.77
育种亲本：—	蛹体色：黄色	生种率（%）：0.00
育成年份：—	蛾体色：白色	死笼率（%）：5.00
种质类型：遗传材料	蛾眼色：黑色	幼虫生命率（%）：94.21
地理系统：日本系统	蛾翅纹：无花纹斑	双宫茧率（%）：21.95
功能特性：特殊体型	稚蚕趋性：趋密性	全茧量（g）：1.412
化性：二化	食桑习性：踏叶	茧层量（g）：0.218
眠性：四眠	就眠整齐度：较齐	茧层率（%）：15.44
卵形：椭圆	老熟整齐度：齐涌	茧丝长（m）：—
卵色：灰紫色	催青经过（d:h）：11:00	解舒丝长（m）：—
卵壳色：乳白色	五龄经过（d:h）：8:00	解舒率（%）：—
蚁蚕体色：黑褐色	全龄经过（d:h）：25:12	清洁（分）：—
壮蚕体色：青白	蛰中经过（d:h）：16:00	洁净（分）：—
壮蚕斑纹：素斑	每蛾产卵数（粒）：308	茧丝纤度（dtex）：—
茧色：微黄色	良卵率（%）：89.30	调查年季：2022 年春

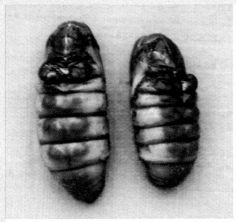
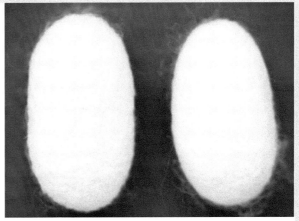
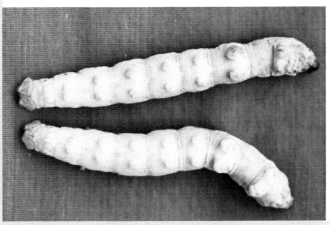

明丰野

保存编号：5325274	茧形：浅束腰	不受精卵率（%）：3.29
选育单位：安康学院	缩皱：中	实用孵化率（%）：87.81
育种亲本：—	蛹体色：黄色	生种率（%）：0.00
育成年份：—	蛾体色：白色	死笼率（%）：5.36
种质类型：遗传材料	蛾眼色：黑色	幼虫生命率（%）：93.79
地理系统：日本系统	蛾翅纹：无花纹斑	双宫茧率（%）：3.39
功能特性：蛹龄长	稚蚕趋性：趋密性	全茧量（g）：1.305
化性：二化	食桑习性：踏叶	茧层量（g）：0.216
眠性：四眠	就眠整齐度：较齐	茧层率（%）：16.56
卵形：椭圆	老熟整齐度：齐涌	茧丝长（m）：—
卵色：灰紫色	催青经过（d:h）：11:00	解舒丝长（m）：—
卵壳色：乳白色	五龄经过（d:h）：7:00	解舒率（%）：—
蚁蚕体色：黑褐色	全龄经过（d:h）：26:11	清洁（分）：—
壮蚕体色：灰黑	蛰中经过（d:h）：18:00	洁净（分）：—
壮蚕斑纹：普斑	每蛾产卵数（粒）：361	茧丝纤度（dtex）：—
茧色：微绿色	良卵率（%）：90.30	调查年季：2023 年春

20241

保存编号：5325275	茧形：浅束腰	不受精卵率（%）：3.08
选育单位：安康学院	缩皱：中	实用孵化率（%）：92.07
育种亲本：—	蛹体色：黄色	生种率（%）：0.00
育成年份：—	蛾体色：白色	死笼率（%）：0.00
种质类型：遗传材料	蛾眼色：黑色	幼虫生命率（%）：93.58
地理系统：日本系统	蛾翅纹：无花纹斑	双宫茧率（%）：4.33
功能特性：特殊斑纹	稚蚕趋性：趋密性	全茧量（g）：1.353
化性：二化	食桑习性：踏叶	茧层量（g）：0.251
眠性：四眠	就眠整齐度：较齐	茧层率（%）：18.58
卵形：椭圆	老熟整齐度：齐涌	茧丝长（m）：—
卵色：灰紫色	催青经过（d:h）：11:00	解舒丝长（m）：—
卵壳色：乳白色	五龄经过（d:h）：8:18	解舒率（%）：—
蚁蚕体色：黑褐色	全龄经过（d:h）：27:06	清洁（分）：—
壮蚕体色：青白	蛰中经过（d:h）：16:00	洁净（分）：—
壮蚕斑纹：虎斑	每蛾产卵数（粒）：392	茧丝纤度（dtex）：—
茧色：浅黄色	良卵率（%）：91.92	调查年季：2022 年春

1782

保存编号：5325276	茧形：浅束腰	不受精卵率（%）：4.31
选育单位：安康学院	缩皱：中	实用孵化率（%）：85.52
育种亲本：—	蛹体色：黄色	生种率（%）：0.00
育成年份：—	蛾体色：白色	死笼率（%）：0.00
种质类型：遗传材料	蛾眼色：黑色	幼虫生命率（%）：61.11
地理系统：日本系统	蛾翅纹：无花纹斑	双宫茧率（%）：1.65
功能特性：蛹龄长	稚蚕趋性：趋密性	全茧量（g）：1.090
化性：二化	食桑习性：踏叶	茧层量（g）：0.172
眠性：四眠	就眠整齐度：较齐	茧层率（%）：15.75
卵形：椭圆	老熟整齐度：齐涌	茧丝长（m）：—
卵色：灰紫色	催青经过（d:h）：11:00	解舒丝长（m）：—
卵壳色：乳白色	五龄经过（d:h）：8:12	解舒率（%）：—
蚁蚕体色：黑褐色	全龄经过（d:h）：27:12	清洁（分）：—
壮蚕体色：青白	蛰中经过（d:h）：21:00	洁净（分）：—
壮蚕斑纹：普斑	每蛾产卵数（粒）：356	茧丝纤度（dtex）：—
茧色：微黄色	良卵率（%）：90.28	调查年季：2022年春

2028

保存编号：5325277	茧形：浅束腰	不受精卵率（%）：2.73
选育单位：安康学院	缩皱：中	实用孵化率（%）：90.35
育种亲本：—	蛹体色：黄色	生种率（%）：0.00
育成年份：—	蛾体色：白色	死笼率（%）：0.00
种质类型：遗传材料	蛾眼色：黑色	幼虫生命率（%）：94.32
地理系统：日本系统	蛾翅纹：无花纹斑	双宫茧率（%）：1.97
功能特性：特殊斑纹	稚蚕趋性：趋密性	全茧量（g）：1.467
化性：二化	食桑习性：踏叶	茧层量（g）：0.227
眠性：四眠	就眠整齐度：较齐	茧层率（%）：15.47
卵形：椭圆	老熟整齐度：齐涌	茧丝长（m）：—
卵色：灰紫色	催青经过（d:h）：11:00	解舒丝长（m）：—
卵壳色：乳白色	五龄经过（d:h）：7:00	解舒率（%）：—
蚁蚕体色：黑褐色	全龄经过（d:h）：26:12	清洁（分）：—
壮蚕体色：青白	蛰中经过（d:h）：16:00	洁净（分）：—
壮蚕斑纹：虎斑	每蛾产卵数（粒）：418	茧丝纤度（dtex）：—
茧色：黄色	良卵率（%）：90.39	调查年季：2022年春

2028L

保存编号：5325278	茧形：浅束腰	不受精卵率（%）：3.29
选育单位：安康学院	缩皱：中	实用孵化率（%）：89.64
育种亲本：—	蛹体色：黄色	生种率（%）：0.00
育成年份：—	蛾体色：白色	死笼率（%）：15.00
种质类型：中间材料	蛾眼色：黑色	幼虫生命率（%）：76.21
地理系统：日本系统	蛾翅纹：无花纹斑	双宫茧率（%）：2.20
功能特性：特殊斑纹	稚蚕趋性：趋密性	全茧量（g）：1.318
化性：二化	食桑习性：踏叶	茧层量（g）：0.189
眠性：四眠	就眠整齐度：较齐	茧层率（%）：14.32
卵形：椭圆	老熟整齐度：齐涌	茧丝长（m）：—
卵色：灰紫色	催青经过（d:h）：11:00	解舒丝长（m）：—
卵壳色：乳白色	五龄经过（d:h）：7:00	解舒率（%）：—
蚁蚕体色：黑褐色	全龄经过（d:h）：26:12	清洁（分）：—
壮蚕体色：青黄白	蛰中经过（d:h）：16:00	洁净（分）：—
壮蚕斑纹：虎斑	每蛾产卵数（粒）：430	茧丝纤度（dtex）：—
茧色：浅黄色	良卵率（%）：92.77	调查年季：2022 年春

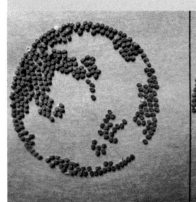
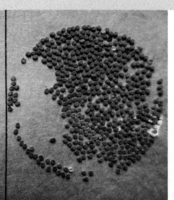

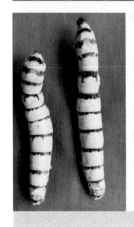
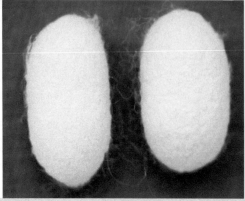

1514N

保存编号：5325279	茧形：浅束腰	不受精卵率（%）：1.39
选育单位：湖南蚕研所	缩皱：中	实用孵化率（%）：95.02
育种亲本：—	蛹体色：黄色	生种率（%）：0.00
育成年份：—	蛾体色：白色	死笼率（%）：5.30
种质类型：育成品种	蛾眼色：黑色	幼虫生命率（%）：92.29
地理系统：日本系统	蛾翅纹：无花纹斑	双宫茧率（%）：0.58
功能特性：耐高温多湿	稚蚕趋性：趋密性	全茧量（g）：1.275
化性：二化	食桑习性：踏叶	茧层量（g）：0.274
眠性：四眠	就眠整齐度：较齐	茧层率（%）：21.48
卵形：椭圆	老熟整齐度：齐涌	茧丝长（m）：—
卵色：灰紫色	催青经过（d:h）：11:00	解舒丝长（m）：—
卵壳色：乳白色	五龄经过（d:h）：7:07	解舒率（%）：—
蚁蚕体色：黑褐色	全龄经过（d:h）：25:07	清洁（分）：—
壮蚕体色：青白	蛰中经过（d:h）：17:00	洁净（分）：—
壮蚕斑纹：雄素斑，雌普斑	每蛾产卵数（粒）：458	茧丝纤度（dtex）：—
茧色：白色	良卵率（%）：94.30	调查年季：2023 年春

1504A

保存编号：5325280	茧形：浅束腰	不受精卵率（%）：2.64
选育单位：湖南蚕研所	缩皱：中	实用孵化率（%）：95.13
育种亲本：—	蛹体色：黄色	生种率（%）：0.00
育成年份：—	蛾体色：白色	死笼率（%）：5.30
种质类型：育成品种	蛾眼色：黑色	幼虫生命率（%）：92.99
地理系统：日本系统	蛾翅纹：无花纹斑	双宫茧率（%）：1.97
功能特性：耐高温多湿	稚蚕趋性：趋密性	全茧量（g）：1.223
化性：二化	食桑习性：踏叶	茧层量（g）：0.272
眠性：四眠	就眠整齐度：较齐	茧层率（%）：22.26
卵形：椭圆	老熟整齐度：齐涌	茧丝长（m）：—
卵色：灰紫色	催青经过（d:h）：11:00	解舒丝长（m）：—
卵壳色：乳白色	五龄经过（d:h）：9:17	解舒率（%）：—
蚁蚕体色：黑褐色	全龄经过（d:h）：27:00	清洁（分）：—
壮蚕体色：青白	蛰中经过（d:h）：18:00	洁净（分）：—
壮蚕斑纹：雄素斑，雌普斑	每蛾产卵数（粒）：472	茧丝纤度（dtex）：—
茧色：白色	良卵率（%）：95.17	调查年季：2023 年春

9543B

保存编号：5325281	茧形：短椭圆	不受精卵率（%）：3.12
选育单位：湖南蚕研所	缩皱：中	实用孵化率（%）：92.37
育种亲本：—	蛹体色：黄色	生种率（%）：0.00
育成年份：—	蛾体色：白色	死笼率（%）：2.60
种质类型：育成品种	蛾眼色：黑色	幼虫生命率（%）：93.85
地理系统：中国系统	蛾翅纹：无花纹斑	双宫茧率（%）：4.37
功能特性：优质	稚蚕趋性：趋密性	全茧量（g）：1.081
化性：二化	食桑习性：踏叶	茧层量（g）：0.239
眠性：四眠	就眠整齐度：较齐	茧层率（%）：22.13
卵形：椭圆	老熟整齐度：齐涌	茧丝长（m）：—
卵色：灰绿色	催青经过（d:h）：11:00	解舒丝长（m）：—
卵壳色：淡黄色	五龄经过（d:h）：7:00	解舒率（%）：—
蚁蚕体色：黑褐色	全龄经过（d:h）：25:00	清洁（分）：—
壮蚕体色：青白	蛰中经过（d:h）：17:00	洁净（分）：—
壮蚕斑纹：雄素斑，雌普斑	每蛾产卵数（粒）：501	茧丝纤度（dtex）：—
茧色：白色	良卵率（%）：93.68	调查年季：2023 年春

8535

保存编号：5325282	茧形：短椭圆	不受精卵率（%）：2.03
选育单位：—	缩皱：中	实用孵化率（%）：92.58
育种亲本：—	蛹体色：黄色	生种率（%）：0.00
育成年份：—	蛾体色：白色	死笼率（%）：5.36
种质类型：中间材料	蛾眼色：黑色	幼虫生命率（%）：93.27
地理系统：中国系统	蛾翅纹：无花纹斑	双宫茧率（%）：1.18
功能特性：耐高温多湿	稚蚕趋性：趋密性	全茧量（g）：1.314
化性：二化	食桑习性：踏叶	茧层量（g）：0.305
眠性：四眠	就眠整齐度：较齐	茧层率（%）：23.21
卵形：椭圆	老熟整齐度：齐涌	茧丝长（m）：—
卵色：灰绿色	催青经过（d:h）：11:00	解舒丝长（m）：—
卵壳色：淡黄色	五龄经过（d:h）：8:10	解舒率（%）：—
蚁蚕体色：黑褐色	全龄经过（d:h）：26:10	清洁（分）：—
壮蚕体色：青白	蛰中经过（d:h）：17:00	洁净（分）：—
壮蚕斑纹：雄素斑，雌普斑	每蛾产卵数（粒）：498	茧丝纤度（dtex）：—
茧色：白色	良卵率（%）：94.22	调查年季：2023 年春

菁 A 茶限

保存编号：5325283	茧形：短椭圆	不受精卵率（%）：3.01
选育单位：云南蚕蜂所	缩皱：中	实用孵化率（%）：92.37
育种亲本：菁松 A、Cb	蛹体色：黄色	生种率（%）：0.00
育成年份：2021	蛾体色：白色	死笼率（%）：4.86
种质类型：育成品种	蛾眼色：黑色	幼虫生命率（%）：94.26
地理系统：中国系统	蛾翅纹：无花纹斑	双宫茧率（%）：6.27
功能特性：限性茶斑	稚蚕趋性：趋密性	全茧量（g）：1.643
化性：二化	食桑习性：踏叶	茧层量（g）：0.353
眠性：四眠	就眠整齐度：较齐	茧层率（%）：21.46
卵形：椭圆	老熟整齐度：齐涌	茧丝长（m）：—
卵色：灰绿色	催青经过（d:h）：11:00	解舒丝长（m）：—
卵壳色：淡黄色	五龄经过（d:h）：9:00	解舒率（%）：—
蚁蚕体色：黑褐色	全龄经过（d:h）：27:12	清洁（分）：—
壮蚕体色：青白	蛰中经过（d:h）：17:00	洁净（分）：—
壮蚕斑纹：雌普茶斑，雄素茶斑	每蛾产卵数（粒）：517	茧丝纤度（dtex）：—
茧色：白色	良卵率（%）：95.29	调查年季：2022 年春

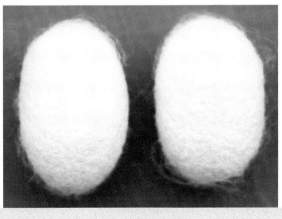

菁 B 茶限

保存编号：5325284	茧形：短椭圆	不受精卵率（%）：0.69
选育单位：云南蚕蜂所	缩皱：中	实用孵化率（%）：93.37
育种亲本：菁松 B、Cb	蛹体色：黄色	生种率（%）：0.00
育成年份：2021	蛾体色：白色	死笼率（%）：1.26
种质类型：中间材料	蛾眼色：黑色	幼虫生命率（%）：95.84
地理系统：中国系统	蛾翅纹：无花纹斑	双宫茧率（%）：4.08
功能特性：限性茶斑	稚蚕趋性：趋密性	全茧量（g）：1.461
化性：二化	食桑习性：踏叶	茧层量（g）：0.294
眠性：四眠	就眠整齐度：较齐	茧层率（%）：20.13
卵形：椭圆	老熟整齐度：齐涌	茧丝长（m）：—
卵色：灰绿色	催青经过（d:h）：11:00	解舒丝长（m）：—
卵壳色：淡黄色	五龄经过（d:h）：8:12	解舒率（%）：—
蚁蚕体色：黑褐色	全龄经过（d:h）：27:12	清洁（分）：—
壮蚕体色：青白	蛰中经过（d:h）：18:00	洁净（分）：—
壮蚕斑纹：雌普茶斑，雄素茶斑	每蛾产卵数（粒）：530	茧丝纤度（dtex）：—
茧色：白色	良卵率（%）：97.18	调查年季：2022 年春

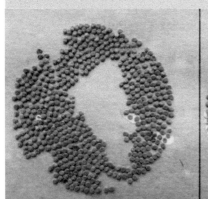
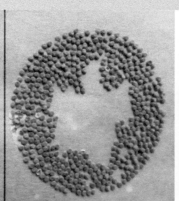

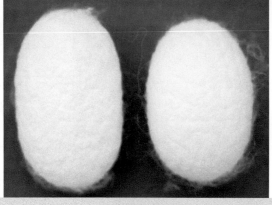

皓 A 茶限

保存编号：5325285	茧形：浅束腰	不受精卵率（%）：1.18
选育单位：云南蚕蜂所	缩皱：中	实用孵化率（%）：95.62
育种亲本：皓月 A、Cb	蛹体色：黄色	生种率（%）：0.00
育成年份：2020	蛾体色：白色	死笼率（%）：5.23
种质类型：中间材料	蛾眼色：黑色	幼虫生命率（%）：93.65
地理系统：日本系统	蛾翅纹：无花纹斑	双宫茧率（%）：3.20
功能特性：限性茶斑	稚蚕趋性：趋密性	全茧量（g）：1.365
化性：二化	食桑习性：踏叶	茧层量（g）：0.279
眠性：四眠	就眠整齐度：较齐	茧层率（%）：20.42
卵形：椭圆	老熟整齐度：齐涌	茧丝长（m）：—
卵色：灰紫色	催青经过（d:h）：11:00	解舒丝长（m）：—
卵壳色：乳白色	五龄经过（d:h）：9:00	解舒率（%）：—
蚁蚕体色：黑褐色	全龄经过（d:h）：28:00	清洁（分）：—
壮蚕体色：青白	蛰中经过（d:h）：17:00	洁净（分）：—
壮蚕斑纹：雌普茶斑，雄素茶斑	每蛾产卵数（粒）：453	茧丝纤度（dtex）：—
茧色：白色	良卵率（%）：94.56	调查年季：2022 年春

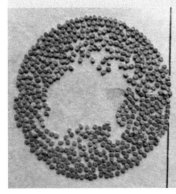
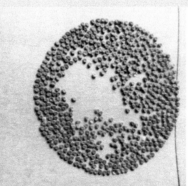

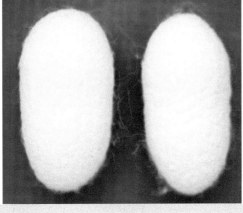

皓 B 茶限

保存编号：5325286	茧形：浅束腰	不受精卵率（%）：2.28
选育单位：云南蚕蜂所	缩皱：中	实用孵化率（%）：93.27
育种亲本：皓月 B、Cb	蛹体色：黄色	生种率（%）：0.00
育成年份：2020	蛾体色：白色	死笼率（%）：5.00
种质类型：中间材料	蛾眼色：黑色	幼虫生命率（%）：96.81
地理系统：日本系统	蛾翅纹：无花纹斑	双宫茧率（%）：2.40
功能特性：限性茶斑	稚蚕趋性：趋密性	全茧量（g）：1.542
化性：二化	食桑习性：踏叶	茧层量（g）：0.308
眠性：四眠	就眠整齐度：较齐	茧层率（%）：19.95
卵形：椭圆	老熟整齐度：齐涌	茧丝长（m）：—
卵色：灰紫色	催青经过（d:h）：11:00	解舒丝长（m）：—
卵壳色：乳白色	五龄经过（d:h）：8:12	解舒率（%）：—
蚁蚕体色：黑褐色	全龄经过（d:h）：27:12	清洁（分）：—
壮蚕体色：青白	蛰中经过（d:h）：18:00	洁净（分）：—
壮蚕斑纹：雌普茶斑，雄素茶斑	每蛾产卵数（粒）：479	茧丝纤度（dtex）：—
茧色：白色	良卵率（%）：94.30	调查年季：2022 年春

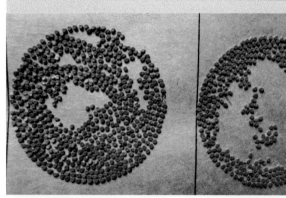

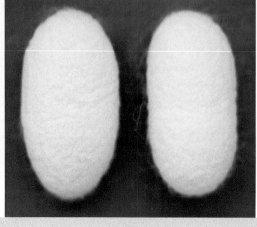

云蚕 7A 茶限

保存编号：5325287	茧形：短椭圆	不受精卵率（%）：1.94
选育单位：云南蚕蜂所	缩皱：中	实用孵化率（%）：95.46
育种亲本：云蚕 7A、Cb	蛹体色：黄色	生种率（%）：0.00
育成年份：2021	蛾体色：白色	死笼率（%）：1.76
种质类型：育成品种	蛾眼色：黑色	幼虫生命率（%）：94.48
地理系：中国系统	蛾翅纹：无花纹斑	双宫茧率（%）：5.84
功能特性：限性茶斑	稚蚕趋性：趋密性	全茧量（g）：1.363
化性：二化	食桑习性：踏叶	茧层量（g）：0.325
眠性：四眠	就眠整齐度：较齐	茧层率（%）：23.84
卵形：椭圆	老熟整齐度：齐涌	茧丝长（m）：—
卵色：灰绿色	催青经过（d:h）：11:00	解舒丝长（m）：—
卵壳色：淡黄色	五龄经过（d:h）：9:00	解舒率（%）：—
蚁蚕体色：黑褐色	全龄经过（d:h）：27:12	清洁（分）：—
壮蚕体色：青白	蛰中经过（d:h）：18:00	洁净（分）：—
壮蚕斑纹：雌普茶斑，雄素茶斑	每蛾产卵数（粒）：486	茧丝纤度（dtex）：—
茧色：白色	良卵率（%）：97.21	调查年季：2022 年春

云蚕 7B 茶限

保存编号：5325288	茧形：短椭圆	不受精卵率（%）：2.21
选育单位：云南蚕蜂所	缩皱：中	实用孵化率（%）：93.24
育种亲本：云蚕 7B、Cb	蛹体色：黄色	生种率（%）：0.00
育成年份：2021	蛾体色：白色	死笼率（%）：0.92
种质类型：育成品种	蛾眼色：黑色	幼虫生命率（%）：93.82
地理系：中国系统	蛾翅纹：无花纹斑	双宫茧率（%）：4.61
功能特性：限性茶斑	稚蚕趋性：趋密性	全茧量（g）：1.732
化性：二化	食桑习性：踏叶	茧层量（g）：0.360
眠性：四眠	就眠整齐度：较齐	茧层率（%）：20.76
卵形：椭圆	老熟整齐度：齐涌	茧丝长（m）：—
卵色：灰绿色	催青经过（d:h）：11:00	解舒丝长（m）：—
卵壳色：淡黄色	五龄经过（d:h）：8:12	解舒率（%）：—
蚁蚕体色：黑褐色	全龄经过（d:h）：28:12	清洁（分）：—
壮蚕体色：青白	蛰中经过（d:h）：17:00	洁净（分）：—
壮蚕斑纹：雌普茶斑，雄素茶斑	每蛾产卵数（粒）：517	茧丝纤度（dtex）：—
茧色：白色	良卵率（%）：96.33	调查年季：2022 年春

云蚕 8A 茶限

保存编号：5325289	茧形：浅束腰	不受精卵率（%）：0.97
选育单位：云南蚕蜂所	缩皱：中	实用孵化率（%）：94.32
育种亲本：云蚕 8A、Cb	蛹体色：黄色	生种率（%）：0.00
育成年份：2020	蛾体色：白色	死笼率（%）：5.61
种质类型：中间材料	蛾眼色：黑色	幼虫生命率（%）：88.97
地理系统：日本系统	蛾翅纹：无花纹斑	双宫茧率（%）：0.95
功能特性：限性茶斑	稚蚕趋性：趋密性	全茧量（g）：1.365
化性：二化	食桑习性：踏叶	茧层量（g）：0.279
眠性：四眠	就眠整齐度：较齐	茧层率（%）：20.42
卵形：椭圆	老熟整齐度：齐涌	茧丝长（m）：—
卵色：灰紫色	催青经过（d:h）：11:00	解舒丝长（m）：—
卵壳色：乳白色	五龄经过（d:h）：9:00	解舒率（%）：—
蚁蚕体色：黑褐色	全龄经过（d:h）：28:00	清洁（分）：—
壮蚕体色：青白	蛰中经过（d:h）：18:00	洁净（分）：—
壮蚕斑纹：雌普茶斑，雄素茶斑	每蛾产卵数（粒）：439	茧丝纤度（dtex）：—
茧色：白色	良卵率（%）：95.21	调查年季：2022 年春

云蚕 8B 茶限

保存编号：5325290	茧形：浅束腰	不受精卵率（%）：1.32
选育单位：云南蚕蜂所	缩皱：中	实用孵化率（%）：94.66
育种亲本：云蚕 8B、Cb	蛹体色：黄色	生种率（%）：0.00
育成年份：2020	蛾体色：白色	死笼率（%）：2.60
种质类型：育成品种	蛾眼色：黑色	幼虫生命率（%）：96.81
地理系统：日本系统	蛾翅纹：无花纹斑	双宫茧率（%）：2.72
功能特性：限性茶斑	稚蚕趋性：趋密性	全茧量（g）：1.542
化性：二化	食桑习性：踏叶	茧层量（g）：0.308
眠性：四眠	就眠整齐度：较齐	茧层率（%）：19.95
卵形：椭圆	老熟整齐度：齐涌	茧丝长（m）：—
卵色：灰紫色	催青经过（d:h）：11:00	解舒丝长（m）：—
卵壳色：乳白色	五龄经过（d:h）：8:12	解舒率（%）：—
蚁蚕体色：黑褐色	全龄经过（d:h）：27:12	清洁（分）：—
壮蚕体色：青白	蛰中经过（d:h）：18:00	洁净（分）：—
壮蚕斑纹：雌普茶斑，雄素茶斑	每蛾产卵数（粒）：462	茧丝纤度（dtex）：—
茧色：白色	良卵率（%）：96.21	调查年季：2022 年春

云限 2A

保存编号：5325291	茧形：短椭圆	不受精卵率（%）：0.68
选育单位：云南蚕蜂所	缩皱：中	实用孵化率（%）：92.09
育种亲本：云蚕 7A、2033	蛹体色：黄色	生种率（%）：0.00
育成年份：2012	蛾体色：白色	死笼率（%）：2.37
种质类型：育成品种	蛾眼色：黑色	幼虫生命率（%）：92.85
地理系统：中国系统	蛾翅纹：无花纹斑	双宫茧率（%）：2.21
功能特性：优质	稚蚕趋性：趋密性	全茧量（g）：1.707
化性：二化	食桑习性：踏叶	茧层量（g）：0.393
眠性：四眠	就眠整齐度：较齐	茧层率（%）：23.04
卵形：椭圆	老熟整齐度：齐涌	茧丝长（m）：—
卵色：灰绿色	催青经过（d:h）：11:00	解舒丝长（m）：—
卵壳色：淡黄色	五龄经过（d:h）：7:11	解舒率（%）：—
蚁蚕体色：黑褐色	全龄经过（d:h）：26:11	清洁（分）：—
壮蚕体色：青白	蛰中经过（d:h）：16:18	洁净（分）：—
壮蚕斑纹：雌普茶斑，雄素茶斑	每蛾产卵数（粒）：445	茧丝纤度（dtex）：—
茧色：白色	良卵率（%）：98.62	调查年季：2020 年春

云限 2B

保存编号：5325292	茧形：短椭圆	不受精卵率（%）：0.53
选育单位：云南蚕蜂所	缩皱：中	实用孵化率（%）：91.21
育种亲本：云蚕 7A、2033	蛹体色：黄色	生种率（%）：0.00
育成年份：2012	蛾体色：白色	死笼率（%）：2.50
种质类型：育成品种	蛾眼色：黑色	幼虫生命率（%）：97.37
地理系统：中国系统	蛾翅纹：无花纹斑	双宫茧率（%）：3.35
功能特性：优质	稚蚕趋性：趋密性	全茧量（g）：1.990
化性：二化	食桑习性：踏叶	茧层量（g）：0.445
眠性：四眠	就眠整齐度：较齐	茧层率（%）：22.36
卵形：椭圆	老熟整齐度：齐涌	茧丝长（m）：—
卵色：灰绿色	催青经过（d:h）：11:00	解舒丝长（m）：—
卵壳色：淡黄色	五龄经过（d:h）：8:10	解舒率（%）：—
蚁蚕体色：黑褐色	全龄经过（d:h）：27:07	清洁（分）：—
壮蚕体色：青白	蛰中经过（d:h）：18:00	洁净（分）：—
壮蚕斑纹：雌普茶斑，雄素茶斑	每蛾产卵数（粒）：439	茧丝纤度（dtex）：—
茧色：白色	良卵率（%）：97.30	调查年季：2020 年春

云限 2C

保存编号：5325293	茧形：浅束腰	不受精卵率（%）：0.18
选育单位：云南蚕蜂所	缩皱：中	实用孵化率（%）：90.34
育种亲本：日新 A、H05	蛹体色：黄色	生种率（%）：0.00
育成年份：2012	蛾体色：白色	死笼率（%）：0.35
种质类型：育成品种	蛾眼色：黑色	幼虫生命率（%）：93.16
地理系统：日本系统	蛾翅纹：无花纹斑	双宫茧率（%）：3.16
功能特性：优质	稚蚕趋性：无	全茧量（g）：1.794
化性：二化	食桑习性：踏叶	茧层量（g）：0.433
眠性：四眠	就眠整齐度：较齐	茧层率（%）：24.12
卵形：椭圆	老熟整齐度：齐涌	茧丝长（m）：—
卵色：灰紫色	催青经过（d:h）：11:00	解舒丝长（m）：—
卵壳色：乳白色	五龄经过（d:h）：8:00	解舒率（%）：—
蚁蚕体色：黑褐色	全龄经过（d:h）：27:00	清洁（分）：—
壮蚕体色：青白	蛰中经过（d:h）：18:00	洁净（分）：—
壮蚕斑纹：雌普茶斑，雄素茶斑	每蛾产卵数（粒）：474	茧丝纤度（dtex）：—
茧色：白色	良卵率（%）：99.00	调查年季：2020 年春

云限 2D

保存编号：5325294	茧形：浅束腰	不受精卵率（%）：0.21
选育单位：云南蚕蜂所	缩皱：中	实用孵化率（%）：95.50
育种亲本：日新 A、H05	蛹体色：黄色	生种率（%）：0.27
育成年份：2012	蛾体色：白色	死笼率（%）：5.10
种质类型：育成品种	蛾眼色：黑色	幼虫生命率（%）：95.82
地理系统：日本系统	蛾翅纹：无花纹斑	双宫茧率（%）：6.27
功能特性：优质	稚蚕趋性：无	全茧量（g）：1.701
化性：二化	食桑习性：踏叶	茧层量（g）：0.415
眠性：四眠	就眠整齐度：较齐	茧层率（%）：24.36
卵形：椭圆	老熟整齐度：齐涌	茧丝长（m）：—
卵色：灰紫色	催青经过（d:h）：11:00	解舒丝长（m）：—
卵壳色：乳白色	五龄经过（d:h）：8:06	解舒率（%）：—
蚁蚕体色：黑褐色	全龄经过（d:h）：27:06	清洁（分）：—
壮蚕体色：青白	蛰中经过（d:h）：17:12	洁净（分）：—
壮蚕斑纹：雌普茶斑，雄素茶斑	每蛾产卵数（粒）：512	茧丝纤度（dtex）：—
茧色：白色	良卵率（%）：97.40	调查年季：2020 年春

云限 3A

保存编号：5325295	茧形：短椭圆	不受精卵率（%）：0.61
选育单位：云南蚕蜂所	缩皱：中	实用孵化率（%）：93.90
育种亲本：洞、云蚕 7A	蛹体色：黄色	生种率（%）：0.00
育成年份：2012	蛾体色：白色	死笼率（%）：4.63
种质类型：育成品种	蛾眼色：黑色	幼虫生命率（%）：94.69
地理系统：中国系统	蛾翅纹：无花纹斑	双宫茧率（%）：11.83
功能特性：优质	稚蚕趋性：无	全茧量（g）：1.744
化性：二化	食桑习性：踏叶	茧层量（g）：0.384
眠性：四眠	就眠整齐度：较齐	茧层率（%）：22.02
卵形：椭圆	老熟整齐度：齐涌	茧丝长（m）：—
卵色：灰绿色	催青经过（d:h）：11:00	解舒丝长（m）：—
卵壳色：淡黄色	五龄经过（d:h）：8:01	解舒率（%）：—
蚁蚕体色：黑褐色	全龄经过（d:h）：26:12	清洁（分）：—
壮蚕体色：青白	蛰中经过（d:h）：15:01	洁净（分）：—
壮蚕斑纹：雌普茶斑，雄素茶斑	每蛾产卵数（粒）：406	茧丝纤度（dtex）：—
茧色：白色	良卵率（%）：96.93	调查年季：2020 年春

云限 3B

保存编号：5325296	茧形：短椭圆	不受精卵率（%）：3.90
选育单位：云南蚕蜂所	缩皱：中	实用孵化率（%）：92.19
育种亲本：洞、云蚕 7A	蛹体色：黄色	生种率（%）：0.00
育成年份：2012	蛾体色：白色	死笼率（%）：2.50
种质类型：育成品种	蛾眼色：黑色	幼虫生命率（%）：97.40
地理系统：中国系统	蛾翅纹：无花纹斑	双宫茧率（%）：7.27
功能特性：限性茶斑	稚蚕趋性：无	全茧量（g）：1.707
化性：二化	食桑习性：踏叶	茧层量（g）：0.403
眠性：四眠	就眠整齐度：较齐	茧层率（%）：23.62
卵形：椭圆	老熟整齐度：齐涌	茧丝长（m）：—
卵色：灰绿色	催青经过（d:h）：11:00	解舒丝长（m）：—
卵壳色：淡黄色	五龄经过（d:h）：7:17	解舒率（%）：—
蚁蚕体色：黑褐色	全龄经过（d:h）：27:11	清洁（分）：—
壮蚕体色：青白	蛰中经过（d:h）：17:17	洁净（分）：—
壮蚕斑纹：雌普茶斑，雄素茶斑	每蛾产卵数（粒）：459	茧丝纤度（dtex）：—
茧色：白色	良卵率（%）：95.41	调查年季：2020 年春

JI1.J

保存编号：5325297	茧形：浅束腰	不受精卵率（%）：0.46
选育单位：云南蚕蜂所	缩皱：中	实用孵化率（%）：94.72
育种亲本：锦秀、2042	蛹体色：黄色	生种率（%）：0.00
育成年份：2010	蛾体色：白色	死笼率（%）：0.63
种质类型：育成品种	蛾眼色：黑色	幼虫生命率（%）：96.11
地理系统：日本系统	蛾翅纹：无花纹斑	双宫茧率（%）：2.43
功能特性：优质高产	稚蚕趋性：趋密性	全茧量（g）：1.502
化性：二化	食桑习性：踏叶	茧层量（g）：0.338
眠性：四眠	就眠整齐度：较齐	茧层率（%）：22.51
卵形：椭圆	老熟整齐度：齐涌	茧丝长（m）：—
卵色：灰紫色	催青经过（d:h）：11:00	解舒丝长（m）：—
卵壳色：乳白色	五龄经过（d:h）：8:07	解舒率（%）：—
蚁蚕体色：黑褐色	全龄经过（d:h）：26:06	清洁（分）：—
壮蚕体色：青白	蛰中经过（d:h）：17:17	洁净（分）：—
壮蚕斑纹：普斑	每蛾产卵数（粒）：498	茧丝纤度（dtex）：—
茧色：白色	良卵率（%）：99.41	调查年季：2020年春

SA1.2

保存编号：5325298	茧形：短椭圆	不受精卵率（%）：1.06
选育单位：云南蚕蜂所	缩皱：中	实用孵化率（%）：96.29
育种亲本：山河A、2041	蛹体色：黄色	生种率（%）：0.00
育成年份：2010	蛾体色：白色	死笼率（%）：2.15
种质类型：育成品种	蛾眼色：黑色	幼虫生命率（%）：98.32
地理系统：中国系统	蛾翅纹：无花纹斑	双宫茧率（%）：11.54
功能特性：优质高产	稚蚕趋性：无	全茧量（g）：1.632
化性：二化	食桑习性：踏叶	茧层量（g）：0.377
眠性：四眠	就眠整齐度：较齐	茧层率（%）：23.07
卵形：椭圆	老熟整齐度：齐涌	茧丝长（m）：—
卵色：灰绿色	催青经过（d:h）：11:00	解舒丝长（m）：—
卵壳色：淡黄色	五龄经过（d:h）：7:06	解舒率（%）：—
蚁蚕体色：黑褐色	全龄经过（d:h）：25:11	清洁（分）：—
壮蚕体色：青白	蛰中经过（d:h）：16:01	洁净（分）：—
壮蚕斑纹：素斑	每蛾产卵数（粒）：523	茧丝纤度（dtex）：—
茧色：白色	良卵率（%）：97:78	调查年季：2020年春

SA4.3

保存编号：5325299	茧形：短椭圆	不受精卵率（%）：0.89
选育单位：云南蚕蜂所	缩皱：中	实用孵化率（%）：97.83
育种亲本：山河 B、2043	蛹体色：黄色	生种率（%）：0.00
育成年份：2010	蛾体色：白色	死笼率（%）：5.27
种质类型：育成品种	蛾眼色：黑色	幼虫生命率（%）：96.03
地理系统：中国系统	蛾翅纹：无花纹斑	双宫茧率（%）：4.96
功能特性：优质高产	稚蚕趋性：趋密性	全茧量（g）：1.879
化性：二化	食桑习性：踏叶	茧层量（g）：0.425
眠性：四眠	就眠整齐度：较齐	茧层率（%）：22.60
卵形：椭圆	老熟整齐度：齐涌	茧丝长（m）：—
卵色：灰绿色	催青经过（d:h）：11:00	解舒丝长（m）：—
卵壳色：淡黄色	五龄经过（d:h）：7:19	解舒率（%）：—
蚁蚕体色：黑褐色	全龄经过（d:h）：26:06	清洁（分）：—
壮蚕体色：青白	蛰中经过（d:h）：17:17	洁净（分）：—
壮蚕斑纹：素斑	每蛾产卵数（粒）：469	茧丝纤度（dtex）：—
茧色：白色	良卵率（%）：93.89	调查年季：2020 年春

209A

保存编号：5325300	茧形：浅束腰	不受精卵率（%）：0.39
选育单位：云南蚕蜂所	缩皱：粗	实用孵化率（%）：95.75
育种亲本：—	蛹体色：黄色	生种率（%）：0.00
育成年份：2009	蛾体色：白色	死笼率（%）：4.56
种质类型：育成品种	蛾眼色：黑色	幼虫生命率（%）：93.66
地理系统：日本系统	蛾翅纹：无花纹斑	双宫茧率（%）：19.19
功能特性：耐粗饲	稚蚕趋性：无	全茧量（g）：1.610
化性：二化	食桑习性：踏叶	茧层量（g）：0.303
眠性：四眠	就眠整齐度：较齐	茧层率（%）：18.79
卵形：椭圆	老熟整齐度：齐涌	茧丝长（m）：—
卵色：灰紫色	催青经过（d:h）：11:00	解舒丝长（m）：—
卵壳色：乳白色	五龄经过（d:h）：7:11	解舒率（%）：—
蚁蚕体色：黑褐色	全龄经过（d:h）：25:11	清洁（分）：—
壮蚕体色：青灰	蛰中经过（d:h）：17:01	洁净（分）：—
壮蚕斑纹：普斑	每蛾产卵数（粒）：567	茧丝纤度（dtex）：—
茧色：白色	良卵率（%）：98.26	调查年季：2020 年春

209B

保存编号：5325301	茧形：浅束腰	不受精卵率（%）：1.19
选育单位：云南蚕蜂所	缩皱：粗	实用孵化率（%）：97.09
育种亲本：—	蛹体色：黄色	生种率（%）：0.00
育成年份：2009	蛾体色：白色	死笼率（%）：1.50
种质类型：育成品种	蛾眼色：黑色	幼虫生命率（%）：97.49
地理系统：日本系统	蛾翅纹：无花纹斑	双宫茧率（%）：1.25
功能特性：耐粗饲	稚蚕趋性：无	全茧量（g）：1.726
化性：二化	食桑习性：踏叶	茧层量（g）：0.380
眠性：四眠	就眠整齐度：较齐	茧层率（%）：22.02
卵形：椭圆	老熟整齐度：齐涌	茧丝长（m）：—
卵色：灰紫色	催青经过（d:h）：11:00	解舒丝长（m）：—
卵壳色：乳白色	五龄经过（d:h）8:07	解舒率（%）：—
蚁蚕体色：黑褐色	全龄经过（d:h）：26:12	清洁（分）：—
壮蚕体色：青白	蛰中经过（d:h）：16:19	洁净（分）：—
壮蚕斑纹：普斑	每蛾产卵数（粒）：297	茧丝纤度（dtex）：—
茧色：白色	良卵率（%）：97.86	调查年季：2020 年春

209C

保存编号：5325302	茧形：浅束腰	不受精卵率（%）：6.89
选育单位：云南蚕蜂所	缩皱：粗	实用孵化率（%）：96.32
育种亲本：—	蛹体色：黄色	生种率（%）：0.00
育成年份：2009	蛾体色：白色	死笼率（%）：2.50
种质类型：育成品种	蛾眼色：黑色	幼虫生命率（%）：95.67
地理系统：日本系统	蛾翅纹：无花纹斑	双宫茧率（%）：3.05
功能特性：耐粗饲	稚蚕趋性：趋密性	全茧量（g）：1.535
化性：二化	食桑习性：踏叶	茧层量（g）：0.342
眠性：四眠	就眠整齐度：较齐	茧层率（%）：22.25
卵形：椭圆	老熟整齐度：齐涌	茧丝长（m）：—
卵色：灰紫色	催青经过（d:h）：11:00	解舒丝长（m）：—
卵壳色：乳白色	五龄经过（d:h）：7:12	解舒率（%）：—
蚁蚕体色：黑褐色	全龄经过（d:h）：26:11	清洁（分）：—
壮蚕体色：青白	蛰中经过（d:h）：18:00	洁净（分）：—
壮蚕斑纹：素斑	每蛾产卵数（粒）：307	茧丝纤度（dtex）：—
茧色：白色	良卵率（%）：91.90	调查年季：2020 年春

209D

保存编号：5325303	茧形：浅束腰	不受精卵率（%）：0.68
选育单位：云南蚕蜂所	缩皱：中	实用孵化率（%）：96.98
育种亲本：—	蛹体色：黄色	生种率（%）：0.00
育成年份：2009	蛾体色：白色	死笼率（%）：0.37
种质类型：育成品种	蛾眼色：黑色	幼虫生命率（%）：98.79
地理系统：日本系统	蛾翅纹：无花纹斑	双宫茧率（%）：0.95
功能特性：耐粗饲	稚蚕趋性：无	全茧量（g）：1.572
化性：二化	食桑习性：踏叶	茧层量（g）：0.347
眠性：四眠	就眠整齐度：较齐	茧层率（%）：22.06
卵形：椭圆	老熟整齐度：齐涌	茧丝长（m）：—
卵色：灰紫色	催青经过（d:h）：11:00	解舒丝长（m）：—
卵壳色：乳白色	五龄经过（d:h）7:07	解舒率（%）：—
蚁蚕体色：黑褐色	全龄经过（d:h）：25:12	清洁（分）：—
壮蚕体色：青白	蛰中经过（d:h）：16:01	洁净（分）：—
壮蚕斑纹：普斑	每蛾产卵数（粒）：402	茧丝纤度（dtex）：—
茧色：白色	良卵率（%）：99.20	调查年季：2020 年春

209E

保存编号：5325304	茧形：浅束腰	不受精卵率（%）：0.30
选育单位：云南蚕蜂所	缩皱：粗	实用孵化率（%）：95.65
育种亲本：—	蛹体色：黄色	生种率（%）：0.00
育成年份：2009	蛾体色：白色	死笼率（%）：0.29
种质类型：育成品种	蛾眼色：黑色	幼虫生命率（%）：97.77
地理系统：日本系统	蛾翅纹：无花纹斑	双宫茧率（%）：8.44
功能特性：耐粗饲	稚蚕趋性：趋密性	全茧量（g）：1.580
化性：二化	食桑习性：踏叶	茧层量（g）：0.337
眠性：四眠	就眠整齐度：较齐	茧层率（%）：21.30
卵形：椭圆	老熟整齐度：齐涌	茧丝长（m）：—
卵色：灰紫色	催青经过（d:h）：11:00	解舒丝长（m）：—
卵壳色：乳白色	五龄经过（d:h）：7:06	解舒率（%）：—
蚁蚕体色：黑褐色	全龄经过（d:h）：25:11	清洁（分）：—
壮蚕体色：青白	蛰中经过（d:h）：16:17	洁净（分）：—
壮蚕斑纹：素斑	每蛾产卵数（粒）：497	茧丝纤度（dtex）：—
茧色：白色	良卵率（%）：97.23	调查年季：2020 年春

野甲

保存编号：5325305	茧形：短椭圆	不受精卵率（%）：0.39
选育单位：云南蚕蜂所	缩皱：中	实用孵化率（%）：94.32
育种亲本：野桑蚕、2041	蛹体色：黄色	生种率（%）：0.83
育成年份：2009	蛾体色：白色	死笼率（%）：0.33
种质类型：育成品种	蛾眼色：黑色	幼虫生命率（%）：98.96
地理系统：中国系统	蛾翅纹：无花纹斑	双宫茧率（%）：7.31
功能特性：耐粗饲	稚蚕趋性：趋密性	全茧量（g）：1.373
化性：二化	食桑习性：踏叶	茧层量（g）：0.326
眠性：四眠	就眠整齐度：较齐	茧层率（%）：23.73
卵形：椭圆	老熟整齐度：齐涌	茧丝长（m）：—
卵色：灰绿色	催青经过（d:h）：11:00	解舒丝长（m）：—
卵壳色：淡黄色	五龄经过（d:h）7:00	解舒率（%）：—
蚁蚕体色：黑褐色	全龄经过（d:h）：23:23	清洁（分）：—
壮蚕体色：灰黑色	蛰中经过（d:h）：16:01	洁净（分）：—
壮蚕斑纹：素斑	每蛾产卵数（粒）：398	茧丝纤度（dtex）：—
茧色：白色	良卵率（%）：98.36	调查年季：2020 年春

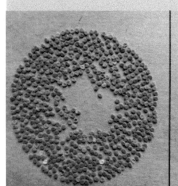
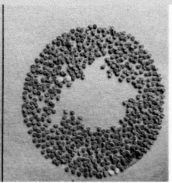

野乙

保存编号：5325306	茧形：浅束腰	不受精卵率（%）：0.56
选育单位：云南蚕蜂所	缩皱：中	实用孵化率（%）：92.85
育种亲本：野桑蚕、2042	蛹体色：黄色	生种率（%）：0.00
育成年份：2009	蛾体色：白色	死笼率（%）：0.00
种质类型：育成品种	蛾眼色：黑色	幼虫生命率（%）：99.49
地理系统：日本系统	蛾翅纹：无花纹斑	双宫茧率（%）：5.14
功能特性：耐粗饲	稚蚕趋性：无	全茧量（g）：1.665
化性：二化	食桑习性：踏叶	茧层量（g）：0.384
眠性：四眠	就眠整齐度：较齐	茧层率（%）：23.06
卵形：椭圆	老熟整齐度：齐涌	茧丝长（m）：—
卵色：灰紫色	催青经过（d:h）：11:00	解舒丝长（m）：—
卵壳色：乳白色	五龄经过（d:h）：7:00	解舒率（%）：—
蚁蚕体色：黑褐色	全龄经过（d:h）：25:11	清洁（分）：—
壮蚕体色：青白	蛰中经过（d:h）：16:17	洁净（分）：—
壮蚕斑纹：普斑	每蛾产卵数（粒）：456	茧丝纤度（dtex）：—
茧色：白色	良卵率（%）：96.24	调查年季：2020 年春

第三章　云南不同历史阶段推广应用的家蚕品种

在 20 世纪 40 年代以前，云南蚕区的蚕种采用的是农村自繁自养的土种，大多为黄茧，且茧层薄，出丝率低，到 20 世纪 60 年代时已基本淘汰。20 世纪 40—50 年代，引进白茧品种华五 × 西皓、华六 × 洽桂等，因其较强的生命力和抗逆性，易于饲养，产茧量、茧层率和出丝率等得到大幅度的提升，成为云南楚雄州蚕区的当家品种。

1. 20 世纪 50 年代

在此期间，有较多的黄色茧土种应用而白茧较少，茧形小，品质也较差。西南蚕丝公司 1952 年成立后，为提高茧丝品质，于 1953 年成立草坝选种站，进行品种整理与选育工作。1955—1956 年，引进筛选出华 8、华 9、华 10、瀛翰、瀛文等性状稳定的春秋兼用品种，组配出瀛翰 × 华 8 和瀛文 × 华 10 两对品种，适应了当时蚕桑生产和缫丝工艺的需要，在云南逐步推广应用，成为云南长达 20 余年的春秋当家品种，到 1973 年逐渐退出生产，1977 年春停止繁育。

2. 20 世纪 60 年代

1961 年从华东引进镇 3、镇 4、镇 6、兰溪 5 号等，因饲育成绩不理想，仅推广了两年即停止繁育。1962 年引进苏 16、苏 17，繁育的数量较少，至 1973 年停止饲养，1963 年春引进 306，制成 306 × 华 10 一代杂交种，1965—1966 年在草坝蚕种场饲养了 1 055 张，1967—1968 年扩大到农村饲养，发种量达到了 36%。1968 年从安徽引进华合、东肥，其饲养适应性强，茧形大，茧层率高，受 "文革" 影响，到 1973 年才扩大繁育，推广应用到农村。

3. 20 世纪 70 年代

1973—1974 年，先后引进苏 3、苏 4、671、687、688、川蚕 3 号和 7 字号品种 20 余个。1974—1977 年在全省饲养川蚕 3 号，因蚕茧小、价格低等因素不易被农户接受，于 1978 年停止饲养。1973 年以东肥和 671 制成杂交原种后再与华合杂交制成三元的一代杂交种，克蚁制种量达到了 23.7 张，较华合 × 东肥的 15.6 张提高了 51.8%。1976 年开始在农村推广，到 1988 年春停止饲养。1974 年开始滇 13 × 滇 14 的繁育推广，其克蚁收茧量 4.13 kg，茧层率 22%～25%，茧丝长 1 100～1 400 m，解舒丝长 700～800 m，纤度 2.84D，平均克蚁收茧量比华合 × 东肥・671 提高了 9.3%，在生产上得到快速推广，到 1988 年停止使用，推广的 10 余年时间，共应用了 14.56 万张。

4. 20 世纪 80 年代

1984 年春从中国农业科学院蚕业研究所引进 8 字号品种 9 个，从四川省农业科学院蚕业研究所引进 781×782·734。1986 年从广西引进 7532 和 932 等品种，以东肥与 782 杂交选育得到 802，再与 781 组配成 781×802，该品种茧层厚、茧层率高，茧大洁白、茧丝长长，其经济性状较滇 13×滇 14 和华合×东肥优良，张种产茧量提高 6.9%～7.3%，茧层率 23%～25%，平均茧丝长 1 284 m，解舒丝长 827.75 m，从 1983 年推广到 1989 年的 6 年间，提供云南省 9 个地州市的 22 个县应用 8.15 万张，占全省蚕种发种量的 35.9%，同时也在四川、安徽和贵州等省外地区推广。1987 年从浙江引进浙蕾×春晓，其茧大匀整，公斤茧粒数低于 470 粒，茧层率 24%～25%，至 2001 年期间，是楚雄州的主推品种之一。云蚕 1×云蚕 2 好养、丰产、茧丝质优良，经济效益较高，于 1986 年开始推广，到 1995 年的 10 年间，共推广 25.54 万张，占全省蚕种发种量的 42.58%。1986 年，从中国农业科学院蚕业研究所引进菁松×皓月进行试验，其产量高、抗逆性强、解舒好且稳定，逐步在云南推广，成为了云南春、夏、秋使用的主要品种，到 2004 年在云南累计推广量就达到 194 万张，在随后的 10 余年间，菁松×皓月的推广量稳定在全省发种量的 70%～80%。2015 年后，随着抗血液型脓病家蚕品种华康系列和云抗 1 号的应用，菁松×皓月的推广呈现萎缩趋势，但也占全省总发种量的 50% 左右。

5. 20 世纪 90 年代

云蚕 3×云蚕 4 育成后，因其健康好养、发育整齐，缫折较低，茧丝纤度 2.51 D，茧丝长 1 117～1 303 m，1998 年到 2003 年，共推广应用 12.55 万张，工农业增加收入 1 315.10 万元。云蚕 5×云蚕 6 的抗逆性强，易于饲养，繁育系数高，茧丝质优良，产茧量稳定，在云南蚕区的茧层率达到 25.35%，解舒率 83.6%，解舒丝长 1 100 m，净度 95 分。

6. 2000 年至今

云蚕 7×云蚕 8 是单限性家蚕品种，在制种繁育过程中，能较大幅度降低生产成本，其具有蚕体粗壮、容易饲养、茧大洁白、繁殖系数高、茧丝质优良等特性，自 1998 年通过审定后，于 2000 年开始较大规模的推广，在 2010 年达到顶峰，年推广量达 30 余万张，占全省发种量的 40% 左右，到 2015 年，累计推广蚕种 200 余万张，对云南蚕区的经济发展产生了重要影响。蒙草×红云和云松×云月等品种的蚕茧产量高，但茧丝纤度较粗，在高品位生丝缫制方面受到限制，推广的数量较少。2005 年云南省农业科学院蚕桑蜜蜂研究所、云南美誉蚕业科技发展有限公司与浙江省农业科学院蚕桑研究所合作，从浙江省引进夏秋用秋华×平 30、秋丰×平 28 两对雄蚕品种，与自主育成的春秋用雄蚕品种云蚕 7×红平 2 和蒙草×红平 4 在云南的景东、昌宁和鹤庆等蚕区进行雄蚕品种的试验示范，其雄蚕率高、茧层率 25% 左右，鲜茧出丝率达 20% 以上，生丝等级达 5A 级以上，能缫制高品位生丝而受到茧丝加工企业的喜爱，但受雄蚕品种的蚕种繁育成本高和蚕茧市场化等影响，专养雄蚕产生的效益难以实现在蚕种繁育单位和蚕农间重新分配，雄蚕品种的推广应用速度缓慢，目前仅推广应用约 20 万张。云夏 3×云夏 4 的抗逆性强、易于饲养，其茧丝质成绩相对较好，2019 年通过知识产权企业化市场运作后，在生产上的推广速度得到提升，年推广量达 10 万张以上。2018 年育成抗血液型脓病品种云抗 1 号，因对血液型脓病的高抗性，在云南的鹤庆、楚雄等地得到迅速推广，达到年推广量 5 万张以上的规模。2015—2021 年，华康系列和苏豪×钟晔等抗血液型脓病品种在云南迅速推广应用，对促进云南蚕桑生产持续稳定发展具有重要推动作用。2021 年后，因抗血液型脓病品种的细菌病发生率高，发种量骤减，而抗逆性强的 781×7532 和综合性状优良的菁松×皓月的推广量迅速回升。人工饲料育品种在云南自 2022 年以来推广速度较快，主要以优食一号和桂蚕 5 号为主，云南省农业科学院蚕桑蜜蜂研究所育成的 2 对人工饲料品种也进入农村小区试验阶段，可以预期的是，由于能够解决劳动力投入成本和农药中毒等环境不利因素，人工饲料育品种将会在生产中得到大规模应用，在乡村振兴产业支撑中发挥积极作用。

第四章 云南育成的家蚕品种性状

滇13×滇14（781×782）

（一）品种育成经过

1974 年通过对引进的 16 份 7 字号家蚕品种进行鉴定评价，从中筛选出 781 和 782 优良种质资源，经系统选育后组配成 781×782 家蚕新品种，实验室比较试验和农村生产鉴定成绩优良，于 1978 年开始扩大应用推广面积。

（二）杂交种性状

二化性、四眠。单蛾产卵量 510～540 粒。催青经过 11 d，孵化齐一。眠起整齐，眠性快，食桑量大，蚕体大，匀整度高，体质强健，易于饲养。壮蚕体色青白，花蚕，五龄老熟齐一，吐丝结茧速度快，茧色洁白，茧形大，椭圆形，大小匀整，茧层率高，茧丝长长，茧丝纤度细，解舒好，春季饲养的优质高产性状突出，夏秋季饲养的产茧较华合×东肥高。

（三）杂交种饲养注意事项

（1）小蚕期饲养需保持目的温湿度，避免忽高忽低，防止伏颣蚕和小蚕发生。

（2）小蚕用桑要适熟新鲜，特别是收蚁 1～2 龄少食期，叶质要适熟偏嫩。给桑力求均匀，蚕座不能过密，避免蚕生长发育不良。

（3）壮蚕食桑活泼，食桑量大，需做到良桑饱食，才能发挥品种高产的优良特性。

（4）上蔟宜适熟，稀上不能过密，蔟中保持目的温湿度，营茧后注意防闷热，做好通风排湿工作。

781×802

（一）品种育成经过

1980 年以东肥和苏 6 为材料组配成"日日"的杂交原种，经纯化固定后育成 802，提高了日系品种的健康性和茧层率。与 781 杂交得到一代杂交种，命名为 781×802。

（二）杂交种基本性状

本品种为中日一代杂交种，二化性、四眠、白茧。具有好养、产量高、茧层率高、生丝率高等特点，为春秋兼用品种。正交卵色灰绿色，反交卵色紫褐色，正反交每蛾产卵 501～574 粒，蚁蚕黑褐色，孵化、眠起整齐，各龄起蚕有趋光性。催青经过 11 d，壮蚕期食桑旺盛，体色青带淡赤色，普通斑（花蚕），蚕体结实，体型较大，容易饲养，五龄起蚕有封口蚕，五龄经过 8 d 左右，全龄经过约 29 d。老熟齐一，吐丝结茧速度快，茧大匀整，色白，缩皱中等，茧形椭圆，茧壳较厚，公斤茧粒数约 470 粒。

（三）杂交种饲养注意事项

（1）在养蚕前做好蚕室蚕具的消毒工作，蚕期中做好蚕体蚕座消毒，蚕期后做好蔟具收尾消毒，把消毒防病贯穿到整个蚕期，达到少发病、增加产量、提高质量的目的。

（2）催青需按二化性标准进行，严格掌握好起点胚子，转青后黑暗处理，促使孵化整齐。蚁蚕有分散性，感光不宜过早，以免蚁蚕爬散消耗体力，可适当提早收蚁。

（3）小蚕期饲养要保持标准温湿度，避免忽高忽低，切桑不宜过大，防止伏颣蚕、小蚕发生。小蚕有趋密趋光性，蚕室光线应保持均匀。适时调箔匀座，使蚕儿发育整齐。小蚕期蚕座不宜过密，用桑要新鲜，做到良桑饱食。

（4）大蚕期食桑旺盛，食下量大，体大，活泼，应及时给足桑叶，使蚕儿充分饱食，才能发挥该品种的优良性状，五龄蚕座宜干燥，并注意通风换气。

云蚕 1 × 云蚕 2

育成单位：云南省农业科学院蚕桑蜜蜂研究所
审定年份：1988 年
品种类别：春秋兼用品种
审（鉴）定机构及审定编号：云南省农作物品种审定委员会 滇蚕 1 号

（一）品种育成经过

通过观察蚕卵孵化、发育整齐度、茧型等特性，调查全茧量、茧层率等经济性状和死笼率、幼虫生命率等强健性，从保存的家蚕种质资源中筛选得到健康性好，经济性状优良的中系亲本 781 和 731、日系亲本 782 和 732，经定向培育得到春秋兼用四元杂交品种云蚕 1 × 云蚕 2，于 1988 年通过审定。

（二）原种基本性状

1. 云蚕 1

中国系统，二化性，四眠。克卵数 1 800 粒左右。蚕卵灰绿色，卵壳淡黄色。蚁蚕黑褐色，克蚁头数 2 200 头左右，蚁蚕趋光性强。各龄眠起齐一，食桑旺盛，体质较强。壮蚕体色青白，素斑。熟蚕体色乳白带黄，老熟齐一，营茧快，喜结上层茧。茧形椭圆，茧色白，缩皱中等。茧丝长较长，解舒优，净度好，茧丝纤度细。发蛾集中，蛾体活泼，交配性能好，产卵性能好。

2. 蚕 2

日本系统，二化性，四眠。蚕卵灰紫色，卵壳白或乳白色。蚁蚕黑褐色，克蚁头数 2 300 头左右，蚁蚕行动活泼，逸散性强。食桑较慢，壮蚕体型细长、普斑。熟蚕老熟齐一，体色微红。茧形浅束腰，大小匀整。茧色洁白，皱缩中等。茧丝长略短，解舒良，净度优。发蛾涌，雄蛾较耐冷藏。产卵快，产附尚好，不良卵较少。

（三）杂交种基本性状

二化性，四眠，具有孵化齐、眠性快、好养、蚕体大、茧型大的优良特性。正交蚕卵浅灰绿色，反交为深紫黑色。克卵粒数正交为 1 721 粒，反交为 1 621 粒左右。蚁蚕体色正交黑褐色，反交暗黑色。孵化、眠起均较齐一，蚁蚕活泼，各龄起蚕有趋光趋密性。蚕体普斑，食欲旺盛，强健好养。五龄老熟齐一，吐丝结茧快，结上层茧，茧大匀整，茧形椭圆，缩皱中等。

（四）杂交种饲养注意事项

（1）催青宜按二化性标准进行，严格掌握起点胚子，转青后要黑暗，促使孵化齐一。

（2）1～2 龄眠性快，各龄要注意及时扩座匀座。稚蚕期蚕座不能过密，要掌握分批处理，以防饥饿。

（3）收蚁及各龄饷食用桑适熟偏嫩为宜，力求新鲜，务必良桑饱食。

（4）各龄盛食期及五龄第四天开始食桑旺盛，吃叶量多，要充分饱食，壮蚕用桑宜适熟偏老。

（5）5 龄蚕座宜干燥，上蔟时应避免低温多湿，不能过密，以减少同宫茧，并注意蔟中通风换气，保持干燥。

（五）原种、杂交种饲养成绩参考表

项目	原种性状		杂交种性状	
原种名	云蚕 1	云蚕 2	催青经过（d）	11
催青经过（d）	11	11	5 龄经过（d:h）	7:08
5 龄经过（d:h）	7:10	7:18	幼虫经过（d:h）	27:12
幼虫经过（d:h）	27:08	28:00	万头产茧量（kg）	17.43
蛹期经过（d）	16	16	万头茧层量（kg）	4.24
全期经过（d:h）	54:08	55:00	公斤茧颗数（粒）	564
克蚁收茧量（kg）	3.95	3.80	鲜茧出丝率（%）	—
死笼率（%）	1.45	1.68	全茧量（g）	1.80
公斤茧颗数（粒）	524	557	茧层量（g）	0.438
全茧量（g）	1.91	1.79	茧层率（%）	24.33
茧层量（g）	0.45	0.41	茧丝量（g）	0.352
茧层率（%）	23.56	22.91	茧丝长（m）	1 212.9
一蛾产卵数（粒）	569	462	解舒丝长（m）	834.8
良卵率（%）	98.92	97.70	解舒率（%）	68.83
克蚁制种量（张）	21.85	17.66	茧丝纤度（dtex）	2.904
公斤茧制种量（张）	5.53	4.65	净度（分）	91.03
调查年季	1987 年春		1986—1987 年	
调查单位	云南省农业科学院蚕桑蜜蜂研究所		陆良、曲靖、保山等蚕桑站	

云蚕 3×云蚕 4

育成单位：云南省农业科学院蚕桑蜜蜂研究所

审定年份：1997 年

品种类别：春秋兼用品种

审（鉴）定机构及审定编号：云南省农作物品种审定委员会　滇蚕 2 号

（一）育成经过

从 1988 年开始，进行家蚕品种选育工作，采用不完全双列杂交法，测定保存亲本的配合力情况，筛选到 781、731、732、826 等四系配合力好的优势亲本，组配成一对抗逆性、交配性、经济效益较优的四元杂交新组合云蚕 3×云蚕 4，适合云南省各地春秋饲养，于 1997 年通过审定。

（二）原原种基本性状

1. 云蚕 3A（781）

中国系统，二化性，四眠。越年卵淡灰绿色，卵壳黄色，蚁蚕黑褐色。稚蚕期有趋光性，眠起齐一，壮蚕体色青白，素蚕，体型大，食桑快，行动活泼，老熟集中。茧形椭圆、洁白。羽化早，发蛾集中，交配性能好，一蛾产卵 541 粒。

2. 云蚕 3B（731）

中国系统，二化性，四眠。卵灰绿色，卵壳淡黄色，蚁蚕黑褐色。稚蚕期有趋光性，眠起齐一，壮蚕体色青白，素蚕，体型粗壮，食桑快，行动活泼，老熟集中。茧短椭圆，洁白。羽化早，发蛾集中，交配性能好，一蛾产卵 556 粒。

3. 云蚕 4A（732）

日本系统，二化性，四眠。卵深紫褐色，卵壳乳白色，蚁蚕黑褐色。稚蚕期逸散性强，眠性慢。壮蚕体色青白带微红，普斑，体型细长，食桑缓慢，行动欠活泼，老熟欠齐。茧浅束腰，茧色白。交尾性能良好，产卵快，一蛾产卵 538 粒。

4. 云蚕 4A（826）

日本系统，二化性，四眠。卵深紫褐色，卵壳乳白色，蚁蚕黑褐色。稚蚕期逸散性强，眠性慢。壮蚕体色青白带微红，普通斑，体型细长，食桑缓慢，食桑欠活泼，老熟欠齐。茧浅束腰，茧色白。交尾性能良好，产卵快，一蛾产卵 518 粒。

（三）原种基本性状

1. 云蚕 3

中国系统，二化性，四眠。卵灰绿色，卵壳淡黄色，孵化整齐，蚁蚕黑褐色，克蚁头数 2 325 头，趋光性强，各龄眠起齐一，食桑旺盛，体质较强。壮蚕体色青白，素蚕。茧型大，椭圆形，缩皱中等。发蛾集中，蛾体活泼，交配性能好，产卵尚快，产附平整。

2. 云蚕4

日本系统，二化性，四眠。越年卵灰紫色，卵壳白或乳白色，克蚁头数2 410头。食桑缓慢，体质较强，容易饲养。壮蚕体色青白带微红，普通斑。熟蚕老熟齐一，体色紫红带灰。茧形浅束腰，大小匀整。茧色洁白，皱缩中等。发蛾较慢，雄蛾较耐冷藏，交配性能好。产卵快，产附尚好，不良卵较少。

（四）杂交种基本性状

二化性，四眠，具有好饲养、产量高、茧质好、茧丝纤度适中、抗性强等优点。正交蚕卵灰绿色，卵壳淡黄色，有深浅不同，克卵数1 600粒，克蚁头数2 200～2 300头。反交蚕卵为灰紫色，卵壳白色，克卵数1 750粒，克蚁头数2 250～2 300头。蚕种孵化齐一，蚁体黑褐色，有逸散性。小蚕期有趋密性，生长发育齐、快。各龄眠起齐一，食桑旺盛。大蚕体型中粗硬实，体色青白，普通斑。老熟齐一，营茧速度快，多结中上层茧。茧形长椭圆形，大小较匀整，茧色洁白，缩皱中等。

（五）杂交种饲养注意事项

（1）催青按二化性标准进行，转青快，严格掌握起点胚子，见点后移入黑暗室保护使孵化齐一。

（2）稚蚕有趋密性，多加强给桑扩座匀座，稚蚕期对饲料选择性高，防止用叶偏老，特别是收蚁后1～2回用叶宜选择适熟偏嫩叶。食桑快，必须注意蚕座面积和给桑量的掌握。

（3）各龄眠性快，眠起齐一，从见眠到眠起时间短，要掌握好加眠网时间，注意早止桑，迟饷食，加强眠起处理。

（4）各龄盛食期及五龄第四天起食桑旺盛，桑叶力求新鲜，务必良桑饱食。

（5）壮蚕上蔟注意通风换气保持干燥，上蔟密度适当。

（六）原种、杂交种饲养成绩参考表

项目	原种性状		杂交种性状	
原种名	云蚕3	云蚕4	催青经过（d）	11
催青经过（d）	11	11	5龄经过（d:h）	8:00
5龄经过（d:h）	7:12	7:20	幼虫经过（d:h）	25:00
幼虫经过（d:h）	25:08	26:18	万头产茧量（kg）	18.93
蛹期经过（d）	15	15	万头茧层量（kg）	4.01
全期经过（d:h）	51:08	52:18	公斤茧颗数（粒）	522
克蚁收茧量（kg）	3.90	4.41	鲜茧出丝率（%）	—
死笼率（%）	1.69	2.03	全茧量（g）	1.91
公斤茧颗数（粒）	568	574	茧层量（g）	0.405
全茧量（g）	1.81	1.73	茧层率（%）	21.18
茧层量（g）	0.42	0.39	茧丝量（g）	

续表

项目	原种性状		杂交种性状	
茧层率（%）	23.20	22.54	茧丝长（m）	1 176.3
一蛾产卵数（粒）	513	489	解舒丝长（m）	867.5
良卵率（%）	98.12	98.67	解舒率（%）	73.7
克蚁制种量（张）	18.25	17.51	茧丝纤度（dtex）	2.827
公斤茧制种量（张）	4.68	3.97	净度（分）	92.5
调查年季	1996 年春			
调查单位	云南省农业科学院蚕桑蜜蜂研究所			

云蚕 5×云蚕 6

育成单位：云南省农业科学院蚕桑蜜蜂研究所

审定年份：1998 年

品种类别：春秋兼用品种

审（鉴）定机构及审定编号：云南省农作物品种审定委员会 滇蚕 4 号

（一）品种选育经过

经亲本选择、纯系分离、测交鉴定选拔出云南省农业科学院蚕桑蜜蜂研究所保存的生命力强、配合力好的日系亲本 M4、M14，并运用遗传互补原理，与体质一般、茧丝质优良的中系亲本 M3、M5 杂交。通过基因重组使杂交后代得到互补，较好解决了茧丝质、体质、繁育之间负相关的矛盾，使新选育品种云蚕 5×云蚕 6 在强健性与茧丝质上达到了较高的平衡。

（二）原种基本性状

1. 云蚕 5

中国系统，二化性，四眠。具有产卵较快、产附良好、茧丝质优良等特点。蚁蚕孵化齐一，蚁蚕黑褐色，克蚁头数 2 300 头左右。小蚕期趋密性较强，大蚕体色青白，素蚕，体型大。眠起较齐，各龄发育较快，幼虫经过时间短。老熟尚齐，熟蚕喜爬。茧色白，椭圆形，偶有球形茧，缩皱中等。蛹体大，蛹形正常，发蛾较集中，雄蛾较耐冷藏，交尾性能良好。

2. 云蚕 6

日本系统，二化性，四眠。蚁蚕孵化齐一，克蚁头数 2 200 头左右。蚁蚕黑褐色，行动活泼。壮蚕体色青白，普通斑，体型中等，蚕体结实，大小匀整。各龄眠起较齐，但龄期经过较长。茧形长椭圆，浅束腰，茧色白，缩皱中等。雄蛾较耐冷藏，交尾性能良好。

（三）杂交种基本性状

二化性，四眠，具有蚕体粗壮、容易饲养、茧大洁白、茧丝质优等特点。蚁蚕孵化齐一，体色黑褐色，正交较文静，反交活泼。克蚁头数正交 2 300 头左右，反交 2 200 头左右。小蚕有密集性和趋光性，眠性快。五龄食桑不踏叶，蚕体粗壮结实而匀整，体色青白，普斑。老熟齐涌，喜结上层茧，茧形大而匀整，茧色洁白，缩皱中等。

（四）杂交种饲养注意事项

（1）小蚕期有密集性和趋光性，要注意扩座、匀座和调箔，防止食桑不匀而影响发育。

（2）稚蚕期饲育温度可适当偏高，1～2龄26～28 ℃，3龄26 ℃，并注意蚕室的通风换气及补湿工作。

（3）各龄期眠性较快，要注意及时加网（眠网和提青网），适时止桑，偏早饷食。

（4）用桑要适龄新鲜，勿给过嫩桑叶。五龄盛食期食桑旺盛，应及时扩座分箔，做到稀放饱食，以发挥其产量高、茧层厚的特点。

（5）大蚕期若遇高温干燥气候，中午给桑时可适当喷水或用0.3%的漂白粉澄清液喷洒叶面喂蚕。加强通风换气，防止高温闷热。

（6）老熟齐一，上蔟涌而集中，营茧快，要提早做好蔟室蔟具准备工作。上蔟密度要适当偏稀，蔟中不宜闷湿，要及时通风排湿，以免影响茧质。

（五）原种、杂交种饲养成绩参考表

项目	原种性状		杂交种性状	
原种名	云蚕5	云蚕6	催青经过（d）	11
催青经过（d）	11	11	5龄经过（d:h）	8:09
5龄经过（d:h）	7:08	7:18	幼虫经过（d:h）	28:09
幼虫经过（d:h）	26:12	27:20	万头产茧量（kg）	17.25
蛹期经过（d）	16	17	万头茧层量（kg）	4.34
全期经过（d:h）	53:12	55:20	公斤茧颗数（粒）	580
克蚁收茧量（kg）	3.48	3.21	鲜茧出丝率（%）	—
死笼率（%）	3.2	3.8	全茧量（g）	1.79
公斤茧颗数（粒）	512	526	茧层量（g）	0.45
全茧量（g）	1.96	1.92	茧层率（%）	25.14
茧层量（g）	0.472	0.472	茧丝量（g）	—
茧层率（%）	24.08	24.58	茧丝长（m）	1 240
一蛾产卵数（粒）	520	450	解舒丝长（m）	1 032
良卵率（%）	97.80	97.38	解舒率（%）	83.23
克蚁制种量（张）	14.38	12.31	茧丝纤度（dtex）	2.877
公斤茧制种量（张）	4.13	3.83	净度（分）	95.00
调查年季	1995年春		1995—1996年	
调查单位	云南省农业科学院蚕桑蜜蜂研究所		楚雄、陆良、蒙自的农村基点成绩	

云蚕 7×云蚕 8

育成单位：云南省农业科学院蚕桑蜜蜂研究所

审定年份：1998 年

品种类别：春秋兼用品种

审（鉴）定机构及审定编号：云南省农作物品种审定委员会 滇蚕 3 号

（一）品种选育经过

在保证蚕茧产量和质量的基础上，提高繁育系数，筛选得到高茧层率、强体质、多卵量的亲本 24、9031、46、9042，通过杂交固定的育种方法，育成新品种云蚕 8 甲和云蚕 8 乙，将之与 57B、锦 6 进行四元杂交组配得到蚕体大、抗性强、繁育系数高的春秋兼用品种云蚕 7×云蚕 8，1998 年通过云南省农作物品种审定委员会审定。

1. 云蚕 8 甲（即选八甲）

该品种从 1993 年开始培育，以茧层率较高的 24（中国农业科学院蚕业研究所引进种）为母本、综合经济性状较好的 9031 为父本进行杂交固定而成。F₁～F₃ 代实行混合育，以选优、选齐为目的，着重个体和茧期选择。F₄ 代以后进行单蛾育，结合卵期、蚕期、茧期的持续选择固定而成。

年份	期	世代	饲育形式	饲育区数	5 龄经过（d:h）	全龄经过（d:h）	幼虫生命率（%）	虫蛹率（%）	全茧量（g）	茧层量（g）	茧层率（%）
1993	春		24×9031	1	8:12	27:22	96.9	96.2	1.55	0.410	26.45
	秋	F₁	○	4	7:20	27:00	94.2	93.9	1.50	0.392	26.13
1994	春	F₂	○	4	8:14	27:15	96.7	96.4	1.67	0.421	25.21
	早秋	F₃	○	4	7:08	27:12	98.3	98.0	1.63	0.447	27.42
	晚秋	F₄	□	8	9:10	28:12	93.8	92.4	1.48	0.380	25.68
1995	春	F₅	□	8	8:02	27:04	98.1	97.1	1.53	0.388	25.36
	秋	F₆	□	8	8:16	27:22	97.5	96.5	1.63	0.428	26.26
1996	春	F₇	□	8	8:05	27:10	94.6	93.9	1.55	0.412	26.58
	秋	F₈	□	8	7:18	27:06	96.6	97.4	1.45	0.409	28.21
1997	春	F₉	□	8	8:06	27:16	93.7	92.0	1.60	0.419	26.19
	秋	F₁₀	□	8	7:15	28:06	94.2	93.7	1.48	0.375	25.34

注：○混合育；□蛾区育。

2. 云蚕 8 乙（即选八乙）

亲本是以茧层率高的 46 作母本、综合经济性状好的 9042 作父本杂交固定而成。F₁～F₃ 代实行混合育，F₄ 代后进行单蛾育，累代选择生命率高的蛾区继代，其他每个世代的蛾区选择、交配方式等与选八甲相似。

年份	期	世代	饲育形式	饲育区数	5龄经过（d:h）	全龄经过（d:h）	幼虫生命率（%）	虫蛹率（%）	全茧量（g）	茧层量（g）	茧层率（%）
1993	春		46×9042	1	08:16	28:10	92.1	90.5	1.39	0.372	26.76
	秋	F_1	○	4	09:10	29:20	93.2	89.1	1.41	0.390	27.66
1994	春	F_2	○	4	08:14	28:04	94.3	91.5	1.51	0.382	25.30
	早秋	F_3	○	4	09:13	28:16	99.5	92.9	1.39	0.373	26.83
	晚秋	F_4	□	8	09:16	29:10	98.3	95.8	1.44	0.357	24.79
1995	春	F_5	□	8	08:22	28:20	97.1	92.1	1.40	0.370	26.43
	秋	F_6	□	8	09:11	29:02	94.2	92.8	1.53	0.398	26.01
1996	春	F_7	□	8	09:08	28:06	99.6	95.1	1.36	0.373	27.43
	秋	F_8	□	8	08:13	29:02	96.3	91.7	1.41	0.343	24.33
1997	春	F_9	□	8	09:00	28:16	92.0	90.1	1.58	0.431	27.28
	秋	F_{10}	□	8	09:15	29:04	96.1	94.7	1.34	0.354	26.42

（二）原种基本性状

1. 云蚕7

中国系统，二化性，四眠。越年卵绿色和灰绿色两种，卵壳淡黄色。蚁蚕黑褐色，行动活泼，克蚁头数约2 100头。稚蚕期有趋密性和趋光性，眠起整齐，壮蚕体色青白。A系和B系均为限性斑纹品种，普斑是雌蚕，素斑是雄蚕，普斑与素斑的比例为1∶1。体型粗壮，食桑快，行动文静，花蚕较白蚕大。熟蚕体色黄亮，老熟较齐涌，营茧速度稍慢，排尿偏多。多结中上层茧，茧形匀整，茧色洁白，缩皱中等偏细。蛹体黄色，习性文静，无黑翅蛹，复眼淡红色，蛾眼黑色。蛾体色有白色和灰黑色，雌蛾白色，雄蛾多数为灰黑色，蛾翅有花纹斑，羽化早，发蛾集中，发蛾率高。雄蛾活泼，交尾性能较好，产附排列平整，产卵数多。

2. 云蚕8

日本系统，二化性，四眠。越年卵灰紫色，卵壳乳白色。孵化齐一，蚁蚕体色暗褐色，行动活泼，逸散性强，克蚁头数2 100头左右。各龄起蚕活泼，逸散性强，眠性慢，食桑缓慢。壮蚕体型粗壮，斑纹普斑，体色青白带糙米色，蚕体匀正，老熟齐一。营茧稍慢，茧色洁白，茧形长椭圆，束腰不明显，大小匀整，缩皱中等。蛹体黄色，体型中等，发蛾较慢，雄蛾活泼耐冷藏，交配性能好。

（三）杂交种基本性状

二化性，四眠。具有蚕体粗壮，容易饲养，茧大洁白，繁殖系数高，茧丝质优良等特性。正交蚕卵浅灰绿色，反交为深紫黑色。克卵粒数正交约为1 600粒，反交为1 700粒左右。孵化、眠起均较齐一，蚁蚕活泼，各龄起蚕有趋光趋密性。蚁蚕黑褐色，克蚁头数正反交约2 200头。体色青白带糙米色，普斑，有深浅之分，食欲旺盛，强健好养。五龄老熟齐一，吐丝结茧快，结上层茧，茧大洁白，长椭圆形，缩皱中等。

（四）杂交种饲养注意事项

（1）该对品种催青积温高。为在预定时间内准时收蚁，可掌握提前半天出库，或在催青后期（点青开始）比正常温度高 1 ℃ 保护。

（2）稚蚕期饲育温度可适当偏高，1～2 龄 27～28 ℃，3 龄 26～27 ℃，4～5 龄 23～25 ℃。

（3）壮蚕期食蚕旺盛，应及时扩座分箔，做到良桑饱食，以充分发挥产量高、茧层高的特点。

（4）本品种在即将老熟时，蚕食桑量仍然较大，此时不宜突然减少给桑量，否则将延长老熟时间，影响茧质。

（5）蚕老熟齐涌，注意提前做好上蔟准备。上蔟时掌握稀密适度，该对品种蚕体肥大，排出粪尿较多，要注意及时通风排湿，以提高蚕茧等级。

（五）原种、杂交种饲养成绩参考表

项目	原种性状		杂交种性状	
原种名	云蚕 7	云蚕 8	催青经过（d）	11
催青经过（d）	11	11	5 龄经过（d:h）	8:20
5 龄经过（d:h）	7:06	7:18	幼虫经过（d:h）	27:22
幼虫经过（d:h）	27:12	28:00	万头产茧量（kg）	19.93
蛹期经过（d）	16	16	万头茧层量（kg）	4.943
全期经过（d:h）	54:12	55:18	公斤茧颗数（粒）	488
克蚁收茧量（kg）	3.90	3.82	鲜茧出丝率（%）	—
死笼率（%）	1.58	1.72	全茧量（g）	2.10
公斤茧颗数（粒）	516	591	茧层量（g）	0.522
全茧量（g）	1.91	1.87	茧层率（%）	24.80
茧层量（g）	0.47	0.445	茧丝量（g）	0.444
茧层率（%）	24.61	23.80	茧丝长（m）	1 307
一蛾产卵数（粒）	581	498	解舒丝长（m）	1 024
良卵率（%）	98.77	96.98	解舒率（%）	79.80
克蚁制种量（张）	—	—	茧丝纤度（D）	3.355
公斤茧制种量（张）	—	—	净度（分）	94.00
调查年季	1997 年春		1997 年春	
调查单位	云南省农业科学院蚕桑蜜蜂研究所		四川省农业科学院蚕业研究所	

云松×云月

育成单位： 云南省农业科学院蚕桑蜜蜂研究所

审定年份： 2006 年

品种类别： 春秋兼用品种

审（鉴）定机构及审定编号： 云南省种子管理站 滇鉴 200601

（一）育成经过

云松、云月是 1996 年采用杂交育种方法，在首选的菁松、皓月骨干亲本中，采用顶交法，分别与云南省农业科学院蚕桑蜜蜂研究所保育的优良品系杂交，进行早代的配合力测定，从中筛选出较优组合中的选一、干 3、M10、826 作为杂交育种用品系。按照菁松 A×选一、菁松 A×干 3，皓月 B×M10、皓月 B×826 的杂交形式进行选育，使杂交选育出来的 2 个中系品种和 2 个日系品种均各含菁松 A、皓月 B 1/2 的血缘，使其血缘相近，达到控制原种这一级蚕种杂交优势的目的。性状稳定后，菁松 A×选一定名为云松 A 系，菁松 A×干 3 定名为云松 B 系，皓月 B×M10 定名为云月 A 系，皓月 B×826 定名为云月 B 系。在育种的早期世代，采用分区蛾区混合育，F_4 代以后采用单蛾育。在各代选择中严格贯彻五选工作，该对品种经 10 多代选育，性状基本稳定，按（云松 A·云松 B）×（云月 A·云月 B）及反交（云月 A·云月 B）×（云松 A·云松 B）直接组配成四元杂交种。

1. 云松 A 的育成经过

年份	期	世代	饲育形式	饲育区数	5 龄经过（d:h）	全龄经过（d:h）	幼虫生命率（%）	虫蛹率（%）	全茧量（g）	茧层量（g）	茧层率（%）
1996	春	F_1	菁松 A×选一	1	8:10	28:12	97.4	96.2	1.49	0.383	25.70
	秋	F_2	○	4	8:20	28:20	95.4	91.3	1.68	0.427	25.42
1997	春	F_3	○	4	8:07	28:04	95.2	92.1	1.42	0.356	25.07
	早秋	F_4	○	4	7:15	27:10	96.8	95.7	1.36	0.350	25.74
	晚秋	F_5	□	8	9:17	29:15	92.6	89.6	1.48	0.376	25.41
1998	春	F_6	□	8	8:22	28:20	95.5	94.3	1.51	0.388	25.70
	秋	F_7	□	8	9:05	29:02	98.2	96.6	1.45	0.352	24.28
1999	春	F_8	□	8	8:10	28:05	93.0	91.4	1.33	0.332	24.96
	秋	F_9	□	8	9:12	29:10	91.6	89.6	1.53	0.393	25.69
2000	春	F_{10}	□	8	8:07	28:05	92.4	91.1	1.61	0.418	25.96
	秋	F_{11}	□	8	8:17	28:06	97.8	92.7	1.39	0.342	24.60
2001	春	F_{12}	□	8	7:12	27:08	98.9	97.5	1.34	0.389	29.03
	秋	F_{13}	□	8	9:08	29:15	94.1	93.1	1.63	0.417	25.58

续表

年份	期	世代	饲育形式	饲育区数	5龄经过（d:h）	全龄经过（d:h）	幼虫生命率（%）	虫蛹率（%）	全茧量（g）	茧层量（g）	茧层率（%）
2002	春	F_{14}	□	12	8:15	28:20	91.6	91.9	1.32	0.369	27.95
	秋	F_{15}	□	12	8:12	28:16	97.2	94.9	1.65	0.436	26.42
2003	春	F_{16}	□	12	9:17	29:05	99.2	97.8	1.53	0.391	25.56
	秋	F_{17}	□	12	8:20	28:20	92.4	91.3	1.34	0.356	26.57
2004	春	F_{18}	□	16	8:07	28:13	94.7	93.8	1.67	0.427	25.57
2005	春	F_{19}	□	16	8:02	28:06	97.8	94.3	1.70	0.438	25.74

2. 云松 B 的育成经过

年份	期	世代	饲育形式	饲育区数	5龄经过（d:h）	全龄经过（d:h）	幼虫生命率（%）	虫蛹率（%）	全茧量（g）	茧层量（g）	茧层率（%）
1996	春	F_1	菁松 A ×干 3	1	9:10	28:06	96.3	90.4	1.46	0.370	25.34
	秋	F_2	○	4	8:20	29:02	95.1	94.0	1.51	0.433	28.68
1997	春	F_3	○	4	9:07	28:12	94.6	93.2	1.46	0.451	30.89
	早秋	F_4	○	4	9:15	29:04	98.4	97.4	1.61	0.386	23.98
	晚秋	F_5	□	8	9:17	29:10	88.4	85.2	1.67	0.389	23.29
1998	春	F_6	□	8	8:22	28:08	96.3	94.2	1.41	0.368	26.10
	秋	F_7	□	8	9:05	29:04	98.7	92.6	1.65	0.445	26.97
1999	春	F_8	□	8	9:10	28:16	96.4	91.8	1.76	0.459	26.08
	秋	F_9	□	8	9:12	29:02	94.2	92.8	1.65	0.423	25.64
2000	春	F_{10}	□	8	8:07	28:10	97.3	95.6	1.47	0.432	29.39
	秋	F_{11}	□	8	8:17	29:04	98.1	93.0	1.58	0.416	26.33
2001	春	F_{12}	□	8	9:12	29:02	95.1	93.8	1.71	0.429	25.09
	秋	F_{13}	□	8	9:08	29:02	95.9	91.5	1.53	0.380	24.84
2002	春	F_{14}	□	12	8:15	28:14	94.3	90.7	1.74	0.448	25.75
	秋	F_{15}	□	12	8:12	29:00	94.1	92.9	1.66	0.430	25.90
2003	春	F_{16}	□	12	10:06	29:10	99.7	97.9	1.67	0.418	25.03
	秋	F_{17}	□	12	8:22	29:00	93.8	90.5	1.32	0.354	26.82
2004	春	F_{18}	□	16	9:06	29:04	98.7	98.1	1.68	0.443	26.37
2005	春	F_{19}	□	16	9:06	28:13	99.3	97.9	1.70	0.451	26.53

3. 云月 A 的育成经过

年份	期	世代	饲育形式	饲育区数	5龄经过（d:h）	全龄经过（d:h）	幼虫生命率（%）	虫蛹率（%）	全茧量（g）	茧层量（g）	茧层率（%）
1996	春	F_1	皓月 B×M10	1	08:16	28:10	92.1	90.5	1.39	0.372	26.76
	秋	F_2	○	4	09:10	29:20	93.2	89.1	1.41	0.390	27.66
	春	F_3	○	4	08:14	28:04	94.3	91.5	1.51	0.382	25.30
1997	早秋	F_4	○	4	09:13	28:16	99.5	92.9	1.39	0.373	26.83
	晚秋	F_5	□	8	09:16	29:10	98.3	95.8	1.44	0.357	24.79
1998	春	F_6	□	8	08:22	28:20	97.1	92.1	1.40	0.370	26.43
	秋	F_7	□	8	09:11	29:02	94.2	92.8	1.53	0.398	26.01
1999	春	F_8	□	8	09:08	28:06	99.6	95.1	1.36	0.373	27.43
	秋	F_9	□	8	08:13	29:02	96.3	91.7	1.41	0.343	24.33
2000	春	F_{10}	□	8	09:00	28:16	92.0	90.1	1.58	0.431	27.28
	秋	F_{11}	□	8	09:15	29:04	96.1	94.7	1.34	0.354	26.42
2001	春	F_{12}	□	8	08:14	29:10	97.8	91.5	1.44	0.371	25.76
	秋	F_{13}	□	8	09:06	28:14	91.2	87.0	1.41	0.392	27.80
2002	春	F_{14}	□	12	09:03	29:00	98.0	90.1	1.60	0.439	27.44
	秋	F_{15}	□	12	08:20	28:16	96.3	93.1	1.44	0.380	26.39
2003	春	F_{16}	□	12	9:13	29:11	98.2	96.7	1.39	0.382	27.48
	秋	F_{17}	□	12	9:00	28:20	91.3	89.1	1.28	0.342	26.72
2004	春	F_{18}	□	16	9:10	29:04	98.3	97.8	1.45	0.394	27.17
2005	春	F_{19}	□	16	9:00	28:06	99.2	98.8	1.42	0.387	27.79

4. 云月 B 的育成经过

年份	期	世代	饲育形式	饲育区数	5龄经过（d:h）	全龄经过（d:h）	幼虫生命率（%）	虫蛹率（%）	全茧量（g）	茧层量（g）	茧层率（%）
1996	春	F_1	皓月 B×826	1	9:20	28:22	97.3	96.2	1.55	0.410	26.45
	秋	F_2	○	4	9:12	29:00	94.2	93.9	1.50	0.392	26.13
	春	F_3	○	4	9:14	28:15	97.8	96.4	1.67	0.421	25.21
1997	早秋	F_4	○	4	9:00	28:22	98.9	98.0	1.63	0.447	27.42
	晚秋	F_5	□	8	10:10	29:12	93.4	92.4	1.48	0.380	25.68

续表

年份	期	世代	饲育形式	饲育区数	5龄经过（d:h）	全龄经过（d:h）	幼虫生命率（%）	虫蛹率（%）	全茧量（g）	茧层量（g）	茧层率（%）
1998	春	F_6	□	8	9:02	28:04	98.2	97.1	1.53	0.388	25.36
	秋	F_7	□	8	9:16	28:22	97.1	96.5	1.63	0.428	26.26
1999	春	F_8	□	8	9:05	28:10	94.9	93.9	1.55	0.412	26.58
	秋	F_9	□	8	9:18	29:06	98.6	97.4	1.45	0.409	28.21
2000	春	F_{10}	□	8	9:06	28:16	93.4	92.0	1.60	0.419	26.19
	秋	F_{11}	□	8	9:15	29:06	94.9	93.7	1.48	0.375	25.34
2001	春	F_{12}	□	8	9:18	29:12	94.2	92.6	1.67	0.438	26.23
	秋	F_{13}	□	8	9:10	29:16	97.3	95.9	1.56	0.407	26.09
2002	春	F_{14}	□	12	10:02	29:10	98.1	96.7	1.58	0.438	27.72
	秋	F_{15}	□	12	9:20	29:14	98.6	97.7	1.61	0.394	24.47
2003	春	F_{16}	□	12	9:18	29:22	98.6	98.8	1.68	0.450	26.79
	秋	F_{17}	□	12	9:02	29:04	93.5	92.3	1.30	0.324	24.89
2004	春	F_{18}	□	16	10:00	29:05	98.7	97.4	1.64	0.442	26.95
2005	春	F_{19}	□	16	9:00	28:13	99.3	98.1	1.56	0.399	25.58

（二）原种基本性状

1. 云松

中国系统，二化性，四眠。越年卵灰绿色，卵壳淡黄，有深浅之分。蚁蚕黑褐色，克蚁约2 400头，蚁蚕行动活泼，趋光性强。稚蚕有趋光性和趋密性，眠起齐一。壮蚕体色青白，素斑，体型粗壮，食桑旺盛，行动文静。熟蚕体色乳白透明，老熟齐涌，营茧速度快，熟蚕多结上层茧。茧型大，椭圆形，偶有球形茧，茧色洁白，缩皱中等偏细。蛹体浅褐色，习性文静。蛾眼黑色，蛾体白色，羽化快，发蛾集中，交尾性能良好，产卵速度快。

2. 云月

日本系统，二化性，四眠。越年卵灰紫色，卵壳乳白色。蚁蚕暗褐色，行动活泼，逸散性强，克蚁约2 300头。稚蚕食桑缓慢，易发生伏藜蚕和小蚕，眠起欠齐。壮蚕体色青白，普通斑，体型粗壮。熟蚕不活泼，老熟齐一。茧色白，长椭圆形，匀正，浅束腰，缩皱中等偏细，丝质优良。蛾眼黑色，蛾体乳白色，羽化迟，发蛾不集中，交尾性能好。

（三）杂交种基本性状

具有孵化齐、眠性快、好养、蚕体大、茧型大的优良特性。正交蚕卵浅灰绿色，反交为深紫黑色。克卵粒数正交约为1 600粒，反交为1 700粒左右。蚁蚕暗黑色，克蚁头数正交约2 160头，反交约2 200头。孵化、眠起均较齐一，蚁蚕活泼，各龄起蚕有趋光趋密性。壮蚕体色青白带糙米色，普斑，食欲旺盛，强健好养。五龄老熟齐一，吐丝结茧快，结上层茧，茧大洁白，长椭圆形，缩皱中等。

（四）杂交种饲养注意事项

（1）该对品种为强健性春秋兼用品种，稚蚕区饲育温度可适当偏高，1～2龄27～28 ℃、干湿差1～1.5 ℃，3龄25～26.7 ℃、干湿差2～3 ℃。

（2）各龄期蚕儿眠性齐快，要注意及时加眠网和提青网，适时止桑和提青，以防饿眠。

（3）稚蚕期趋光性和趋密性较强，用桑要适时新鲜，注意扩座、匀座调箔，防止蚕食桑不匀或感温不匀而影响蚕体匀整度。壮蚕期食桑旺盛，盛食期应及时扩座分箔，做到稀放饱食，以发挥其产量高、茧层高的特点。勿给过嫩桑叶，以防发生三眠蚕。大蚕期若遇气候恶劣高温干燥，中午给桑可用适当井水或蚕安王添食喷洒叶面喂蚕，可起到降温防病的作用。

（4）老熟齐一，老熟涌而集中，要提早做好蔟室蔟具准备工作，适时上蔟。并注意通风排湿，以减少不结茧蚕和提高蚕茧等级。

（五）原种、杂交种饲养成绩参考表

项目	原种性状		杂交种性状	
原种名	云松	云月	催青经过（d）	11
催青经过（d）	11	11	5龄经过（d:h）	8:08
5龄经过（d:h）	8:12	9	幼虫经过（d:h）	25:02
幼虫经过（d:h）	27:20	28:16	万头产茧量（kg）	20.61
蛹期经过（d）	18	20	万头茧层量（kg）	5.37
全期经过（d:h）	57:08	59:16	公斤茧颗数（粒）	466
克蚁收茧量（kg）	3.78	3.67	鲜茧出丝率（%）	—
死笼率（%）	1.3	3,2	全茧量（g）	2.07
公斤茧颗数（粒）	579	625	茧层量（g）	0.535
全茧量（g）	1.78	1.62	茧层率（%）	25.85
茧层量（g）	0.438	0.412	茧丝量（g）	—
茧层率（%）	24.61	25.40	茧丝长（m）	1 329
一蛾产卵数（粒）	580	460	解舒丝长（m）	1 119
良卵率（%）	97.6	95.8	解舒率（%）	84.2
克蚁制种量（张）	—	—	茧丝纤度（dtex）	3.473
公斤茧制种量（张）	—	—	净度（分）	94.7
调查年季	2002年春		2003—2004年春	
调查单位	云南省农业科学院蚕桑蜜蜂研究所		四川农业科学院蚕业研究所和贵州农业科学院蚕业研究所	

蒙草×红云

育成单位：云南省农业科学院蚕桑蜜蜂研究所

审定年份：2006 年

品种类别：春秋兼用品种

审（鉴）定机构及审定编号：云南省种子管理站 滇鉴 200602

（一）育成经过

根据选育高丝量春用品种的育种目标，1998 年利用"八五"期间选育的日系基础品种 968A、968B 为母本，与日系皓月 B 为父本分别杂交，固定得到日系亲本红云 A、红云 B，然后采用顶交法进行配合力测定，筛选到中系亲本蒙草 A 和蒙草 B，进而组配形成蒙草×红云四元杂交组合。

1. 红云 A

由 968A×皓月 B 杂交后自交，在 $F_1 \sim F_3$ 代采用混合育，$F_4 \sim F_6$ 代采用蛾区育，到 F_7 代，根据强健性和幼虫体色，分为 A 系和 C 系（备用系），然后再经过累代选择得到健康性强、茧层率高的二化性日系品种。

年份	季	世代	谱区		饲育区数	5龄经过（d:h）	全龄经过（d:h）	幼虫生命率（%）	虫蛹率（%）	全茧量（g）	茧层量（g）	茧层率（%）
1998	春	P	968A×皓月 B		16	10:00	29:11	98.3	100	1.70	0.45	26.47
	秋	F_1	○		2	9:00	28:04	96.7	95.6	1.50	0.415	27.00
1999	春	F_2	○		2	9:10	29:06	99.1	100	1.72	0.46	26.74
	秋	F_3	○		2	8:16	29:00	95.4	96.3	1.63	0.423	25.95
2000	春	F_4	□		4	8:20	28:06	97.6	99.0	1.73	0.452	26.13
	秋	F_5	□		4	8:04	27:10	93.8	96.5	1.62	0.413	25.49
2001	春	F_6	□		8	9:10	28:14	98.2	100	1.68	0.423	25.18
	秋	F_7	A □		8	8:10	28:10	92.6	94.3	1.52	0.390	25.66
				C □	8	8:10	28:10	94.3	96.5	1.48	0.387	26.15
2002	春	F_8	A □		12	8:20	29:00	99.2	98.5	1.67	0.432	25.87
				C □	12	8:10	28:12	99.5	99.3	1.52	0.410	26.79
	秋	F_9	A □		12	8:04	28:04	96.3	97.4	1.48	0.378	25.54
				C □	12	8:04	28:04	97.5	98.7	1.46	0.367	25.14
2003	春	F_{10}	A □		16	9:00	29:06	98.7	100	1.71	0.441	25.79
				C □	16	8:20	28:10	99.1	100	1.68	0.423	25.18
	秋	F_{11}	A □		16	8:04	28:10	95.3	94.6	1.43	0.375	26.22
				C □	16	8:04	28:10	96.7	97.1	1.42	0.372	26.20

年份	季	世代	谱区	饲育区数	5龄经过（d:h）	全龄经过（d:h）	幼虫生命率（%）	虫蛹率（%）	全茧量（g）	茧层量（g）	茧层率（%）
2004	春	F₁₂	A□	16	8:16	28:12	99.3	98.5	1.72	0.452	26.28
			C□	16	8:12	28:08	98.7	99.2	1.70	0.443	26.06
	秋	F₁₃	A□	16	8:02	27:20	94.5	95.3	1.52	0.404	26.57
			C□	16	8:00	27:18	95.6	96.7	1.50	0.402	26.80

2. 红云 B

用 968B 作母本、皓月 B 作父本进行杂交，F_1～F_3 代混合育，F_4 代以后蛾区育，期间开展蛾区和个体选择，形成的新系统。该系统二化性，日系，具有茧层率高，但发育经过稍长的特性。

年份	季	世代	谱区	饲育区数	5龄经过（d:h）	全龄经过（d:h）	幼虫生命率（%）	虫蛹率（%）	全茧量（g）	茧层量（g）	茧层率（%）
1998	春	P	968B×皓月 B	16	10:00	29:11	98.3	100	1.70	0.450	26.47
	秋	F₁	○	2	9:06	28:10	95.7	96.3	1.47	0.385	26.19
1999	春	F₂	○	2	9:12	29:08	97.7	98.1	1.70	0.461	27.12
	秋	F₃	○	2	8:20	28:20	94.3	95.8	1.61	0.403	25.03
2000	春	F₄	□	4	8:22	28:12	98.6	99.1	1.71	0.432	25.26
	秋	F₅	□	4	8:10	27:20	94.8	95.4	1.58	0.387	24.49
2001	春	F₆	□	8	9:04	28:20	98.6	99.3	1.65	0.403	24.42
	秋	F₇	□	8	8:20	27:20	92.7	93.3	1.56	0.381	24.42
2002	春	F₈	□	12	9:00	29:10	98.3	99.1	1.60	0.412	25.75
	秋	F₉	□	12	8:16	29:00	95.2	96.4	1.42	0.372	26.20
2003	春	F₁₀	□	16	9:08	29:16	97.2	98.3	1.69	0.421	24.91
	秋	F₁₁	□	16	8:10	28:14	96.2	97.5	1.41	0.355	25.18
2004	春	F₁₂	□	16	8:10	28:14	96.2	97.5	1.41	0.355	25.18
	秋	F₁₃	□	16	8:10	28:02	95.4	96.3	1.49	0.398	26.71

（二）原种基本性状

1. 蒙草

中国系统，二化性，四眠，分 A、B 两个系统。越年卵绿色和灰绿色两种，卵壳淡黄色或白色。产附排列平整，产卵数多，单蛾产卵数 560 粒左右，克卵约 1 560 粒。蚁蚕黑褐色，行动活泼，克蚁约 2 100 头。稚蚕期有趋密性和趋光性，眠起整齐，壮蚕体色青白。A、B 两系均为限性斑纹品种，雄蚕为素斑白蚕，雌蚕为普斑花蚕，花白蚕比例为 1 : 1。体型粗壮，花蚕较白蚕大，食桑快，行动文静。熟蚕体色黄亮，老熟较齐涌，营茧速度稍慢，排尿偏多。多结中上层茧，茧形匀整，茧长椭圆形，间有球形，茧色洁白，缩皱中等偏细。蛹体黄色，习性文静，无黑翅蛹，复眠淡红色，蛾眼黑色。蛾体色有白色和灰黑色，雌蛾白色，雄蛾多数为灰黑色，蛾翅有花纹斑，羽化早，发蛾集中，发蛾率高。雄蛾活泼，交尾性能良好，不易散对。

2. 红云

日本系统，二化性，四眠，分 A、B 两系。卵色灰紫色，卵壳乳白色，不受精卵率 1.7%，产附整齐，每蛾产卵数约 460 粒，每克卵粒数 1 700 粒左右，孵化齐一，一日孵化率在 90% 以上。蚁蚕体色暗褐色，行动活泼，逸散性强。克蚁头数 2 100 头左右。各龄起蚕活泼，逸散性强，眠性慢，食桑缓慢。壮蚕体型中粗，斑纹普斑，体色青白带糙米色，蚕体匀正，老熟齐一。营茧稍慢，茧色洁白，茧子匀整，浅束腰，缩皱中等偏细。蛹体黄色，体型中等，发蛾较慢，雄蛾活泼耐冷藏，交配性能好。

（三）杂交种基本性状

二化性，四眠，具有孵化齐、眠性快、好养、蚕体大、茧型大的优良特性。正交蚕卵浅灰绿色，反交为深紫黑色。克卵粒数正交约为 1 600 粒，反交为 1 700 粒左右。孵化、眠起均较齐一，蚁蚕活泼，各龄起蚕有趋光趋密性。蚁蚕暗黑色，克蚁头数正交 2 160 头，反交约 2 200 头。壮蚕体色青白带糙米色，普斑（正交有深浅之分），食欲旺盛，强健好养。五龄老熟齐一，吐丝结茧快，喜结上层茧，茧大洁白，长椭圆形，缩皱中等。

（四）杂交种饲养注意事项

（1）该对品种催青积温高。为在预定时间内准时收蚁，可掌握提前半天出库，或在催青后期（点青开始）比正常温度高 1 ℃ 保护。

（2）为使蚕卵孵化齐一，催青中蚕卵转青时必须黑暗保护，并注意保持目的温湿度。收蚁当天不宜过早感光，以免蚁蚕早出消耗体力。

（3）稚蚕期饲育温度可适当偏高，1～2 龄 27～28 ℃，3 龄 26～27 ℃，4～5 龄 24～25 ℃。

（4）该对品种为多丝量丰产型品种，壮蚕期食蚕旺盛，应及时扩座分箔，做到良桑饱食，以充分发挥产量高、茧层高的特点。

（5）本品种在即将老熟时，蚕食桑量仍然较大，此时不宜突然减少给桑量，否则将延长老熟时间，影响茧质。

（6）蚕老熟齐蛹，注意提前做好上蔟准备。上蔟时掌握稀密适度，该对品种蚕体肥大，排出粪尿较多，要注意及时通风排湿，以提高蚕茧等级。

（五）原种、杂交种饲养成绩参考表

项目	原种性状		杂交种性状	
原种名	蒙草	红云	催青经过（d）	11
催青经过（d）	11	11	5 龄经过（d:h）	8:15
5 龄经过（d:h）	8:20	8:12	幼虫经过（d:h）	27:12

项目	原种性状		杂交种性状	
幼虫经过（d:h）	27:20	27:12	万头产茧量（kg）	19.85
蛹期经过（d）	19	18	万头茧层量（kg）	4.85
全期经过（d:h）	57:20	56:12	公斤茧颗数（粒）	504
克蚁收茧量（kg）	4.07	3.81	鲜茧出丝率（%）	—
死笼率（%）	2.30	2.60	全茧量（g）	2.02
公斤茧颗数（粒）	518	562	茧层量（g）	0.492
全茧量（g）	1.92	1.72	茧层率（%）	24.36
茧层量（g）	0.47	0.44	茧丝量（g）	—
茧层率（%）	24.5	25.60	茧丝长（m）	1 249
一蛾产卵数（粒）	560	460	解舒丝长（m）	1 021
良卵率（%）	98.78	97.70	解舒率（%）	81.7
克蚁制种量（张）	—	—	茧丝纤度（dtex）	3.028
公斤茧制种量（张）	—	—	净度（分）	93.7
调查年季	2004 年春		2003—2004 年春	
调查单位	云南省农业科学院蚕桑蜜蜂研究所		鹤庆、沾益、陆良、禄劝、楚雄等蚕桑站	

云夏 1 × 云夏 2

育成单位：云南省农业科学院蚕桑蜜蜂研究所

育成年份：2000 年

品种类别：夏秋用品种

审（鉴）定机构及审定编号：云南省农作物品种审定委员会 滇蚕 5 号

（一）品种选育经过

云夏 1 × 云夏 2 即 963·芙蓉 × 792 白·湘辉，是中·中 × 日·日的双交四元一代杂交种，其采用的亲本 963 和 792 白是采用纯系分离、系统选育方法培育的含多化性血缘，具有抗高温多湿、抗病能力强的新品系。亲本芙蓉和湘辉是湖南蚕桑研究所选育的夏秋用品种，也具有体质强健、抗逆性强等特性。

1. 792 白

是 1990 年从云南省农业科学院蚕桑蜜蜂研究所保存的母种 792 中分离出来的外观特征及其经济表现都不同于 792 的一个新系统。

年份	季	世代	饲育形式	5龄经过（d:h）	全龄经过（d:h）	虫蛹率（%）	死笼率（%）	全茧量（g）	茧层量（g）	茧层率（%）
	春	F₁	○	8:15	21:11	97.24	2.00	1.54	0.330	21.42
1991	夏	F₂	○	8:01	21:04	95.22	4.21	1.30	0.248	19.09
	秋	F₃	○	8:00	21:01	92.16	4.05	1.47	0.330	20.41
	春	F₄	○	8:01	21:04	95.87	1.70	1.41	0.320	22.69
1992	夏	F₅	□	8:01	20:23	96.31	3.00	1.42	0.305	21.48
	秋	F₆	□	8:12	22:01	93.83	2.15	1.75	0.375	21.42
	春	F₇	□	7:23	21:07	95.01	1.35	1.37	0.309	22.55
1993	夏	F₈	□	7:22	21:00	90.11	3.58	1.61	0.362	22.48
	秋	F₉	□	7:21	21:00	93.50	3.18	1.46	0.322	22.05
	春	F₁₀	□	7:20	22:13	96.05	2.40	1.48	0.319	21.55
1994	夏	F₁₁	□	7:22	21:10	93.46	1.59	1.39	0.306	22.01
	秋	F₁₂	□	7:18	21:17	94.04	2.67	1.46	0.325	22.23
1995	春	F₁₃	□	7:19	22:05	95.99	1.34	1.54	0.359	23.31
	秋	F₁₄	□	7:17	22:03	94.59	1.12	1.47	0.340	23.13

2. 963

在云南省农业科学院蚕桑蜜蜂研究所保存品种资源 GC3 中筛选到 5 龄经过和全龄经过短的蛾区留种，$F_1 \sim F_4$ 连续 4 代多蛾区混合蚁量育，并在 $F_1 \sim F_3$ 代采用高温多湿环境，F_4 代采用稍高于常温的条件继续培育和选择，F_5 代后采用单蛾育并采用标准温湿度和高温多湿的条件交替选育得到的新品系，其发育经过与芙蓉基本一致，具有全茧量大、茧层量高等优良特性。

年份	季	世代	饲育形式	5龄经过（d:h）	全龄经过（d:h）	虫蛹率（%）	死笼率（%）	全茧量（g）	茧层量（g）	茧层率（%）
	春	F₁	○	8:15	22:18	92.12	2.00	1.981	0.514	23.60
1991	夏	F₂	○	8:20	20:15	90.10	5.01	1.720	0.430	24.80
	秋	F₃	○	8:10	20:10	84.16	3.10	1.730	0.430	24.80
	春	F₄	○	7:23	21:02	89.87	1.70	1.700	0.546	25.17
1992	夏	F₅	□	7:22	22:06	90.38	3.21	1.790	0.410	23.00
	秋	F₆	□	7:22	20:13	94.83	2.53	1.760	0.398	23.40
	春	F₇	□	7:21	21:01	95.01	1.35	2.067	0.529	25.61
1993	夏	F₈	□	7:18	22:10	93.11	2.58	1.850	0.450	24.32
	秋	F₉	□	7:18	22:17	92.50	3.58	1.442	0.353	24.45

续表

年份	季	世代	饲育形式	5龄经过（d:h）	全龄经过（d:h）	虫蛹率（%）	死笼率（%）	全茧量（g）	茧层量（g）	茧层率（%）
	春	F$_{10}$	□	7:19	22:19	93.05	4.78	1.858	0.474	25.28
1994	夏	F$_{11}$	□	7:14	20:18	96.46	2.59	1.397	0.340	24.32
	秋	F$_{12}$	□	7:17	21:20	97.04	2.67	1.630	0.414	25.39
1995	春	F$_{13}$	□	7:17	21:23	96.19	3.02	1.710	0.426	24.91
	秋	F$_{14}$	□	7:15	21:12	93.29	1.85	1.670	0.400	23.95

（二）原种基本性状

1. 云夏1

中国系统，二化性（含多化血统），四眠。克卵数中系1 827粒，日系1 807粒左右。蚕卵灰绿色，卵壳淡黄色，有深浅差异。蚕种孵化整齐，蚁蚕黑褐色，趋光性强。各龄蚕就眠快，眠起齐一。稚蚕期若遇偏老桑叶会有少数小蚕发生。素蚕，3～4龄期有淡半月斑，五龄期极淡。壮蚕体色青白，体型略细长，五龄转青较慢，食桑旺盛，行动活泼。老熟齐一，熟蚕背光和背风性较强，营茧速度快，多结上层茧。茧色洁白，茧形短椭圆，有少数球形茧，茧层较厚，缩皱中等。熟蚕和蛹体皮肤较薄，易受创伤，常因染病菌而发生后期黑死蛹。发蛾较集中，雄蛾先出，蛾体活泼，不太耐冷藏，交配性能好。产卵快，产附较好。春制种每蛾产卵520粒左右，有不受精卵及少量再出卵发生；秋制种每蛾产卵460粒左右，不受精卵稍多，并有少量生种。催青经过11 d。

2. 云夏2

日本系统，二化性（含多化血统），四眠。蚕卵灰紫色，卵壳白色。孵化齐一，蚁蚕黑褐色，逸散性强。稚蚕期对叶质要求高，偏老或偏嫩叶都会导致蚕儿生长发育缓慢，眠起不齐。壮蚕体色有灰白和微赤两种，素蚕（细看仍有淡色半月斑），体型细长，食桑缓慢，老熟较齐。各龄眠起较云夏1偏慢。茧形长椭圆浅束腰，大小匀整，茧色洁白，缩皱中等。羽化迟，发蛾没有云夏1集中，雄蛾欠活泼，耐冷藏，交配产卵性能尚好，雌蛾蛾尿较多。春制种每蛾产卵480粒左右，秋制种每蛾产卵450粒左右，产附较好，不良卵少。催青经过11 d。

（三）杂交种基本性状

二化性，四眠，具有抗逆性强、好饲养、龄期经过短、丰产性能好、产量高、茧丝质优等特点。正交蚕卵灰绿色，卵壳黄色，有深浅不同，克卵数1 600粒，克蚁2 200～2 300头。反交为灰紫色，卵壳白色，每克卵1 750粒，克蚁头数2 250～2 300头。蚕种孵化齐一，蚁体黑褐色，有逸散性。小蚕期有趋密性，生长发育齐、快。各龄眠起齐一，全龄经过较短。大蚕体型中粗硬实，体色青白，素斑（细看仍有淡半月斑）。老熟齐一，营茧速度快，多结中上层茧。茧形长椭圆形，大小较匀整，茧色洁白，缩皱中等。单茧丝长1 000 m以上，解舒率、纤度、净度优良。

（四）杂交种饲养注意事项

（1）越年种催青时应在外库进行胚子调整，待胚子整齐一致再出库催青。

（2）蚁蚕趋光性和逸散性强，收蚁当天感光不宜过早，宜适当提早收蚁。

（3）小蚕期密集性、趋光性强，要注意扩座、匀座和调箔，防止食桑不匀而影响发育。

（4）小蚕期饲育温度可适当偏高，1～2龄27～28 ℃，3龄26～27 ℃，并注意蚕室的通风换气及补湿工作。

（5）各龄期眠性较快，要注意及时加网（眠网和提青网），以防饿眠，适时止桑，偏早饷食。

（6）大蚕食桑快，特别是五龄盛食期食桑旺盛，应及时匀座分箔，做到稀放饱食。

（7）大蚕期若遭气候恶劣高温干燥，中午给桑时间可用清洁井水或0.3%的漂白粉澄清液喷洒叶面喂蚕。

（8）老熟齐一，要提早做好蔟具准备工作。上蔟密度适当偏稀，蔟中不宜闷湿，要及时通风排湿，以控制不结茧蚕的发生和提高茧质。

（9）蚕种浸酸标准：即时浸酸温度115 ℉，盐酸比重1.072，浸渍时间中系5 min、日系5 min 30 s；冷藏浸酸温度118 ℉，盐酸比重1.092，浸渍时间中系5 min 30 s、日系6 min。

（五）原种、杂交种饲养成绩参考表

项目	原种性状		杂交种性状	
原种名	云夏1	云夏2	催青经过（d）	11
催青经过（d）	11	11	5龄经过（d:h）	8:03
5龄经过（d:h）	7:06	7:12	幼虫经过（d:h）	25:03
幼虫经过（d:h）	21:00	21:10	万头产茧量（kg）	18.05
蛹期经过（d）	15	17	万头茧层量（kg）	3.88
全期经过（d:h）	47:00	49:10	公斤茧颗数（粒）	578
克蚁收茧量（kg）	3.90	4.41	鲜茧出丝率（%）	—
死笼率（%）	2	2.5	全茧量（g）	1.73
公斤茧颗数（粒）	586	592	茧层量（g）	0.385
全茧量（g）	1.68	1.57	茧层率（%）	22.25
茧层量（g）	0.388	0.378	茧丝量（g）	—
茧层率（%）	23.09	24.07	茧丝长（m）	1 028
一蛾产卵数（粒）	613	561	解舒丝长（m）	850
良卵率（%）	92.6	94.3	解舒率（%）	82.68
克蚁制种量（张）	18.23	17.53	茧丝纤度（dtex）	2.629
公斤茧制种量（张）	5.53	4.65	净度（分）	92.5
调查年季	1999年春		1998年秋	
调查单位	云南省农业科学院蚕桑蜜蜂研究所		蒙自、巧家、普洱等蚕桑站	

云蚕9号

育成单位：云南省农业科学院蚕桑蜜蜂研究所

杂交组合：金松.M5×红10.红12

审定年份：2012年

品种类别：强健性品种

审（鉴）定机构及审定编号：四川省家蚕品种审定委员会　川蚕品审（2012）02号

（一）品种选育经过

经亲本选择，利用菁松与中系M3杂交固定，得到配合力好、丝质优的母本金松，云南省农业科学院蚕桑蜜蜂研究所保存的抗性好、丝质优的中系M5作为父本。利用多化性血统黄茧土种分别与日系芙茹、锦秀杂交，经纯化固定，得到抗性强、丝质优、交配性能好的红10和红12。通过遗传及优势互补原理，选育出的新品种云蚕9号，具有体质强健、繁育性能好、丝质优的特点。

（二）原种基本性状

1. 云蚕9号中（金松.M5）

中国系统，二化性，四眠。具有产卵较快、产附良好、茧丝质优良等特点。蚁蚕孵化齐一，蚁蚕黑褐色，克蚁头数2 200头左右，有趋光性和趋密性。大蚕体色青白，素蚕，体型大，五龄经过7 d，全龄经过24～26 d。眠起较齐。各龄眠起较快，容易饲养。老熟尚齐，喜结中上层茧。茧色白，椭圆形，偶有球形茧，缩皱细，茧型中偏大。蛹体大，蛹形正常，发蛾较集中，雄蛾活泼，交尾性能良好，雌蛾产卵快。

2. 云蚕9号日（红10.红12）

日本系统，二化性，四眠。蚁蚕孵化齐一，克蚁头数2 250头左右。蚁蚕黑褐色，行动活泼，有散逸性。壮蚕体色青白，普通斑，体型中等，体质强健，食桑活泼、食桑量大，好养。各龄眠起较齐，五龄经过8 d、全龄经过26～28 d。茧形浅束腰，茧色白，缩皱中等。卵量多但卵胶着力稍差。壮蚕期及蛹期遇极度高温干燥易产生黏尾蛹。

（三）杂交种基本性状

二化性，四眠，具有蚕体粗壮、容易饲养、茧大洁白、茧丝质优等特点。正交卵灰绿色，卵壳淡黄色，蚁蚕孵化齐一，体色黑褐色，稚蚕趋光性强；反交卵灰紫色，卵壳白色，蚁蚕孵化齐一，蚁体黑褐色，有逸散性。克蚁头数正交2 300头左右，反交2 200头左右，正交眠性快，反交稍慢。五龄食桑不踏叶，蚕体粗壮，体色青白，普斑，饲养容易。老熟齐涌，营茧快，喜结上层茧，茧形大而匀整，茧长椭圆形，茧色洁白，缩皱中等。

（四）杂交种饲养注意事项

（1）小蚕期特别是起蚕有密集性和趋光性，要注意扩座、匀座和调箔，防止食桑不匀而影响发育整齐度。

（2）该品种为春秋兼用品种，对温湿度适应范围广，但以稚蚕期偏高、壮蚕期偏低为最适发育环境，即：稚蚕期温度 27~28 ℃、湿度 80%~90%，壮蚕期温度 22~25 ℃、湿度 60%~75%。

（3）各龄期眠性较快，要注意及时加网（眠网和提青网），宜早止桑迟饷食。

（4）各龄用桑要适熟新鲜，勿给过嫩桑叶、湿叶和变质叶。五龄盛食期食桑旺盛，应及时扩座分箔，做到稀放饱食，以提高茧层量和全茧量。

（5）大蚕期注意高温干燥、低温多湿和高温多湿气候的调节，避免病毒病、细菌病或僵病的发生。

（6）上蔟涌而集中，营茧快，要提早做好蔟室蔟具准备工作。上蔟宜适熟偏老防止过密，减少双宫茧。蔟中要及时通风排湿，以免影响茧质或增加不结茧蚕。

（五）原种、杂交种饲养成绩参考表

项目	原种性状		杂交种性状	
原种名	金松.M5	红10.红12	催青经过（d）	11
催青经过（d）	11	11	5龄经过（d:h）	8:00
5龄经过（d:h）	7:00	8:00	幼虫经过（d:h）	28:00
幼虫经过（d:h）	26:00	27:12	万头产茧量（kg）	18.95
蛹期经过（d）	15	17	万头茧层量（kg）	4.47
全期经过（d:h）	52:00	55:12	公斤茧颗数（粒）	521
克蚁收茧量（kg）	3.97	4.11	鲜茧出丝率（%）	—
死笼率（%）	0.12	0.15	全茧量（g）	1.95
公斤茧颗数（粒）	550	512	茧层量（g）	0.46
全茧量（g）	1.85	1.97	茧层率（%）	23.41
茧层量（g）	0.483	0.499	茧丝量（g）	—
茧层率（%）	25.75	24.97	茧丝长（m）	1 129.5
一蛾产卵数（粒）	530	480	解舒丝长（m）	910
良卵率（%）	98.80	98.66	解舒率（%）	80.3
克蚁制种量（张）	14.38	11.52	茧丝纤度（dtex）	3.069
公斤茧制种量（张）	4.19	3.84	净度（分）	97.5
调查年季	2007年春		2006—2012年	
调查单位	云南省农业科学院蚕桑蜜蜂研究所		楚雄、陆良、鹤庆、祥云、保山等地蚕桑站	

云蚕10号

育成单位：云南省农业科学院蚕桑蜜蜂研究所

杂交组合：2081A·2081B×2082A·2082B

鉴定年份：2014年

品种类别：春秋兼用品种

审（鉴）定机构及审定编号：川蚕品审（2014）03号

（一）品种育成经过

以育成优质多丝量春用蚕品种为目标，选择了现行品种蒙草A及育成了2082A两个家蚕品种，为解决多丝量品种"量"与"体质"之间的矛盾，将蒙草A与现行品种蒙草C组配、2082B与2082A组配，然后再组配成四元交种蒙草A·蒙草C×2082A·2082B（其中蒙草A更名为2081A，蒙草C更名为2081B），命名为云蚕10号。

1. 2082A

该品种为2032与黑蚕深杂交固定品种。其选育经过如下。

2003年春季亲本交配，即2032×黑蚕深。2003年夏季用父本黑蚕深回交，各代蚕选出发育齐、蚕体大小均匀、生命率高、茧形匀整、茧色洁白、茧质优的蛾区留种，经过多代选育，全茧量在1.56～1.65g，茧层率24%～25%，性状稳定。

年份	蚕期	世代	系谱	饲育量（g）	五龄经过（d:h）	全龄经过（d:h）	幼生率（%）	全茧量（g）	茧层量（g）	茧层率（%）
2003	春	P	2032	4（蛾）	8:13	27:00	96.18	1.430	0.319	22.31
		P	黑蚕深	4（蛾）	8:15	27:05	97.23	1.740	0.384	22.07
	夏	P_1	2032×黑蚕深	0.6	8:17	27:05	96.21	1.516	0.354	23.35
	秋	F_1	P_1×黑蚕深	1	8:17	27:05	96.00	1.563	0.374	23.93
2004	春	F_2	○	1	8:16	27:05	96.32	1.568	0.380	24.23
	夏	F_3	○	1	8:15	27:05	96.30	1.550	0.354	22.84
	秋	F_4	○	0.6	8:15	27:03	96.20	1.556	0.364	23.39
2005	春	F_5	○	0.6	8:15	27:05	97.21	1.572	0.384	24.43
	夏	F_6	○	0.6	8:13	27:02	97.04	1.560	0.371	23.78
	秋	F_7	□	0.6	8:10	27:00	97.08	1.559	0.374	23.99
2006	春	F_8	□	0.6	8:13	27:05	98.03	1.606	0.398	24.78
	夏	F_9	□	4（蛾）	8:10	27:00	97.82	1.581	0.387	24.48
	秋	F_{10}	□	4（蛾）	8:10	27:00	97.07	1.578	0.384	24.33
2007	春	F_{11}	□	4（蛾）	8:12	27:05	98.50	1.634	0.410	25.10
	夏	F_{12}	□	4（蛾）	8:07	27:02	98.28	1.586	0.394	24.84
	秋	F_{13}	□	4（蛾）	8:00	27:00	98.23	1.584	0.393	24.81

2. 2082B

该品种为2064白与黑花四号杂交固定品种。2004年春季亲本交配，即2064白×黑花四号。2004年夏用父本黑花四号回交，选择眠起整齐、小蚕发生率低，蚕体粗壮、体质强健、大小均匀，发育齐一、虫蛹生命率高，茧色洁白、茧形一致、茧质成绩优良的蛾区留种。经过多代选育，全茧量在1.55～1.70g，茧层率23%～25%，性状稳定。

年份	蚕期	世代	饲育形式	饲育量（g）	五龄经过（d:h）	全龄经过（d:h）	幼生率（%）	全茧量（g）	茧层量（g）	茧层率（%）
2004	春	P	2064白	4（蛾）	8:07	26:12	97.28	1.309	0.313	23.91
	春	P	黑花四号	4（蛾）	8:05	27:05	96.10	1.409	0.350	24.84
	夏	P_1	黑花四号×2064白	0.2	8:08	27:05	96.71	1.526	0.356	23.33
	秋	F_1	P_1×2064白	0.4	8:03	27:05	96.69	1.523	0.354	23.24
2005	春	F_2	○	0.4	8:12	27:05	97.91	1.558	0.367	23.56
	夏	F_3	○	0.4	8:08	27:05	97.26	1.542	0.356	23.09
	秋	F_4	○	0.4	8:05	27:03	96.90	1.541	0.354	22.97
2006	春	F_5	○	6	8:09	27:05	98.11	1.552	0.368	23.71
	夏	F_6	○	6	8:06	27:02	97.82	1.503	0.356	23.69
	秋	F_7	□	6	8:09	27:00	97.90	1.548	0.367	23.71
2007	春	F_8	□	4	8:06	27:11	98.85	1.661	0.395	23.78
	夏	F_9	□	4	8:04	27:02	98.32	1.581	0.371	23.47
	秋	F_{10}	□	4	8:05	27:00	98.25	1.613	0.383	23.74

（二）原种基本性状

1. 2081

中国系统，二化，四眠。越年卵青灰色，蚁蚕黑褐色，蚁蚕趋光性强。小蚕起眠齐、食桑活泼、食桑量大、老熟齐、茧形大和配合力较好等特性，为皮斑纹限性品种（雄蚕素斑、雌蚕普斑）。

2. 2082

日本系统，二化，四眠。具有孵化齐、抗性强、容易饲养，小蚕眠起较齐，大蚕粗壮，食桑活泼，上蔟整齐、茧形大、色洁白且茧形均匀、缩皱细、茧层率高、交配产卵性能好，配合力较强、繁殖系数高等特性。

（三）杂交种基本性状

（1）综合经济性状优良。万头产丝量比对照品种菁松×皓月提高4.56%，茧丝长1 290.3 m，解舒丝长917.36 m，净度95分，茧丝纤度2.94 dtex。

（2）该品种张种产茧量45～50 kg，比对照品种菁松×皓月提高11.6%，张种产值提高12%，即每张种可增收 100～150 元。

（3）农艺性状好。该品种高产、好养，茧层率较高，茧丝质优良，可缫制高品位的生丝。

（4）品种适应云南省大部分蚕区，春、秋季均可饲养。

（5）为皮斑双限性品种，可实现雌雄分养。

（四）杂交种饲养注意事项

（1）蚁蚕趋光性和逸散性强，收蚁当天感光不宜过早，宜适当提早收蚁。

（2）小蚕期密集性、趋光性强，要注意扩座、匀座和调箔，防止食桑不匀而影响发育。

（3）小蚕期饲育温度可适当偏高，1～2 龄 26～27.8 ℃，3 龄 25～26 ℃，并注意蚕室的通风换气及补湿工作。

（4）各龄期眠性较快，要注意及时加网（眠网和提青网），以防饿眠，适时止桑，偏早饷食。

（5）大蚕食桑快，特别是五龄盛食期食桑旺盛，应及时匀座分箔，做到稀放饱食。

（6）老熟齐一，要提早做好蔟具准备工作。上蔟密度适当偏稀，蔟中不宜闷湿，要及时通风排湿，以控制不结茧蚕的发生和提高茧质。

（五）原种、杂交种饲养成绩参考表

项目	原种性状		杂交种性状	
原种名	2081A·B	2082A·B	催青经过（d）	11～12
催青经过（d）	11～12	11～12	5 龄经过（d:h）	8:12
5 龄经过（d:h）	7:06	7:06	幼虫经过（d:h）	28:00
幼虫经过（d:h）	26:06	26:06	万头产茧量（kg）	20.97
蛹期经过（d）	14～15	16～17	万头茧层量（kg）	4.93
全期经过（d:h）	51:00～53:00	53:00～55:00	公斤茧颗数（粒）	479
克蚁收茧量（kg）	3.42	3.12	鲜茧出丝率（%）	—
死笼率（%）	2.63	2.25	全茧量（g）	2.07
公斤茧颗数（粒）	659	642	茧层量（g）	0.46
全茧量（g）	1.691	1.580	茧层率（%）	23.43
茧层量（g）	0.420	0.392	茧丝量（g）	—
茧层率（%）	24.84	24.83	茧丝长（m）	1 290.3
一蛾产卵数（粒）	480～550	450～480	解舒丝长（m）	917.4
良卵率（%）	—	—	解舒率（%）	77.8
克蚁制种量（张）	—	—	茧丝纤度（dtex）	2.940
公斤茧制种量（张）	—	—	净度（分）	95
调查年季	2008 年春		2008 年春	
调查单位	云南省农业科学院蚕桑蜜蜂研究所		云南省农业科学院蚕桑蜜蜂研究所、鹤庆县茶桑果药站	

云限 1 号

育成单位：云南省农业科学院蚕桑蜜蜂研究所

鉴定年份：2008 年

品种类别：春秋兼用斑纹限性品种

（一）品种育成经过

蚕品种的选育从系统选育、杂交组配到试验鉴定，需要 5～10 年，为缩短育种时间，加快斑纹限性品种在云南生产上的应用，适应省力高效的养蚕模式转变的需要，为此从云南省农业科学院蚕桑蜜蜂研究所保存的斑纹限性材料中筛选抗性好和丝质优良的种质资源，采用多元杂交的方法组配杂交组合，从其后代的杂交群体中，通过比较试验的方法筛选到符合生产要求的组合方式，参与实验室和农村的鉴定试验。

在 2008—2010 年，将云南省农业科学院蚕桑蜜蜂研究所保存的 16 个品系中系斑纹限性资源与 10 个品系日系资源进行不完全双列杂交，得到 160 个单杂交组合，每个组合设 3 个重复，经配合力分析后筛选到中系亲本 5 个品系、日系亲本 3 个品系。再对这 8 个品系亲本进行中 × 中和日 × 日的方式组配成中系双交原种组合 10 个、日系双交原种组合 3 个，最后按完全双列杂交法组配成杂交组合 60 个，经实验室比较分析，筛选到 795、H05、日新 A 和云蚕 7A 四个亲本材料，组配成云蚕 7A·795 × 日新 A·H05 四元杂交种，命名为云限 1 号。

（二）原种基本性状

1. 云限 1 号中（云蚕 7A·795）

中国系统、二化性、斑纹限性杂交原种。越年卵为灰绿及青灰，卵壳为淡黄色，间有少量白色。孵化整齐，蚁蚕黑褐色，克蚁头数 2 200 头左右，小蚕有一定的趋光趋密性。壮蚕体色青白，体型粗壮，雌雄蚕的斑纹差异明显（花蚕为雌，白蚕为雄），易于在大蚕期准确鉴定雌雄。各龄期发育整齐，食桑快。老熟齐涌，结茧速度快，茧色洁白，茧短椭圆，缩皱中等。蛾体白色，发蛾集中，交配性能良好，一蛾产卵 550 粒左右。中系发育进度比日系快 1～2 d，因此出库催青时间中系宜推迟日系 1～2 d。催青期应注意起点胚子的调节以及戊 3 胚子的掌握，以便进行相应的温湿度控制，实现在计划时间收蚁。收蚁感光不宜过早，收蚁要及时，防止蚁蚕爬散消耗体力。

催青经过 10～11 d，全龄经过约 26 d，蛹中经过 14～15 d，全期经过 50 d 左右。

2. 云限 1 号日（日新 A·H05）

日本系统、二化性、斑纹限性杂交原种。越年卵灰紫色，卵壳白色。孵化齐一，蚁蚕黑褐色，克蚁头数 2 300 头左右。小蚕期有趋光趋密性，食桑稍慢。壮蚕体型中等，花蚕为雌，白蚕为雄，大蚕期雌雄鉴别容易。老熟较齐，但雌蚕老熟略慢，茧形浅束腰长椭圆，缩皱中等。蛾翅白色，发蛾稍慢，交配性能好，一蛾产卵 500 粒左右。日系蚕儿食桑稍慢，应注意桑叶保鲜，做到充分饱食。大蚕期给桑不宜过多，要薄而均匀，以免浪费桑叶，造成蚕座冷湿，影响蚕体正常发育。

催青期经过 10～11 d，蚕期经过 27 d，蛰中经过 15～16 d，全期经过约 52 d。

（三）杂交种基本性状

云限 1 号属春秋兼用斑纹双限性品种，具有体质强健、好饲养、产茧量高、茧丝质优良、蚕种易繁的特点。正交越年卵为灰绿及青灰色，卵壳浅黄色间或有白色，反交越年卵为灰紫色，卵壳白色，克卵数 1 700 粒左右。蚕种孵化齐一，克蚁头数 2 200～2 300 头，蚁蚕体色呈黑褐色。蚕儿各龄食桑较快，行动较为活泼，发育整齐，体质健壮，壮蚕粗壮结实，花蚕为雌，白蚕为雄，可在 4～5 龄实现雌雄蚕分养。老熟齐一，喜结中上层茧，茧粒大，大小匀正，茧形长椭圆，茧色洁白，缩皱中等。

（四）原种、杂交种饲养成绩参考表

项目	原种性状		杂交种性状	
原种名	云限 1 号中	云限 1 号日	催青经过（d）	11
催青经过（d）	11	11	5 龄经过（d:h）	9:06
5 龄经过（d:h）	7:06	7:20	幼虫经过（d:h）	30:23
幼虫经过（d:h）	26:06	27:00	万头产茧量（kg）	18.38
蛹期经过（d）	14～15	16～17	万头茧层量（kg）	4.23
全期经过（d）	50	52	公斤茧颗数（粒）	503
克蚁收茧量（kg）	3.26	3.02	鲜茧出丝率（%）	—
死笼率（%）	2.91	3.37	全茧量（g）	1.95
公斤茧颗数（粒）	635	671	茧层量（g）	0.45
全茧量（g）	1.603	1.530	茧层率（%）	23.05
茧层量（g）	0.370	0.342	茧丝量（g）	—
茧层率（%）	23.08	22.35	茧丝长（m）	1 107
一蛾产卵数（粒）	520	460	解舒丝长（m）	728
良卵率（%）	98.50	97.98	解舒率（%）	65.79
克蚁制种量（张）	—	—	茧丝纤度（dtex）	3.209
公斤茧制种量（张）	—	—	净度（分）	92.00
调查年季	2012 年春		2012 年春	
调查单位	云南省农业科学院蚕桑蜜蜂研究所		鹤庆、祥云、陆良、保山、楚雄等地蚕桑站	

云限 2 号

育成单位：云南省农业科学院蚕桑蜜蜂研究所

鉴定年份：2008 年

品种类别：春秋兼用斑纹限性品种

（一）品种育成经过

1. 云限2号中的选育

2008年春以引进的基础斑纹限性品种2033为父本，以云南省农业科学院蚕桑蜜蜂研究所培育的春用多丝量品种云蚕7A为母本杂交，同年早秋季、晚秋季及次年春季对其 F_1、F_2 和 F_3 代进行混合蚁量育。自 F_2 代开始选择茧形匀整、缩皱中等偏细、茧色洁白的个体继代留种。F_4 代进行单蛾育，饲养4蛾，以茧丝量和虫蛹率为选择依据，初步分出A、B系，A系以茧丝质为主，B系以健康性为选择重点，同时兼顾产量的选择，F_5～F_7 代均单蛾育，从A、B系的不同方向选择，以蛾区选择为主，个体选择为辅，实行同蛾区交配，以便淘汰个别隐性不良性状，加快性状固定。F_8 代时，蛾区性状趋于稳定，个体间差异较小，开始进行异蛾区交配，并开始配制原种，在进行配合力测试的同时，了解杂交一代的性状表现。F_9～F_{10} 代起，扩大饲养蛾数为8蛾，以发育整齐度和强健性为重点，进行蛾区选择，F_{11} 代后在继续筛选的基础上，开始扩大繁育制种的数量，生产杂交种供实验室和农村试验鉴定所需。

饲育时期	世代数	饲育形式	5龄经过（d:h）	全龄经过（d:h）	虫蛹率（%）	全茧量（g）	茧层量（g）	茧层率（%）
2008 春	F_1	○	8:05	27:05	96.70	2.12	0.54	25.28
2008 早秋	F_2	○	7:00	25:12	93.83	1.81	0.43	23.79
2008 晚秋	F_3	○	7:12	27:00	78.29	2.19	0.55	25.01
2009 春	F_4	□	7:20	25:08	97.28	1.97	0.47	23.89
2009 早秋	F_5	Ⓐ Ⓑ	8:17	27:00	97.57	1.83	0.41	22.57
2009 晚秋	F_6	Ⓐ Ⓑ	8:19	27:07	93.83	2.01	0.46	22.99
2010 春	F_7	Ⓐ Ⓑ	7:06	26:06	93.75	1.82	0.46	25.07
2010 早秋	F_8	Ⓐ Ⓑ	7:13	27:01	93.46	1.84	0.46	24.87
2010 晚秋	F_9	Ⓐ Ⓑ	8:00	28:00	95.25	2.13	0.52	24.51
2011 春	F_{10}	Ⓐ Ⓑ	7:09	26:08	94.16	2.03	0.48	23.83

2. 云限2号日的育成

2008年春，以引进的斑纹限性品种日新A为母本，以云南省农业科学院蚕桑蜜蜂研究所保存具有较强抗逆性的斑纹限性品种H05为父本杂交，其选育方法同中系限性品种的育成相类似，因日新A的卵量偏少，在各个世代的蚕卵选择，以卵量偏多的卵圈入选，提高蚕种的繁育系数。

饲育时期	世代数	饲育形式	5龄经过（d:h）	全龄经过（d:h）	虫蛹率（%）	全茧量（g）	茧层量（g）	茧层率（%）
2008 春	F_1	○	6:17	26:05	93.70	1.710	0.410	23.91
2008 早秋	F_2	○	8:17	26:05	90.50	1.580	0.395	25.06
2008 晚秋	F_3	○	7:17	27:05	99.74	1.810	0.460	25.49
2009 春	F_4	□	7:19	25:20	95.00	1.734	0.400	23.05

续表

饲育时期	世代数	饲育形式	5龄经过 （d:h）	全龄经过 （d:h）	虫蛹率 （%）	全茧量 （g）	茧层量 （g）	茧层率 （%）
2009 早秋	F_5	Ⓐ Ⓑ	9:12	28:00	99.44	2.030	0.450	22.01
2009 晚秋	F_6	Ⓐ Ⓑ	9:01	28:06	96.35	1.600	0.350	22.05
2010 春	F_7	Ⓐ Ⓑ	7:07	27:07	95.50	1.505	0.355	23.57
2010 早秋	F_8	Ⓐ Ⓑ	7:20	28:06	95.84	1.583	0.378	23.86
2010 晚秋	F_9	Ⓐ Ⓑ	8:10	28:20	92.45	1.478	0.363	24.58
2011 春	F_{10}	Ⓐ Ⓑ	7:20	27:10	91.69	1.679	0.431	25.67

（二）原种基本性状

1. 云限 2 号中

中国系统，二化性，四眠，斑纹限性品种。该品种卵色灰绿色，少量灰色，卵壳淡黄色间有白色，产附良好，单蛾产卵数 550 粒左右；孵化整齐，蚁蚕体色黑褐，克蚁头数 2 200 头左右。蚕体发育整齐，眠性较快，壮蚕体型粗壮匀整，4 龄后斑纹限性明显，雄蚕为素斑、雌蚕为普斑。食桑旺盛，行动活泼，老熟较齐，熟蚕排出体液稍多。茧短椭圆形，茧色白，缩皱中等，茧层厚实。发蛾齐，交配性能好，产卵较快。该品种体质强健，虫蛹率一般在 95% 左右，茧质优良。全茧量 1.7 g 左右，茧层量约 0.4 g，茧层率约 23%。催青经过 10～11 d，五龄经过 7～8 d，全龄经过 26～27 d，蛰中经过 14～15 d，全期经过 50 d 左右。

2. 云限 2 日

日本系统，二化，四眠，斑纹限性品种。该品种卵色紫褐色，卵壳白色，产附良好，单蛾产卵 500 粒左右。孵化齐一，蚁蚕体色黑褐，克蚁头数 2 300 头左右。蚕体发育整齐，眠性稍慢。4 龄后雌雄蚕的斑纹易于分辨，雄蚕为素斑，雌蚕为普斑，壮蚕体型匀整，食桑旺盛，行动活泼。老熟齐一，茧形长椭圆，浅束腰，茧色洁白，缩皱中等，发蛾齐，交配性能好。体质强健，茧质良好。虫蛹率 90% 以上，全茧量约 1.7 g，茧层量 0.35 g，茧层率 21% 左右。催青期 10～11 d，五龄经过 8 d 左右，全龄经过 27 d 左右，蛰中经过 15～16 d，全期经过 52 d 左右。

（三）杂交种基本性状

云限 2 号是一对二化性的斑纹双限家蚕品种，孵化齐一，蚁蚕暗黑色，克蚁头数正交 2 200 头，反交约 2 300 头，蚁蚕行动活泼，有一定的趋光性和趋密性。各龄眠起整齐，蚕体强健。5 龄经过约 8 d，大蚕期雌蚕普通斑，雄蚕素斑，蚕体粗壮。老熟齐，结茧快，茧大洁白，长椭圆形，缩皱中等。

（四）杂交种饲养注意事项

（1）蚕种收蚁感光不宜过早，适当提早收蚁。

（2）小蚕饲育温度 27～28 ℃，相对湿度 80%～85%；大蚕饲育温度 23～25 ℃，相对湿度 70%～75%，并注意通风换气。

（3）小蚕期要注意匀座、扩座，给予适熟良桑；大蚕期充分饱食，避免喂用湿叶或变质叶。

（4）熟蚕齐一、营茧快，上蔟时要疏放、减少同宫茧，蔟室注意通风排湿。

（五）原种、杂交种饲养成绩参考表

项目	原种性状		杂交种性状	
原种名	云限2号中	云限2号日	催青经过（d）	11
催青经过（d）	11	11	5龄经过（d:h）	8:23
5龄经过（d:h）	7:06	7:09	幼虫经过（d:h）	29:16
幼虫经过（d:h）	26:06	26:08	万头产茧量（kg）	19.12
蛹期经过（d）	15	16	万头茧层量（kg）	4.45
全期经过（d）	50	52	公斤茧颗数（粒）	496
克蚁收茧量（kg）	3.26	3.02	鲜茧出丝率（%）	—
死笼率（%）	2.91	3.37	全茧量（g）	1.98
公斤茧颗数（粒）	570	597	茧层量（g）	0.46
全茧量（g）	1.812	1.725	茧层率（%）	23.23
茧层量（g）	0.413	0.396	茧丝量（g）	—
茧层率（%）	22.79	22.95	茧丝长（m）	1 205
一蛾产卵数（粒）	535	485	解舒丝长（m）	899
良卵率（%）	97.62	97.47	解舒率（%）	74.70
克蚁制种量（张）	—	—	茧丝纤度（dtex）	3.201
公斤茧制种量（张）	—	—	净度（分）	95.00
调查年季	2012年春		2008年春	
调查单位	云南省农业科学院蚕桑蜜蜂研究所		鹤庆、祥云、陆良、保山、楚雄等地蚕桑站	

云蚕11号

育成单位：云南省农业科学院蚕桑蜜蜂研究所

杂交组合：新河A.新河B×新秀A.新秀B

鉴定年份：2016年

审定年份：2022年

审定单位与编号：国家畜禽遗传资源委员会 农17新品种证字第29号

品种类别：高产优质品种

适宜区域：长江流域、黄河流域春季使用

本品种于2016年选育成功，并通过云南省专家组现场鉴评。因其高产性能突出，特色鲜明，

品质优良，于 2022 年通过国家畜禽遗传资源委员会审定，是云南省第一个获得国家级审定的家蚕新品种。

（一）品种育成经过

1. 中系

采用系统选育法，将山河 A 在高温多湿等特定环境下按抗逆性兼顾茧质要求进行选择，筛选抗逆性较强小系纯化固定，形成新系新河 A。采用回交改良法，以云南省农业科学院蚕桑蜜蜂研究所保存的抗性较强、含有多化性血统的印度品系 2041 作为充血父本，以实用品种山河 B 作为改良母本，进行回交改良，选育出中系新河 B。

2. 日系

采用系统选育法，将锦秀在特定高温多湿等环境中分别从产茧量和品种抗性两个方向进行定向选择，通过多代定向选择并自交纯化形成两个新系新秀 A、新秀 B。

选育的主要技术步骤如下：①将 2041 作为父本交配被改良品系山河 B，得到 BC_1 代；将被改良系作为父本回交 BC_1 代，获得 BC_2 代；BC_2 代自交纯化多代获得新系新河 B。②将山河 A 在高温多湿等特定环境下按抗逆性兼顾茧质要求进行选择，筛选抗逆性较强小系纯化固定，形成新系新河 A。③将锦秀在特定高温多湿等环境中分别从产茧量和品种抗性两个方向进行定向选择，通过多代定向选择并自交纯化形成两个新系新秀 A、新秀 B。④将新河 B 与多个母本组配双交原种，再组配不同形式的杂交组合，进行比较饲养，筛选出杂交优势强的改良组合新河 A. 新河 B×新秀 A. 新秀 B，育成家蚕品种云蚕 11 号。

（二）杂交种基本性状

云蚕 11 号是一对含有多化性血统的二化性春秋用普斑杂交种。具有抗逆性好、产量高等特点，发育整齐、体质强健、好养，产量稳定，茧丝质优。正交卵色青绿色，卵壳黄色，有深浅不同，克卵数 2 000 粒。反交卵色灰褐色，卵壳白色，每克卵 1 850 粒左右。催青经过 11 d 左右，蚕种孵化齐一，蚁体黑褐色，有逸散性。小蚕期有密集性，生长发育齐快，各龄眠起齐一。全龄经过与对照菁松×皓月相当。大蚕体型中粗硬实，体色青白，老熟齐一，营茧速度快，多结中上层茧。茧形长椭圆形，大小较匀整，茧色洁白，缩皱细腻。解舒率、纤度、净度优良。品种日系原种喜高温，且全龄经过比中系少 1～2 d，所以日系原种应提前 1～2 d 出库。

（三）杂交种饲养注意事项

（1）越年种催青时应在外库进行胚子调整，待胚子整齐一致再出库催青。

（2）蚁蚕趋光性和逸散性强，收蚁当天感光不宜过早，宜适当提早收蚁。

（3）小蚕期密集性、趋光性强，要注意扩座、匀座和调箔，防止食桑不匀而影响发育。

（4）蚕期饲育温度比普通品种偏高可适当偏高，1～2 龄 27～29 ℃，3 龄 26～28 ℃，4～5 龄 25 ℃，并在小蚕期注意补湿，大蚕期注意通风换气。

（5）各龄期眠性较快，要注意及时加网（眠网和提青网），以防饿眠，适时止桑。

（6）大蚕食桑快，特别是五龄盛食期食桑旺盛，应及时匀座分箔，做到稀放饱食。

（7）老熟齐一，要提早做好蔟具准备工作。上蔟密度适当偏稀，蔟中不宜闷湿，要及时通风排湿，以控制不结茧蚕的发生和提高茧质。

云蚕 7×红平 2

育成单位：云南省农业科学院蚕桑蜜蜂研究所 云南美誉蚕业科技发展有限公司 浙江省农业科学院蚕桑研究所

鉴定年份：2008 年

审定年份：2013 年

品种类别：春秋兼用雄蚕品种

审（鉴）定机构及审定编号：四川省家蚕品种审定委员会　川蚕品审（2013）03 号

（一）品种育成经过

基于成熟的云蚕 7×云蚕 8 杂交模式，采用回交充血改良的方法，使用云蚕 8 原系充血性连锁平衡致死系日系材料平 30，育成了新的性连锁平衡致死系红平 2，然后与云蚕 7 对交得到雄蚕品种，于 2008 年 5 月通过专家现场鉴评，建议在生产上推广应用。

红平 2：将性连锁平衡致死系平 30 的雌与云蚕 8 的雄杂交，产生杂交一代（F_1 代），将 F_1 代自交得到的 G_1 代的雌与平 30 的雄回交，借助标记基因选择，从其所产的蚕卵中选择到目的卵圈，得到回交平衡致死系红平 2，在初期世代采用蚁量混合育，选择优良个体留种，到 F_4 代后采用单蛾饲养，建立新的系统。

年份	蚕期	世代	5 龄经过（d:h）	全龄经过（d:h）	虫蛹率 (%)	死笼率（%）	全茧量（g）	茧层量（g）	茧层率（%）
	夏	F_1	7:00	24:10	97.66	1.3	1.633	0.376	23.03
2004	秋	F_2	7:15	25:14	96.35	1.5	1.752	0.411	23.46
	晚秋	G_1	8:07	26:19	97.23	0.8	1.671	0.373	22.32
2005	春	G_2	7:17	25:20	98.37	0.0	1.743	0.427	24.50
	夏	G_3	7:19	25:07	95.49	0.8	1.642	0.370	22.52
2005	秋	G_4	7:00	26:05	98.25	1.0	1.702	0.413	24.51
	晚秋	G_5	7:07	25:12	94.68	1.5	1.645	0.368	22.58
2006	春	G_6	7:10	25:05	99.50	0.5	1.708	0.399	23.36

（二）原种基本性状

1. 云蚕 7

详见云蚕 7×云蚕 8。

2. 红平 2

日本系统，限性卵色平衡致死系，二化性，四眠。雌卵卵色灰紫色，雄卵黄色（越年卵浅棕色），卵壳乳白色，不受精卵率约 1.8%，产附整齐，每蛾产卵数约 500 粒，每克卵粒数 1 700 粒左右，因含有平衡致死基因，雌雄各有一半在胚胎期死亡，孵化约 45%，孵化齐一，一日孵化率在 40% 左右。蚁蚕体色黑褐色，行动活泼，趋密性强。克蚁头数 2 300 头左右。眠时有吐丝现象，眠性慢，食桑缓慢。小蚕有轻度油蚕特性，大蚕体色灰褐，普斑，体质强健好养，茧色白，茧形浅束腰，缩皱中等。蛹体黄色，体形中等，发蛾较慢，雄蛾活泼耐冷藏，交配性能好，多次交配对产卵量和不良卵率等无影响。

（三）杂交种基本性状

云蚕 7 × 红平 2 是二化性、四眠的春用雄蚕品种，具有孵化齐、眠性快、好养、蚕体大、茧形大的优良特性。蚕卵浅灰绿色，雌卵在胚胎期死亡，雄卵能正常孵化，孵化率约 48%，孵化齐一，蚁蚕暗黑色，克蚁头数约 2 200 头，蚁蚕行动活泼，有趋光性和趋密性。各龄眠起整齐，蚕体强健。五龄经过约 7 d，体色青白，普斑。全龄经过 25～26 d，茧大洁白，长椭圆形，缩皱中等。

（四）杂交种饲养注意事项

（1）催青前期标准参照常规品种，在催青后期适当提高温度，以提高 0.5 ℃ 为宜。

（2）雄蚕杂交种因雌蚕不孵化，盒种装卵量加倍，补催青时摊卵面积应是常规品种的 2 倍以上。

（3）小蚕用叶适熟偏嫩，力求新鲜，饲养温度较常规品种提高 0.5～1.0 ℃。

（4）小蚕趋密性强，宜做好扩座、匀座工作。

（5）大蚕用叶要求新鲜，做到良桑保食；因雄蚕食叶速度偏慢，1～3 龄宜全覆盖或半覆盖育，4～5 龄做到少食多餐，一般以 4～5 回育为好，以保证桑叶新鲜，增加蚕的食下率。

（6）雄蚕由于性别单一，发育齐整，老熟快而涌，要提前做好上蔟的准备工作，由于雄蚕的茧层厚，要避免上蔟过密，并加强蔟室的通风排湿，提高雄蚕丝的质量，充分发挥雄蚕的优势。

（五）原种、杂交种饲养成绩参考表

项目	原种性状		杂交种性状	
原种名	云蚕 7	红平 2	催青经过（d）	11
催青经过（d）	11	12	5 龄经过（d:h）	7:16
5 龄经过（d:h）	7:10	7:18	幼虫经过（d:h）	24:12
幼虫经过（d:h）	28:08	28:00	万头产茧量（kg）	17.45
蛹期经过（d）	16	16	万头茧层量（kg）	4.553
全期经过（d:h）	55:08	56:18	公斤茧颗数（粒）	454
克蚁收茧量（kg）	4.42	3.58	鲜茧出丝率（%）	20.52
死笼率（%）	1.36	1.45	全茧量（g）	1.816
公斤茧颗数（粒）	497	618	茧层量（g）	0.474

续表

项目	原种性状		杂交种性状	
全茧量（g）	2.01	1.58	茧层率（%）	26.10
茧层量（g）	0.49	0.38	茧丝量（g）	—
茧层率（%）	24.37	24.05	茧丝长（m）	1 369
一蛾产卵数（粒）	582	443	解舒丝长（m）	1 156
良卵率（%）	97.95	98.21	解舒率（%）	84.40
克蚁制种量（张）	18.82	15.39	茧丝纤度（dtex）	2.654
公斤茧制种量（张）	4.90	4.29	净度（分）	97.2
调查年季	2007 年春		2007 年春、秋	
调查单位	云南省农业科学院蚕桑蜜蜂研究所		四川、浙江、湖南、贵州等蚕业研究所	

蒙草 × 红平 4

育成单位： 云南省农业科学院蚕桑蜜蜂研究所 云南美誉蚕业科技发展有限公司 浙江省农业科学院蚕桑研究所

鉴定年份： 2008 年

审定年份： 2013 年

品种类别： 春秋兼用雄蚕品种

审（鉴）定机构及审定编号： 四川省家蚕品种审定委员会　川蚕品审（2013）04 号

（一）品种育成经过

利用蒙草 × 红云配合力好、杂交优势明显的特点，选择红云作为轮回亲本，采用回交充血法，改造平衡系材料平 30，育成了新的性连锁平衡致死系红平 4，然后与蒙草对交得到雄蚕品种，于 2008 年 5 月获现场鉴评专家组好评，建议在生产上推广应用。

红平 4：2005 年采用回交改良法，使用红云原系与性连锁平衡致死系日系材料平 28 杂交，产生杂交一代（BC$_1$ 代），将 BC$_1$ 代自交得到的 BF$_2$ 代的雌与平 30 的雄回交，借助标记基因选择，从其所产的蚕卵中选择到目的卵圈，得到回交平衡致死系红平 4，在初期世代采用蚁量混合育，选择优良个体留种，到 F4 代后采用单蛾饲养，建立新的系统。

年份	蚕季	世代	5 龄经过 （d:h）	全龄经过 （d:h）	虫蛹率 （%）	死笼率 （%）	全茧量 （g）	茧层量 （g）	茧层率 （%）
2006	夏	F$_1$	7:00	23:07	93.25	1.5	1.506	0.327	21.71
	秋	F$_2$	7:20	26:18	98.30	0.7	1.608	0.367	22.82
	晚秋	G$_1$	8:18	27:23	96.73	2.0	1.540	0.344	22.34
2007	春	G$_2$	7:10	25:02	98.44	0.5	1.754	0.415	23.66
	夏	G$_3$	7:01	23:15	96.12	1.2	1.604	0.360	22.44

续表

年份	蚕季	世代	5龄经过（d:h）	全龄经过（d:h）	虫蛹率（%）	死笼率（%）	全茧量（g）	茧层量（g）	茧层率（%）
2007	秋	G_4	7:08	24:17	97.89	0.7	1.733	0.401	23.14
	晚秋	G_5	8:10	25:00	95.43	1.5	1.608	0.370	23.01
2008	春	G_6	8:00	25:07	99.34	0.2	1.767	0.425	24.05

（二）原种基本性状

1. 蒙草

详见蒙草×红云。

2. 红平4

日本系统，限性卵色平衡致死系，二化性，四眠。滞育雌卵卵色灰紫色，雄卵黄色（越年卵浅棕色），不受精卵率约1.7%，产附整齐，每蛾产卵数约500粒，每克卵粒数1 700粒左右，因含有平衡致死基因，雌雄各有一半在胚胎期死亡，孵化约45%，孵化齐一。蚁蚕体色黑褐色，行动活泼，小蚕趋光趋密性强。克蚁头数2 400头左右，眠性慢，食桑缓慢。小蚕有轻度油蚕特性，壮蚕体型中粗，斑纹普斑，体色灰褐，蚕体匀正，老熟齐一。营茧稍慢，茧色洁白，茧子匀整，浅束腰，缩皱中等。蛹体黄色，体型中等，发蛾较慢，雄蛾活泼耐冷藏，交配性能好。

（三）杂交种基本性状

蒙草×红平4是一对二化性的春用雄蚕杂交种。二化性四眠蚕，滞育卵灰绿色，卵壳淡黄色或白色，雌卵在胚胎期死亡，雄卵能正常孵化，孵化率48%左右，孵化齐一，蚁蚕暗黑色，克蚁头数约2 300头，蚁蚕行动活泼，有趋光性和趋密性。各龄眠起整齐，蚕体强健。五龄经过约7 d，体色灰白，普斑，大小均匀。全龄经过24～25 d，茧大洁白，长椭圆形，缩皱中等。

（四）杂交种饲养注意事项

（1）催青前期标准参照常规品种，在催青后期适当提高温度，以提高0.5 ℃为宜。

（2）雄蚕杂交种因雌蚕不孵化，盒种装卵量加倍，补催青时摊卵面积应是常规品种的2倍以上。

（3）小蚕趋密性强，宜做好扩座匀座工作。

（4）因雄蚕食叶速度偏慢，宜采用薄膜覆盖或多回薄饲方法，保证桑叶新鲜，增加蚕的食下率。

（5）雄蚕性别单一，发育齐整，老熟快而涌，需提前做好上蔟的准备工作。

（6）蔟具应使用方格蔟，并注意通风排湿，充分发挥其茧丝质优的优势。

（五）原种、杂交种饲养成绩参考表

项目	原种性状		杂交种性状	
原种名	蒙草	红平4	催青经过（d）	11
催青经过（d）	11	12	5龄经过（d:h）	7:14
5龄经过（d:h）	7:19	7:18	幼虫经过（d:h）	24:17
幼虫经过（d:h）	28:08	28:02	万头产茧量（kg）	15.24
蛹期经过（d）	16	17	万头茧层量（kg）	3.933
全期经过（d:h）	55:08	57:02	公斤茧颗数（粒）	596
克蚁收茧量（kg）	4.18	3.62	鲜茧出丝率（%）	20.32
死笼率（%）	1.47	1.33	全茧量（g）	1.656
公斤茧颗数（粒）	485	623	茧层量（g）	0.428
全茧量（g）	2.02	1.57	茧层率（%）	25.85
茧层量（g）	0.49	0.37	茧丝量（g）	0.365
茧层率（%）	24.25	23.57	茧丝长（m）	1 237
一蛾产卵数（粒）	566	441	解舒丝长（m）	997
良卵率（%）	98.03	97.62	解舒率（%）	80.6
克蚁制种量（张）	19.62	17.28	茧丝纤度（dtex）	3.072
公斤茧制种量（张）	4.96	4.55	净度（分）	97.9
调查年季	2007年春		2007年春、秋	
调查单位	云南省农业科学院蚕桑蜜蜂研究所		四川、浙江、湖南、贵州等蚕业研究所	

镇781×红平6

育成单位：云南省农业科学院蚕桑蜜蜂研究所　云南美誉蚕业科技发展有限公司
鉴定年份：2018年
品种类别：春秋兼用细纤度雄蚕品种

（一）品种育成经过

1. 镇781

选择体质较强、生理障碍不明显的品种2033为母本，以产卵量高、丝质优良的781为父本进行杂交，用杂交F$_1$代的♀与781的♂回交（BC$_1$），随后将回交后代♀连续与781♂回交至BC$_4$代，将BC$_4$代、S$_1$代进行混合蚁量育，S$_2$代以后进行单蛾育，S$_5$代按虫蛹率和茧层率进行A、B分系，获得稳定的中系斑纹限性系统镇781。

饲育时期	世代	饲育形式	五龄经过（d:h）	全龄经过（d:h）	虫蛹率（%）	全茧量（g）	茧层量（g）	茧层率（%）
2013 春	P	□	7:12	26:00	94.43	1.520	0.337	22.14
		□	8:00	26:12	96.65	1.761	0.440	24.96
2013 早秋	F_1	○	7:12	26:18	93.78	1.665	0.401	24.10
2013 晚秋	BC_1	○	7:18	26:06	93.54	1.465	0.380	25.76
2014 春	BC_2	○	7:00	25:18	98.02	1.434	0.342	23.86
2014 早秋	BC_3	○	7:06	25:12	94.58	1.614	0.401	24.86
2014 晚秋	BC_4	○	7:06	26:20	92.58	1.399	0.312	22.33
2015 春	S_1	○	8:19	27:00	95.58	1.679	0.411	24.45
2015 早秋	S_2	□	7:12	26:18	98.02	1.434	0.342	23.86
2015 晚秋	S_3	□	8:00	26:12	88.82	1.506	0.349	23.18
2016 春	S_4	□	8:01	27:00	93.61	1.426	0.338	23.72
2016 早秋	S_5	A	7:19	26:00	90.83	1.713	0.400	23.35
		B	7:19	26:00	90.44	1.652	0.374	22.04
2016 晚秋	S_6	A	7:20	28:06	91.33	1.478	0.303	20.50
		B	7:10	28:06	92.45	1.418	0.298	21.02
2017 春	S_7	A	8:05	27:05	95.06	1.600	0.353	22.05
		B	8:01	27:05	96.35	1.562	0.359	22.92
2017 早秋	S_8	A	7:06	27:06	90.01	1.523	0.369	24.24
		B	7:06	27:06	90.50	1.580	0.375	23.73
2017 晚秋	S_9	A	8:20	28:06	72.83	1.328	0.254	19.14
		B	8:20	28:06	75.84	1.441	0.288	19.98
2018 春	S_{10}	A	7:05	26:10	95.06	1.623	0.386	23.92
		B	7:01	26:10	95.50	1.505	0.355	23.75

2. 红平 6

红平 2 是 2008 年以云南省农业科学院蚕桑蜜蜂研究所于 20 世纪 90 年代选育的云蚕 8 与引自浙江省农业科学院蚕桑研究所的平 30 为供体亲本，采用回交改良方法创建而成，具有健康性较强、易于饲养、雄蛾的交配性能好等特点，但茧丝纤度中粗（2.97 dtex），为降低其茧丝纤度，用茧丝纤度较细（约 2.44 dtex）且含有多化性血缘的 7532 为受体亲本，采用雌回交法将性连锁平衡致死系的限性卵色和致死基因导入现行家蚕品种，用受体 7532 进行多次回交充血后自交，纯化固定转育品种的性状。为确保调控家蚕性别的关键基因（白卵基因 $w3$，致死基因 l1、l2）定向转移到 7532 中，在早期阶段（$BC_1 \sim F_3$）采用单蛾育，便于准确筛选到有标志性状的蛾区，2020 年春初步建立 7532 的平衡致死系。因 7532 为素斑，而红平 2 为普通斑，考虑到当前生产除两广二号和夏芳×秋白等含多化性血缘成分较多的夏秋用品种外，其余家蚕品种的杂交一代以普通斑为主的现实情况，在杂交后代回交 7532 的过程中，有意识选留普通斑与 7532 回交，并在 $F_3 \sim S_1$ 世代，利用雄蛾能交配 2 次以上的特性，采取常规品种的素斑品种（pp）♀与之进行测交以检测淘汰素斑基因，使普通斑基因得以快速纯化的同时，检测新创建的平衡致死系的性别调控能力。$S_2 \sim S_3$ 世代混合蚁量育，选择优良个体继代，$S_4 \sim S_7$ 世代交替进行同蛾区交配或异蛾区交配制种。因育成的性连锁平衡致死系统的实用孵化率较低，仅约 35%，为提高繁育继代的可操作性和效率，S_8 世代后进行多蛾区混合育。为提高新建性连锁平衡致死系的健康性，在各世代中增加饲养繁殖数量，扩大选择的规模和强度，经 6 年 16 个世代的定向转育，得到红平 6。

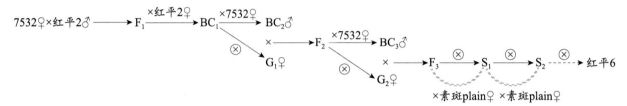

红平 6 育成的路线图

饲育时期	世代	饲育形式	5 龄经过（d:h）	全龄经过（d:h）	虫蛹率（%）	全茧量（g）	茧层量（g）	茧层率（%）
2013 春	P	□	7:18	26:06	97.01	1.58	0.343	21.74
		□	6:23	25:11	96.77	1.44	0.316	21.99
2013 早秋	F_1	○全雄	7:00	25:12	95.18	1.32	0.276	20.89
2013 晚秋	BC_1	□	7:02	26:00	92.56	1.31	0.256	19.48
2014 春	BC_2	□全雄	7:06	25:12	98.77	1.52	0.330	21.50
2014 早秋	F_2	□	7:00	25:06	96.43	1.50	0.314	20.93
2014 晚秋	BC_3	□全雄	6:20	26:12	96.12	1.40	0.297	21.27
2015 春	F_3	□	8:00	26:11	97.63	1.51	0.325	21.48
2015 早秋	S_1	□	7:23	27:20	96.98	1.42	0.302	21.24
2015 晚秋	S_2	○	8:18	28:00	90.13	1.44	0.309	21.42
2016 春	S_3	○	8:01	27:06	94.52	1.45	0.288	19.86
2016 早秋	S_4	□	8:01	26:06	98.75	1.45	0.340	23.49
2016 晚秋	S_5	□	7:20	28:00	94.56	1.34	0.281	20.91
2017 春	S_6	□	8:12	27:12	95.62	1.42	0.321	22.56
2017 早秋	S_7	□	7:06	27:20	92.24	1.50	0.349	23.30
2017 晚秋	S_8	○	9:00	30:06	83.22	1.32	0.269	19.59
2018 春	S_9	○	8:07	27:06	90.35	1.38	0.298	21.58

（二）原种基本性状

1. 镇 781

中国系统，二化性，四眠。卵色为灰绿色，卵壳淡黄色，有深浅色差。良卵率98.80%，不受精卵率0.24%，实用孵化率约95.51%，蚁蚕黑褐色，行动活泼，克蚁约2 250头，稚蚕期有趋光性和趋密性，眠起整齐。壮蚕体色青白，为双限性斑纹杂交原种，雌蚕为花蚕，雄蚕为白蚕，可在4～5龄期按此特征鉴别雌雄，有利于调节雌雄性别饲养比例和提高杂交率。老熟较齐涌，营茧较快，茧短椭圆形，茧色洁白，缩皱中等偏细，茧形匀整，蛹体黄色，习性文静。蛾体乳白，蛾翅无花斑，羽化早，发蛾集中，发蛾率高，交尾性能良好，不易散对。产附排列平整，一蛾产卵数约550粒，蚕卵有胶着性，克卵约1 700粒。催青经过11 d，幼虫期经过26～27 d。

2. 红平 6

日本系统，限性卵色平衡致死系，二化性，四眠。雌卵卵色灰紫色，雄卵黄色（越年卵浅棕色，有深浅色差），卵壳乳白色，不受精卵率约1.8%，产附整齐，每蛾产卵数约450粒，每克卵粒数1 800粒左右，因含有平衡致死基因，雌雄各有一半在胚胎期死亡，孵化约40%，孵化齐一，实用孵化率约35%。蚁蚕体色黑褐色，行动活泼，趋密性强。克蚁头数2 300头左右。眠性和食桑较慢。小蚕有轻度油蚕特性，大蚕体色灰褐，普斑。结茧时，有吐平板丝现象。茧色白，茧形浅束腰，缩皱中等。蛹体黄色，体型中等，发蛾较慢，雄蛾活泼耐冷藏，交配性能好，多次交配对产卵量和不良卵率等无影响。催青经过11 d，五龄经过约8 d，全龄经过27～28 d。

（三）杂交种基本性状

本品种是一对含多化性血缘的二化性春秋兼用细纤度雄蚕杂交种。雌卵在胚胎期死亡，雄卵能正常孵化，孵化率约50%，孵化齐一，蚁蚕黑褐色，克蚁头数约2 200头，蚁蚕行动活泼，有趋光性和趋密性。各龄眠起整齐，蚕体强健。5龄经过约7 d，体色青白，普斑。全龄经过26～27 d，茧大洁白，长椭圆形，缩皱中等，茧层率高。

（四）杂交种饲养注意事项

雄蚕杂交种因雌蚕不孵化，盒种装卵量加倍，补催青时摊卵面积应是常规品种的2倍以上。小蚕用叶适熟偏嫩，饲养温度较常规品种提高0.5～1.0 ℃。小蚕趋密性强，宜做好扩座匀座工作。大蚕用叶要求新鲜，做到良桑饱食。因雄蚕食叶速度偏慢，1～3龄宜全覆盖或半覆盖育，4～5龄做到少食多餐，以保证桑叶新鲜，增加蚕的食下率。雄蚕的茧层厚，要避免上蔟过密，并加强蔟室的通风排湿，提高雄蚕丝的质量，充分发挥雄蚕的优势。

（五）原种与杂交种饲养成绩参考表

项目	原种性状		杂交种性状	
原种名	镇 781	红平 6	催青经过（d）	11
催青经过（d）	11	12	5 龄经过（d:h）	7:18
5 龄经过（d:h）	8:01	8:07	幼虫经过（d:h）	27:01
幼虫经过（d:h）	27:00	27:06	万头产茧量（kg）	15.70

续表

项目	原种性状		杂交种性状	
蛹期经过（d）	16:00	17:00	万头茧层量（kg）	4.064
全期经过（d:h）	54:18	56:02	公斤茧颗数（粒）	653
克蚁收茧量（kg）	3.68	3.06	鲜茧出丝率（%）	20.32
死笼率（%）	2.30	3.57	全茧量（g）	1.63
公斤茧颗数（粒）	643	723	茧层量（g）	0.422
全茧量（g）	1.51	1.38	茧层率（%）	25.91
茧层量（g）	0.355	0.298	茧丝量（g）	0.398
茧层率（%）	23.75	21.58	茧丝长（m）	1 372
一蛾产卵数（粒）	513	465	解舒丝长（m）	970
良卵率（%）	97.03	95.61	解舒率（%）	70.61
克蚁制种量（张）	8.62		茧丝纤度（dtex）	2.54
公斤茧制种量（张）	2.47		净度（分）	95.3
调查年季	2020 年春		2016—2020 年春、秋	
调查单位	云南省农业科学院蚕桑蜜蜂研究所		四川、浙江、湖南、贵州等蚕业研究所	

云夏 3 × 云夏 4

育成单位： 云南省农业科学院蚕桑蜜蜂研究所

鉴定年份： 2016 年

品种类别： 夏秋用家蚕品种

本品种为兼顾抗高温多湿与多丝量的强健性多丝量品种选育的目标，以云南省农业科学院蚕桑蜜蜂研究所保存的大茧形多丝量品系 S1A、2064 白和具有多化性血统的二化性限性斑纹品系 7521、7522 为母本和父本，经杂交、回交和自交固定的手段育成。现已参加国家家蚕品种审定的实验室和农村小区试验，正在开展后续的数据汇总、会议讨论等审定流程。

（一）品种育成经过

1. 中系 S1A、7521 白的选育

S1A 具有茧形均匀、缩皱细、产卵量多、茧层率高和产茧量高等特性，是早期纯化固定的品系，性状较稳定。为了提高品种抗逆性，通过设置高温多湿饲养环境（全龄 30～32 ℃，相对湿度 80%～90%），对 S1A 进行了多代高温多湿抗性定向选择。为了恢复品种特性和提高其抗逆性，2015 年春采用了清洁化技术饲养，即全龄饲养过程中不用漂白粉、石灰等任何消毒药剂消毒，1～2 龄用加温器升温到目标温度，3～5 龄在自然温度环境饲养的技术进行筛选。经过多代高温多湿环境胁迫选择及粗放化饲养，品系抗逆性增强，虫蛹率提高到了 99%。

7521 具有孵化齐一、小蚕起眠齐、大蚕青白、食桑活泼、抗高温多湿能力强、老熟齐、配合力较好等特性。7521 为限性斑纹品系，与 S1A 组配原种后，7521·S1A 为限性品系，S1A·7521 为姬蚕品系，制备的杂交种呈现姬蚕和限性斑纹两种幼虫特征，不便于推广应用，因此采用回交育种方法对 7521 的蚕体斑纹进行改造，用 S1A 为姬蚕非轮回亲本，7521 为轮回亲本，将 7521 改造为姬蚕品系 7521 白。新姬蚕品系获得后，进行连续的系统选育，其中 $F_1 \sim F_5$ 代用混合育选择，F_6 代以后采用单蛾育，见系谱成绩参考表。经过多代选育，7521 白全茧量在 1.50g 以上，茧层量在 0.35g 以上，茧层率 22%～24%，抗逆性强、茧形大且均匀、缩皱细、茧层率高、交配产卵性能好，性状稳定。

S1A 系谱成绩参考表

年份及处理	饲育时期	世代数	饲育方式	饲育量	5 龄经过（d:h）	全龄经过（d:h）	4 龄虫蛹率（%）	全茧量（g）	茧层量（g）	茧层率（%）
2009	春	P	单蛾育	0.6g	7:16	26:04	95.70	1.38	0.313	22.84
2009	秋	F_1	混合育	1.0g	8:01	27:06	93.40	1.52	0.378	25.15
2010	春	F_2	混合育	1.0g	7:06	26:06	94.00	1.31	0.325	24.81
2010	秋	F_3	混合育	1.0g	7:06	25:04	97.90	1.39	0.339	24.62
2011	春	F_4	混合育	0.6g	7:00	25:05	95.40	1.66	0.413	25.09
2012 高温	春	F_5	混合育	0.6g	5:01	20:12	21.20	1.12	0.260	23.39
2012 高温	秋	F_6	混合育	0.6g	5:18	23:06	88.30	1.29	0.333	26.01
2013 高温	春	F_7	单蛾育	4（蛾）	6:12	23:11	88.20	1.61	0.391	24.52
2013	夏	F_8	单蛾育	4（蛾）	7:00	26:08	90.60	1.29	0.309	24.35
2013 高温	秋	F_9	单蛾育	4（蛾）	5:20	23:07	91.80	1.54	0.374	24.23
2014 高温	春	F_{10}	单蛾育	4（蛾）	5:01	20:12	96.00	1.24	0.307	24.99
2014	秋	F_{11}	单蛾育	4（蛾）	6:22	25:06	92.50	1.35	0.313	23.36
2015 清洁化	春	F_{12}	单蛾育	4（蛾）	6:20	25:07	94.70	1.47	0.377	25.63
2015 高温	秋	F_{13}	单蛾育	4（蛾）	5:01	20:12	94.60	1.73	0.412	24.14
2016	春	F_{14}	单蛾育	4（蛾）	7:10	26:10	99.20	1.83	0.457	25.26
2016	秋	F_{15}	单蛾育	4（蛾）	5:07	22:07	99.50	1.72	0.400	23.53

7521 白系谱成绩参考表

年份及处理	饲育时期	世代数	饲育方式	饲育量	5 龄经过（d:h）	全龄经过（d:h）	4 龄虫蛹率（%）	全茧量（g）	茧层量（g）	茧层率（%）
2009	春	P	单蛾育	0.6g	6:20	25:09	97.20	1.20	0.270	22.52
2010	夏	回交 BC_6	混合育	1.0g	6:20	25:09	98.80	1.77	0.418	23.88
2010	秋	自交 F_1	混合育	1.0g	5:20	23:07	97.40	1.49	0.340	23.09

年份及处理	饲育时期	世代数	饲育方式	饲育量	5龄经过（d:h）	全龄经过（d:h）	4龄虫蛹率（%）	全茧量（g）	茧层量（g）	茧层率（%）
2010	晚秋	F_2	混合育	1.0g	7:00	26:08	97.50	1.26	0.274	22.02
2011	春	F_3	混合育	0.6g	6:19	24:07	99.20	1.50	0.356	23.94
2011	夏	F_4	混合育	0.6g	6:22	25:06	98.00	1.27	0.283	22.28
2011	秋	F_5	混合育	0.6g	5:18	22:07	96.00	1.30	0.289	22.24
2012	春	F_6	单蛾育	4（蛾）	6:10	25:10	99.30	1.53	0.361	23.74
2012	夏	F_7	单蛾育	4（蛾）	5:17	22:17	98.20	1.39	0.294	21.21
2012	秋	F_8	单蛾育	4（蛾）	5:07	22:07	99.50	1.48	0.328	22.19
2013高温	春	F_9	单蛾育	4（蛾）	5:01	20:12	94.00	1.20	0.287	24.10
2013	夏	F_{10}	单蛾育	4（蛾）	6:06	24:06	97.00	1.46	0.325	22.32
2013高温	秋	F_{11}	单蛾育	4（蛾）	5:19	22:19	98.00	1.52	0.337	22.75
2014高温	春	F_{12}	单蛾育	4（蛾）	6:00	23:11	97.40	1.31	0.323	23.90
2014高温	秋	F_{13}	单蛾育	4（蛾）	6:00	23:11	98.60	1.38	0.341	25.03
2015清洁化	春	F_{14}	单蛾育	4（蛾）	6:20	25:07	98.30	1.50	0.356	23.94
2015高温	春	F_{15}	单蛾育	4（蛾）	6:00	22:00	98.80	1.57	0.352	22.65
2016	春	F_{16}	单蛾育	4（蛾）	6:12	23:11	99.70	1.72	0.409	24.06
2016	秋	F_{17}	单蛾育	4（蛾）	6:01	22:12	99.00	1.52	0.351	23.20

2. 日系2064白、7522白的选育

2064白具有茧丝质优、茧形均匀、缩皱细、产卵量多、茧层率高和产茧量高等特性，是早期纯化固定的品系，性状较稳定。为了提高品种的强健性，连续多代高温多湿环境胁迫选择，2015年进行粗放化饲养，品系抗性增强，虫蛹率提高到了98%。见品系系谱参考表。

7522具有体质强健、发育整齐、孵化齐一、小蚕起眠齐、大蚕青白、食桑活泼、老熟齐、配合力较好等特性。7522为限性斑纹品系，采用与选育7521白相同的选育方法，改良得到新姬蚕品系7522白。经过多代选育，7522白全茧量在1.38～1.48g，茧层率22%～26%，具有孵化齐、抗性强、容易饲养，食桑活泼，上蔟整齐、茧形较大、茧层率较高、交配产卵性能好等特性，性状稳定。

将斑纹改良选育的姬蚕品系7521白、7522白与系统选育纯和的母本S1A、2064白组配成四元杂交品种S1A·7521白×2064白·7522白，与之前组配的杂交品种S1A·7521×2064白·7522进行饲养比较，两种组配方式饲养成绩相当，但S1A·7521白×2064白·7522白正反交全为姬蚕，品种斑纹一致，命名为云夏3×云夏4。

2064 白系谱成绩参考表

年份及处理	饲育时期	世代数	饲育方式	饲育量	5 龄经过（d:h）	全龄经过（d:h）	4 龄虫蛹率（%）	全茧量（g）	茧层量（g）	茧层率（%）
2009	春	P	单蛾育	0.6g	6:20	25:09	93.60	1.34	0.318	24.03
2009	秋	F_1	混合育	1.0g	7:06	26:07	92.30	1.26	0.305	24.26
2010	春	F_2	混合育	1.0g	8:06	27:06	94.50	1.45	0.347	24.19
2010	秋	F_3	混合育	1.0g	7:00	26:00	94.60	1.43	0.348	24.67
2011	春	F_4	混合育	0.6g	7:00	25:05	96.20	1.41	0.331	23.82
2012 高温	春	F_5	混合育	0.6g	5:00	20:11	79.90	1.04	0.226	21.73
2012 高温	秋	F_6	混合育	0.6g	5:18	23:06	93.90	1.30	0.271	20.93
2013 高温	春	F_7	单蛾育	4（蛾）	6:12	23:11	92.30	1.21	0.306	25.55
2013	夏	F_8	单蛾育	4（蛾）	7:00	26:08	99.70	1.14	0.258	22.64
2013 高温	秋	F_9	单蛾育	4（蛾）	5:20	23:07	94.80	1.32	0.285	21.76
2014 高温	春	F_{10}	单蛾育	4（蛾）	5:01	20:12	93.10	1.28	0.300	23.75
2014	秋	F_{11}	单蛾育	4（蛾）	6:20	25:07	97.30	1.18	0.288	24.71
2015 清洁化	春	F_{12}	单蛾育	4（蛾）	5:01	21:12	96.90	1.47	0.350	24.05
2015 高温	秋	F_{13}	单蛾育	4（蛾）	6:06	23:07	96.00	1.41	0.320	22.88
2016	春	F_{14}	单蛾育	4（蛾）	7:07	2:07	98.10	1.32	0.307	23.42
2016	秋	F_{15}	单蛾育	4（蛾）	6:01	23:01	98.80	1.45	0.336	23.60

7522 白系谱成绩参考表

年份及处理	饲育时期	世代数	饲育方式	饲育量	5 龄经过（d:h）	全龄经过（d:h）	4 龄虫蛹率（%）	全茧量（g）	茧层量（g）	茧层率（%）
2009	春	P	单蛾育	0.6g	6:20	25:09	97.00	1.29	0.273	21.33
2009	夏	回交 BC_6	混合育	1.0g	6:20	25:09	97.50	1.59	0.377	23.92
2010	秋	自交 F_1	混合育	1.0g	6:19	24:06	97.90	1.17	0.395	23.95
2010	晚秋	F_2	混合育	1.0g	7:00	26:08	96.00	1.17	0.230	19.85
2011	春	F_3	混合育	0.6g	6:17	24:05	98.00	1.31	0.287	22.31
2011	夏	F_4	混合育	0.6g	6:22	25:06	98.50	1.27	0.271	21.41
2011	秋	F_5	混合育	0.6g	7:00	23:12	97.80	1.35	0.293	21.73
2012	春	F_6	单蛾育	4（蛾）	7:10	26:10	99.20	1.50	0.329	22.17
2012	夏	F_7	单蛾育	4（蛾）	6:07	23:07	97.00	1.47	0.314	20.74
2012	秋	F_8	单蛾育	4（蛾）	6:01	23:01	98.70	1.62	0.357	22.11

续表

年份及处理	饲育时期	世代数	饲育方式	饲育量	5 龄经过（d:h）	全龄经过（d:h）	4 龄虫蛹率（%）	全茧量（g）	茧层量（g）	茧层率（%）
2013 高温	春	F_9	单蛾育	4（蛾）	6:00	23:11	96.40	1.54	0.331	21.79
2013	夏	F_{10}	单蛾育	4（蛾）	6:06	24:06	99.00	1.51	0.316	21.15
2013 高温	秋	F_{11}	单蛾育	4（蛾）	6:19	23:19	97.80	1.40	0.315	22.88
2014 高温	春	F_{12}	单蛾育	4（蛾）	6:13	24:00	97.30	1.38	0.326	23.83
2014 高温	秋	F_{13}	单蛾育	4（蛾）	5:13	21:00	93.50	1.56	0.344	22.53
2015 清洁化	春	F_{14}	单蛾育	4（蛾）	6:12	23:11	97.80	1.62	0.395	23.79
2015 高温	秋	F_{15}	单蛾育	4（蛾）	6:10	23:07	96.70	1.48	0.335	22.98
2016	春	F_{16}	单蛾育	4（蛾）	6:14	25:06	90.50	1.39	0.366	26.44
2016	秋	F_{17}	单蛾育	4（蛾）	5:01	20:12	98.20	1.49	0.346	24.78

（二）杂交种基本性状

云夏 3×云夏 4 是一对含有多化性血统的二化性夏秋用素斑杂交种。具有抗逆性强、夏秋季产量高等特点，发育整齐，体质强健、好养，产量稳定，茧丝质优。正交卵色灰绿色，卵壳黄色，有深浅不同，克卵数 2 000 粒。反交卵色灰褐色，卵壳白色，每克卵 1 825 粒左右。催青经过 11d左右，蚕种孵化齐一，蚁体黑褐色，有逸散性。小蚕期有密集性，生长发育齐快，各龄眠起齐一。全龄经过与对照菁松×皓月相当。大蚕体型中粗硬实，体色青白，老熟齐一，营茧速度快，多结中上层茧。茧形长椭圆形，大小较匀整，茧色洁白，缩皱细腻。解舒率、纤度、净度优良。

（三）杂交种饲养注意事项

（1）越年种催青时应在外库进行胚子调整，待胚子整齐一致再出库催青。

（2）蚁蚕趋光性和逸散性强，收蚁当天感光不宜过早，宜适当提早收蚁。

（3）小蚕期密集性、趋光性强，要注意扩座、匀座和调箔，防止食桑不匀而影响发育。

（4）蚕期饲育温度可适当偏高，并在小蚕期注意补湿，大蚕期注意通风换气。

（5）各龄期眠性较快，要注意及时加网（眠网和提青网），以防饿眠，适时止桑。

（6）大蚕食桑快，特别是五龄盛食期食桑旺盛，应及时匀座分箔，做到稀放饱食。

（7）老熟齐一，要提早做好蔟具准备工作。上蔟密度适当偏稀，蔟中不宜闷湿，要及时通风排湿，以控制不结茧蚕的发生和提高茧质。

云抗 1 号

育成单位：云南省农业科学院蚕桑蜜蜂研究所　中国农业科学院蚕业研究所

鉴定年份：2018 年

品种类别：抗 BmNPV 春秋兼用家蚕品种

本品种为云南省农业科学院蚕桑蜜蜂研究所与中国蚕业研究所合作，以高产优质品种苏·菊×

明·虎为基础，通过导入抗 NPV 基因，结合攻毒筛选，经多代的杂交和自交固定等育成的对 BmNPV 病毒具有高度耐受性的家蚕新品种，其抗 BmNPV 病毒能力是当前现行品种菁松×皓月的 10 000 倍，是一对兼具抗病和高产优良性状的家蚕新品种。

（一）品种育成经过

苏 N、菊 N：中系母本，二化，四眠，以携带抗 BmNPV 基因家蚕品系 N 为基因供体，以实用品系"苏、菊"为基因受体，通过杂交育种和病毒添毒筛选等方法将抗性基因导入后，一方面采用病毒添毒筛选，提高并稳定其抗性，纯化品系抗病基因，另一方面采用系统选育方法对其实用性状进行选择，不断纯合固定的素斑品系。

明 N、虎 N：日系母本，二化，四眠，以携带抗 BmNPV 基因家蚕品系 N 为基因供体，以实用品系明、虎为基因受体，通过杂交育种和病毒添毒筛选等方法将抗性基因导入后，一方面采用病毒添毒筛选，提高并稳定其抗性，纯化品系抗病基因，另一方面采用系统选育方法对其实用性状进行选择，不断纯合固定的普斑品系。

（二）杂交种基本性状

本品种与华康 2 号和华康 3 号一样是抗 BmNPV 病毒的特殊家蚕品种，其抗性是对照种菁松×皓月的 10 000 倍。正交蚕卵灰绿色，卵壳淡黄色，反交卵色紫褐色，卵壳白色。孵化齐一，蚁体黑褐色，反交有逸散性，稚蚕趋光性强，眠起齐一，起蚕活泼，壮蚕期蚕体大而强壮，体色青白，普斑（花蚕），各龄食桑活泼，体质强健，易于饲养。5 龄食桑较快，5 龄经过较长 7～8 d，全龄经过约 26 d。老熟齐涌，营茧快，喜结上层茧，茧形大而匀整，茧长椭圆形，茧色洁白，每千克茧约 500 粒左右，万蚕产茧量 20 kg 左右，盒种产茧 50 kg 左右。茧层率 22% 左右，缩皱中等。茧丝长 1 100 m 左右，纤度中等，能缫高品位生丝。该品种对高温多湿环境及血液型脓病抵抗力强。

（三）杂交种饲养注意事项

（1）小蚕喜低温、干燥、通气明亮的环境，温度比常规品种低 1 ℃，1、2 龄 26～27 ℃，3 龄 25～26 ℃。

（2）大蚕喜食稍偏嫩桑叶，在桑叶采摘时应注意选择叶位，不用老黄叶、虫口叶、泥沙叶、污染叶、病害叶，做好选叶采叶工作，确保良桑饱食。

（3）本品种抵抗细菌病能力较弱，饲养过程中切记不能饲喂水叶、蒸热变质桑叶，如遇下雨，需将桑叶铺开晾放，桑叶上不能有滴水方可饲喂。

（4）本品种虽对血液型脓病病毒抵抗力强，但仍然需要照常消毒防病处理，预防其他蚕病的发生。

（5）老熟齐一，营茧快，要提早做好蔟具准备工作。上蔟密度适当偏稀，蔟中不宜闷湿，要及时通风排湿，以控制不结茧蚕的发生和提高茧质。

第五章

云南引进推广的家蚕品种性状

华8×瀛翰

华8×瀛翰是华东蚕业研究所（中国农业科学院蚕业研究所前身）于1951年起对当时生产上使用的5个品种、28个品系进行整理，从中选出最优良的10个品系组配而成的品种供全国各省推广应用。20世纪50年代在江苏、浙江等省春期大量推广。1955—1956年开始在云南繁育推广，之后约20年是云南主要推广的家蚕品种之一，直至1973年才停止应用。

（一）原种基本性状

1. 华8

中国系统，二化四眠春用品种。越年卵色暗灰紫色，卵壳白色。蚁蚕黑褐色，孵化尚齐，蚁蚕行动较迟缓。稚蚕期有趋密性，偶有小蚕发生。眠起较齐，食桑缓慢，发育经过比较慢。体质尚强健，对冷、湿的抵抗力较弱。有五眠蚕发生。壮蚕体型中部环节较为肥大，体色青白，素斑。熟蚕老熟齐涌。茧形呈短椭圆，也有少数球形茧，茧色白，偶有淡竹色茧发生。缩皱中等。全茧量、茧层量较重。发蛾尚涌，蛾尿多，产卵快，一蛾产卵600粒左右。茧丝长较长，茧丝纤度较细。该品种分为华8（大）和华8（三五）两个品系。华8（大）壮蚕期普通斑和素斑都有，全龄经过较长，茧形短椭圆，发生双宫茧少，茧层量、茧丝量、茧丝长等都较优。华8（三五）壮蚕期素蚕，全龄经过稍短，茧形椭圆带缢痕，死笼茧少，但双宫茧发生较多。与瀛翰对交，应推迟2d出库。

2. 瀛翰

日本系统，二化四眠春用品种。越年卵色灰褐紫色，卵壳乳白色。蚁蚕赤褐色，孵化欠齐，蚁蚕有逸散性。就眠缓慢，每到将眠时常有数头蚕团聚或重叠在一起，稚蚕期偶有小蚕发生。食桑缓慢，幼虫期经过长，体质较虚弱。壮蚕体型肥大，体色青白而带淡赤紫，普通斑，其腹部后端环节具有条斑或点斑。熟蚕老熟不涌，多结下层茧，污染茧和死笼茧发生较多。茧形束腰，常有尖头茧发生。茧色白，但常混有米色茧。缩皱中等。全茧量、茧层量重，发蛾较慢欠齐。产卵慢，一蛾产卵600粒左右。茧丝量高，茧丝长稍短，茧丝纤度较粗。该品种分为瀛翰（新大）和瀛翰（新专）两个品系。瀛翰（新大）的稚蚕期经过短，5龄经过长。茧层量、茧丝量较重，茧丝长较长，但米色茧、污染茧和死笼茧发生较多。瀛翰（新专）死笼茧少，茧色白、茧形小，但尖头茧发生量较多。与华8对交应提前2d收蚁。

（二）杂交种基本性状

本品种是中×日二化四眠春用蚕品种。越年卵正交灰紫色，反交为灰褐紫色，卵色分别为白色和乳白色。蚁蚕黑褐色，孵化尚齐，有逸散性，稚蚕有背光性。眠起较齐，蚕体大，体质尚强健。壮蚕体色青白，普通斑。老熟尚齐涌，但营茧较慢，多结上层茧。茧形长椭圆，浅束腰，茧色白，缩皱中等。克蚁头数 2 040 头左右。公斤茧粒数 463 粒。

（三）原种、杂交种饲养成绩参考表

项目		原种基本性状			杂交种基本性状	
原种名	华8（大）	华8三五	瀛翰（新大）	瀛翰（新专）	杂交种名	华8×瀛翰
催青经过（d）	10	10	10	10	催青经过（d）	10
5龄经过（d）	—	—	—	—	5龄经过（d）	—
全龄经过（d:h）	26:02	24:21	25:22	25:02	全龄经过（d:h）	27:12
蛰中经过（d）	16:00	15:00	17:00	17:00	克蚁头数（头）	2040
全期经过（d:h）	52:02	49:21	52:22	52:02	公斤茧粒数（粒）	463
实用孵化率（%）	96.82	90.45	88.30	87.29	克蚁收茧量（kg）	3.374
幼虫生命率（%）	99.31	99.62	98.98	99.20	幼虫生命率（%）	95.27
死笼率（%）	2.20	1.01	4.22	2.78	上茧率（%）	86.26
双宫茧率（%）	2.36	5.94	2.75	1.34	双宫茧率（%）	10.16
全茧量（g）	2.36	2.00	2.22	2.07	全茧量（g）	2.16
茧层量（g）	0.477	0.392	0.424	0.404	茧层量（g）	0.422
茧层率（%）	20.21	19.60	19.10	19.52	茧层率（%）	19.54
茧丝量（g）	0.388	0.335	0.333	0.336	茧丝量（g）	—
茧丝长（m）	1 275	1 219	968	1 135	茧丝长（m）	1 086
茧丝纤度（dtex）	3.01	2.72	3.41	2.93	茧丝纤度（dtex）	3.49
调查年季		1958年春			1955年春	
数据来源		中国农业科学院蚕业研究所			江苏省浒墅关蚕丝学校	

华9×瀛翰

华9×瀛翰是华东蚕业研究所（中国农业科学院蚕业研究所前身）于1951年起对当时生产上使用的5个品种、28个品系进行整理，从中选出最优良的10个品系组配而成的品种，供全国各省推广应用。20世纪50年代在江苏、浙江等省春期大量推广。50年代中期在云南有一定数量的应用。

（一）原种基本性状

1. 华 9

本品种为中国系统，二化四眠春用蚕品种。越年卵色灰紫色，卵壳有白色、淡黄色。蚁蚕蚕黑褐色。孵化齐一，蚁蚕行动迟缓。稚蚕期有趋密性，易发生小蚕，眠起较齐，食桑较活泼，发育尚齐一，但个体间体型大小有差异，龄期经过稍长。壮蚕体色青白，素斑，但也有淡痕迹的眼状和半月纹出现。熟蚕老熟齐涌，有不结茧蚕和绵茧发生，茧形长椭圆，部分茧中部有些缢痕，也偶有畸形茧发生，茧色白，缩皱中等。全茧量、茧层量较重。发蛾尚齐，产卵快，每蛾产卵 650 粒左右。茧丝长稍短，茧丝纤度略粗。该品种分为华 9（大）和华 9（三五）两个品系。华9（大）卵壳和蚕体尾端数环节侧面略带淡红色，其茧层量、茧层率、茧丝长、茧丝量、茧形整齐度都好于华 9（三五）。华 9（三五）蚕体尾端数环节侧面略带淡黄色，双宫茧发生少，缩皱较细，有不越年卵发生。与瀛翰对交应推迟 1 d 出库催青。

2. 瀛翰

详见华 8×瀛翰。与华 9 对交，应提前 1d 出库催青。

（二）杂交种基本性状

本品种是中×日二化四眠春用蚕品种。越年卵色为深灰色，卵壳白色。蚁蚕褐色，行动较活泼，稚蚕有趋密性。壮蚕体色青白，普通斑，蚕体大，体质强健。熟蚕老熟齐涌，但营茧速度较慢。多结上层茧。茧形浅束腰，茧色白，缩皱中等。克蚁头数 2 119 头左右。公斤茧粒数 476 粒。

（三）原种、杂交种饲养成绩参考表

项目	原种基本性状		杂交种基本性状	
原种名	华 9（大）	华 9（三五）	杂交种名	华 9×瀛翰
催青经过（d）	10	10	催青经过（d）	10
5 龄经过（d）	—	—	5 龄经过（d）	—
全龄经过（d:h）	26:05	25:03	全龄经过（d:h）	27:14
蛰中经过（d）	16:00	16:00	克蚁头数（头）	2119
全期经过（d:h）	52:05	51:03	公斤茧粒数（粒）	476
实用孵化率（%）	93.87	93.06	克蚁收茧量（kg）	4.055
幼虫生命率（%）	93.37	99.32	幼虫生命率（%）	90.97
死笼率（%）	4.74	1.70	上茧率（%）	86.91
双宫茧率（%）	4.75	1.01	双宫茧率（%）	12.47
全茧量（g）	2.23	2.11	全茧量（g）	2.10
茧层量（g）	0.482	0.429	茧层量（g）	0.412
茧层率（%）	21.61	20.19	茧层率（%）	19.61
茧丝量（g）	0.395	0.332	茧丝量（g）	—

续表

项目	原种基本性状		杂交种基本性状	
茧丝长（m）	1 112	1020	茧丝长（m）	1 085
茧丝纤度（dtex）	3.52	3.22	茧丝纤度（dtex）	3.15
调查年季	1958 年春		1955 年春	
数据来源	中国农业科学院蚕业研究所		江苏省浒墅关蚕丝学校	

华 10 × 瀛文

华 10 × 瀛文是华东蚕业研究所（中国农业科学院蚕业研究所前身）于 1951 年起对当时生产上使用的 5 个品种、28 个品系进行整理，从中选出最优良的 10 个品系组配而成，供全国推广应用。20 世纪 50 年代在长江流域诸省夏秋期推广。1955—1956 年在云南开始繁育推广，是之后 20 余年云南的当家品种之一，直至 1976 年停止应用。

（一）原种基本性状

1. 华 10

中国系统，二化四眠春用蚕品种。越年卵色灰紫色，卵壳有白色、淡黄色。蚁蚕黑褐色。孵化齐一，蚁蚕行动迟缓。稚蚕期有趋密性，起蚕和熟蚕对强光有背光性，对弱光有趋光现象，眠起齐一，食桑较活泼，发育经过快，体质强健，抗高温能力强。群体间常有极少数油蚕发生，这是该品种易发生小蚕的一个主要原因。壮蚕结实，体色青白，素斑。熟蚕老熟齐涌，营茧速度快，易结双宫茧。茧形椭圆，茧色白，但常有淡竹色茧发生。缩皱中等。全茧量、茧层量较轻。种茧常有不发蛾茧发生。发蛾齐涌，产卵快，一蛾产卵 550 粒左右，易产生不受精卵和不越年卵。茧丝长较短，茧丝纤度较细。该品种分为华 10（大）和华 10（三五）两个品系。华 10（大）发育经过快，双宫茧发生少，茧层量、茧层率、茧丝量和茧丝长均好于华 10（三五），但华 10（三五）茧形整齐、纤度适中、不越年卵发生少、易发生油蚕。与瀛文对交，需推迟 2d 出库催青。

2. 瀛文

本品种为日本系统，二化四眠夏秋用蚕品种。越年卵色深灰紫色，卵壳白色。蚁蚕暗褐色。孵化尚齐，孵化后蚁蚕向四周逸散，稚蚕期也有逸散性，偶有小蚕发生，眠起较齐一，食桑一般。体质强健，耐湿能力特别强，眠中如遇干燥易发生半蜕皮蚕或封口蚕。壮蚕体型细长，体色青白，素斑。熟蚕老熟尚齐涌，多结下层茧。茧形浅束腰，茧层表面较松浮。茧色白，但有少数淡竹色茧发生。缩皱偏粗。发蛾不涌，产卵较快，一蛾产卵 550 粒左右，极易发生不越年卵。茧丝长较短，茧丝纤度较粗。该品种分为瀛文（大）和瀛文（镇）两个品系。瀛文（大）的茧形较大，茧层量稍高，茧的束腰形稍浅，茧层松浮，但产卵量、卵的附着力和不越年卵的发生程度均不及瀛文（镇）系好。与华 10 对交，需提前 2d 出库催青。

（二）杂交种基本性状

本品种是中 × 日二化四眠夏秋用蚕品种。越年卵色正交为灰褐带绿色，反交为深灰紫色，卵壳分别为淡黄色和白色。蚁蚕黑褐色，孵化齐一，稚蚕有趋光性和逸散性。各龄眠起齐一，蚕体大，体质强健。壮蚕体色青白，素斑。上蔟齐涌，多结上层茧。茧形长椭圆，浅束腰，茧色白，缩皱中等。克蚁头数 2 353 头左右。公斤茧粒数 510 粒。

（三）原种、杂交种饲养成绩参考表

项目	原种基本性状				杂交种基本性状	
原种名	华10（大）	华10三五	瀛翰（大）	瀛翰（镇）	杂交种名	华10×瀛文
催青经过（d）	10	10	10	10	催青经过（d）	10
5 龄经过（d）	—	—	—	—	5 龄经过（d）	—
全龄经过（d:h）	23:03	24:03	25:02	25:16	全龄经过（d:h）	26:05
蛰中经过（d）	15:00	15:00	16:00	16:00	克蚁头数（头）	2353
全期经过（d:h）	48:03	49:03	51:02	51:16	公斤茧粒数（粒）	510
实用孵化率（%）	85.27	88.25	85.59	84.61	克蚁收茧量（kg）	3.468
幼虫生命率（%）	98.72	99.53	99.48	99.70	幼虫生命率（%）	96.60
死笼率（%）	1.69	1.16	1.54	0.59	上茧率（%）	81.82
双宫茧率（%）	1.79	4.88	2.11	1.45	双宫茧率（%）	11.63
全茧量（g）	1.87	1.90	1.98	1.99	全茧量（g）	1.96
茧层量（g）	0.396	0.403	0.386	0.382	茧层量（g）	0.335
茧层率（%）	21.18	21.21	19.49	19.18	茧层率（%）	17.08
茧丝量（g）	0.332	0.329	0.304	0.297	茧丝量（g）	—
茧丝长（m）	1 101	1 114	928	891	茧丝长（m）	1 070
茧丝纤度（dtex）	2.89	2.93	3.25	3.30	茧丝纤度（dtex）	2.88
调查年季	1958 年春				1955 年春	
数据来源	中国农业科学院蚕业研究所				江苏省浒墅关蚕丝学校	

镇3×镇4

该品种可依幼虫期雌雄斑纹的有无（雌为普通斑，雄为素蚕）区分蚕的性别，是我国首次育成的斑纹限性品种。

中国农业科学院蚕业研究所以斑纹限性种华16（雌为淡普通斑）作为母本，瀛翰（雄为浓普通斑）作为父本，其F_1代全部为普通斑，到F_2代则出现少数雄的素蚕和雌的淡普通斑，然后将这种雌的普通斑和雄的素蚕相交，F_3代就完全达到易于识别的斑纹限性蛾区，进一步固定纯化后得到另一斑纹限性品种镇3。选择产丝量较高而体质较弱的斑纹限性种华16作为母本，以华8为父本，华16·华8的F_1代幼虫斑纹：雌的为普通斑，雄的为素蚕，然后巩固其F_1代的限性性状，即得到了稳定斑纹限性品种镇4。整个育种工作从1947年开始，在优良的环境下进行杂交子代的培育、选择、交配，旨在提高镇3、镇4的茧层量，在保持不降低生命率的前提下来提高茧层率。

历经 13 年，不断进行区域试验和农村生产试验，最终育成经济性状稳定的斑纹限性品种。

（一）原种基本性状

1. 镇 3

中国系统，二化四眠斑纹限性品种。越年卵肉紫色。蚁蚕黑褐色，四眠起蚕带米红色，壮蚕体色青白，尾部略带米红，熟蚕带赤色。茧形长椭圆，微束腰，比较一致；茧形小而坚硬。缩皱中等偏粗，间有两头薄茧；茧色白，个别有污染茧。产卵量中等，产附尚好。稚蚕食桑快，壮蚕较迟缓，对叶质要求较严，给予不良桑易发生脱胚病。眠起尚齐，见眠到眠齐经过快，蜕皮时遇到干燥天气易发生封口和半蜕皮蚕。稚蚕、壮蚕发育良好，减蚕不多，半化蛹较多，死笼率较高；产卵稍迟，有不受精卵发生。发蛾有雌蛾早发现象。与镇 4 对交，应提早 1 d 出库催青。

2. 镇 4

日本系统，二化四眠斑纹限性品种。越年卵淡青灰色，蛾区间深浅有开差，卵壳色有白和淡黄两种。壮蚕体色青白，茧色洁白，茧形椭圆、齐整，缩皱中等，均匀，产卵量中等，附着力尚强，排列稍稀。部分蛾区多不受精卵，间有整圈不受精卵发生。催青卵转色尚齐，孵化情况良好。蚁蚕不甚活泼，1 龄蚕趋密性强，收蚁后第 2 次给桑时总是团聚一堆；1 龄有小蚕发生，淘汰后发育尚正常；壮蚕行动比较迟缓，饲育温度偏低时食桑不活泼。茧丝净度较好。与镇 3 对交，应推迟 1 d 出库催青。

（二）杂交种基本性状

二化四眠斑纹限性春用蚕品种。越年卵色较杂，产附一般，间有排列稀而不齐的蛾区，有不受精卵和死卵发生（死卵种类多，转青死卵约占半数）；孵化整齐，壮蚕体色青白，蚕儿发育齐一；眠性慢，食桑较多，行动活泼，偶有小蚕及少数封口蚕发生；茧层率较高，茧色白，茧形短椭圆，欠匀整，缩皱偏粗。

（三）原种、杂交种饲养成绩参考表

项目	原种基本性状		杂交种基本性状	
原种名	镇 3	镇 4	杂交种名	镇 3 × 镇 4
催青经过（d）	10	10	催青经过（d）	10
5 龄经过（d）	—	—	5 龄经过（d）	—
全龄经过（d:h）	26:10	27:11	全龄经过（d:h）	—
蛰中经过（d:h）	17:14	16:08	万头产茧量（kg）	—
全期经过（d:h）	54:00	53:19	万头产茧层量（kg）	—
克蚁收茧量（kg）	—	—	公斤茧粒数（粒）	—
公斤茧粒数（粒）	—	—	鲜茧出丝率（%）	15.55
死笼率（%）	4.40	2.50	全茧量（g）	2.14
全茧量（g）	1.93	1.95	茧层量（g）	0.445

续表

项目	原种基本性状		杂交种基本性状	
茧层量（g）	0.441	0.447	茧层率（%）	20.84
茧层率（%）	22.89	22.87	茧丝量（g）	—
一蛾产卵数（粒）	—	—	茧丝长（m）	1 093
良卵率（%）	—	—	解舒丝长（m）	—
克蚁制种量（张）	—	—	解舒率（%）	—
公斤茧制种量（张）	—	—	茧丝纤度（dtex）	3.29
茧丝纤度（dtex）	—	—	净度（分）	91.25
调查年季	1958 年和 1959 年春		1958 年春	
数据来源	中国农业科学院蚕业研究所			

苏16×苏17

苏 17×苏 16 是中国农业科学院蚕业研究所于 20 世纪 60 年代初通过对引进品种进行杂交鉴定和系统育种选育的春用多丝量蚕品种，1964 年开始在浙江、江苏、山东、安徽等省推广应用，适于长江流域和北方蚕区春期饲养。曾为浙江省春用当家品种之一。

（一）原种基本性状

1. 苏 17

本品种为中国系统，二化四眠春用蚕品种。越年卵色深灰带绿色，卵壳淡黄色。蚁蚕黑褐色，克蚁头数 2 250 头左右。孵化齐一，蚁蚕和稚蚕趋密性较强，有趋光性。行动活泼，眠起齐一。体质强健，食桑旺盛，壮蚕期抗湿性较差，易感染细菌性疾病。壮蚕体型粗大，体色青白，素斑，偶有三眠蚕发生。老熟齐涌，营茧较快，多结上层茧，双宫茧和不结茧蚕发生较多。茧形椭圆欠匀整，有少数球形茧、尖头茧发生。茧色白，缩皱中等，茧质好。蛹的活动能力强，削茧后摊在蚕匾内往往因蛹体旋动而造成创伤蛹和套节蛹，影响化蛾。羽化较早，发蛾齐涌，雄蛾活泼，蛾体鳞毛易脱落，不耐冷藏。交配性能一般，产卵快，产卵量多，一蛾产卵 650 粒左右。产附平整，不受精卵少，有少量不越年卵发生，在正常卵中偶有灰色缩皱卵发生。茧丝量重，茧丝长较长，解舒较好，茧丝纤度偏粗。与苏 16 对交，需推迟 2 d 出库。

2. 苏 16

本品种为日本系统，二化四眠春用蚕品种。越年卵色紫褐色，卵壳白色。蚁蚕褐色。克蚁头数 2 200 头左右。孵化尚齐，蚁蚕和稚蚕有逸散性，行动活泼，眠起齐一，体质较强。稚蚕期易发生小蚕，5 龄起蚕有封口蚕发生，食桑缓慢。壮蚕体色有青白和微红两种，个体间开差稍大，普通斑。壮蚕有少数脱肛蚕发生。熟蚕体色带微红，老熟不够齐，营茧速度缓慢，多结下层茧。吐平板丝的不结茧蚕发生较多，双宫茧少。茧形束腰较匀整，有少数尖头茧、薄腰茧发生。茧色白，缩皱中等，茧质优。发蛾不齐，羽化时间偏迟，蛾尿多。产卵快。一蛾产卵 500 粒左右。产附不够平整，有叠卵发生，不受精卵发生较少。茧丝量稍轻，茧丝长长，解舒优，茧丝纤度细。与苏17对交，需提前2d出库。

（二）杂交种基本性状

本品种是中 × 日的春用蚕品种，二化性，四眠。壮蚕体色青白，普通斑。5龄经过8d左右，全龄经过25d左右。体质强健，饲养容易，孵化、眠起、上蔟齐一，耐氟性较强。茧形椭圆，较匀整，发生双宫茧较多，产茧量高。茧色白，缩皱偏粗。茧丝长长，解舒良好，茧丝纤度细，可缫高品位生丝。

（三）原种、杂交种饲养成绩参考表

项目	原种基本性状		杂交种基本性状	
原种名	苏16	苏17	杂交种名	苏16×苏17
催青经过（d）	10	10	催青经过（d）	10
5龄经过（d:h）	7:20	9:20	5龄经过（d:h）	8:06
全龄经过（d:h）	25:05	25:18	全龄经过（d:h）	25:05
蛹中经过（d:h）	18:16	20:04	万蚕产茧量（kg）	19.85
全期经过（d:h）	53:21	55:22	万蚕产茧层量（kg）	4.755
克蚁头数（头）	2625	2180	鲜茧出丝率（%）	18.05
克蚁收茧量（kg）	4.28	3.79	克蚁收茧量（kg）	—
死笼率（%）	2.10	2.96	死笼率（%）	—
公斤茧颗数（粒）	524	509	公斤茧粒数（粒）	500
全茧量（g）	1.93	2.01	全茧盘（g）	1.97
茧层量（g）	0.504	0.511	茧层量（g）	0.473
茧层率（%）	26.11	25.42	茧层率（%）	24.01
一蛾产卵数（粒）	640	536	茧丝量（g）	0.358
良卵率（%）	99.18	98.17	茧丝长（m）	1 292
克卵粒数（粒）	—	—	解舒率（%）	89.2
克蚁制种量（盒）	19.52	16.92	茧丝纤度（dtex）	3.06
公斤制种量（盒）	6.18	5.18	净度（分）	91.87
调查年季	1984年春		1981年春	
数据来源	山东省烟台蚕桑种场		山东省烟台蚕桑种场	

306×华10

306×华10是广东省农业科学研究所蚕业系（广东省农业科学院蚕业与农产品加工研究所前身）与华南农学院蚕桑系（华南农业大学动物科学学院蚕桑系前身）合作从1955年开始培育，

1956年开始与华10组配成一代杂交种，1959年开始在广东顺德、中山、南海等地第2～3造推广，1963年起在浙江、江苏、云南等省推广应用。

（一）品种选育经过

306的母本是305［华9×（姬白·海南）］F_2代在高温多湿环境下培育的品系的F_{11}代，父本是203［华9×（姬白·海南）］F_2代常温常湿条件下培育的品系的F_8代。虽然母本305和父本203的亲系一样，但由于母本在高温多湿条件下培育，其后代具有适应高温多湿环境的遗传性，成为多化性系统的品种，蚕卵全年不滞育，蚕体较小，龄期经过短；父本全年在常温常湿条件下培育，其遗传性偏于华9性状，成为二化性系统的品种，茧丝量较高。因此将两者杂交，迅速育成适应广东气候条件的新品种。

年份	期别（造）	培育环境	饲育形式	世代	虫蛹率（%）	万头产茧量（kg）	全茧量（g）	茧层率（%）
1955	4	常温常湿	○	F_1	91.40	14.78	1.45	15.95
	5	常温常湿	○	F_2	71.11	10.96	1.53	14.42
	6	常温常湿	○	F_3	92.98	10.62	1.15	16.22
1956	1	高温多湿	○	F_4	72.96	10.18	1.36	16.88
	2	高温多湿	○	F_5	80.56	9.51	1.21	15.66
	3	高温多湿	○	F_6	78.42	12.48	1.42	15.96
	4	常温常湿	○	F_7	84.80	12.06	1.44	16.34
	5	常温常湿	口	F_8	75.03	11.20	1.48	16.13
	6	常温常湿	口	F_9	90.74	11.75	1.29	17.12

（二）原种基本性状

1. 华10

详见华10×瀛文。与306对交应提早2d出库催青。

2. 306

本品种为含有多化性血统的夏秋用蚕品种。中国系统，二化性，四眠。越年卵色茶褐色，卵壳白色。蚁蚕黑褐色，行动活泼，克蚁头数2 446头左右，稚蚕期喜密集，眠起齐一。壮蚕体色青白，素斑，体型中等，食桑快，行动活泼。熟蚕体色白蜡色，易结双宫茧。茧椭圆形，茧色白，缩皱中等。蛾眼黑色，蛾体灰白色，行动活泼，产附好，交配性能良好，克卵粒数1 710粒左右。与华10对交，应推迟2d出库催青。

（三）杂交种基本性状

本品种是中×中二化四眠夏秋用蚕品种。越年卵色正交淡灰色，反交为灰褐带绿色，卵壳分别为白色和淡黄色。蚁蚕黑褐色，孵化齐一，蚁蚕和各龄蚕均有趋密性。眠起齐一，食桑旺盛。发育快而齐，全龄经过短，对高温抵抗力强。稚蚕期常因干燥易发生半蜕皮蚕，眠中后期需注意补湿。壮蚕体型细长，体色青白，素斑。熟蚕老熟齐涌，营茧速度快，多结上层茧，易发生双宫茧。茧形长椭圆，茧色白，缩皱中等偏细。克蚁头数2 341头，公斤茧粒数637粒左右。

（四）原种与杂交种饲养成绩参考表

项目	原种基本性状		杂交种基本性状	
原种名	306	华 10	杂交种名	306 × 华 10
催青经过（d）	8	9	催青经过（d）	9
5 龄经过（d:h）	7:01	6:10	5 龄经过（d:h）	6:15
全龄经过（d:h）	20:01	23:23	全龄经过（d:h）	23:05
蛰中经过（d:h）	12:00	13:00	蔟中经过（d）	13:00
全期经过（d:h）	40:01	42:23	全期经过（d:h）	45:05
克蚁头数（头）	2378	2283	万蚕产茧量（kg）	14.05
克蚁收茧量（kg）	2.57	3.20	万蚕产茧层量（kg）	3.02
死笼率（%）	3.47	2.94	鲜茧出丝率（%）	—
公斤茧颗数（粒）	—	—	公斤茧粒数（粒）	—
全茧量（g）	1.32	1.60	全茧量（g）	1.47
茧层量（g）	0.224	0.350	茧层量（g）	0.32
茧层率（%）	16.93	21.67	茧层率（%）	21.49
一蛾产卵数（粒）	—	400	茧丝长（m）	857
克卵粒数（粒）	1 710	—	解舒率（%）	62.42
克蚁制种量（张）	13.49	13.95	净度（分）	96.7
调查年季	1956 年秋		1956 年第 7 造	
数据来源	江苏省浒墅关蚕种场		广东省农业科学研究所蚕业系	

华合 × 东肥

华合 × 东肥是安徽省农林科学院蚕桑研究所 1967 年育成的春用蚕品种，于 1968 年引进云南，受"文革"影响，1973 年才在农村推广应用。

（一）品种选育经过

1964 年安徽省农林科学院蚕桑研究所从外地引进中系、日系原始材料品种各一个，经纯系改良成为中系固定种华合和日系固定种东肥。1965 年春开始饲养，当初不良性状较多。首先遇到孵化不齐，连续收蚁 11 d 才收下华合 60 头、东肥 40 头。饲养过程中蚕体较弱，有半蜕皮蚕和三眠蚕发生，5 龄个体有开差，结双宫茧、薄皮茧较多，健蛹率低，不良卵多，但是茧质较优，如全茧量华合 2.06 g，东肥 1.77 g；茧层量华合 0.525 g，东肥 0.435 g；茧层率华合 25.54%，东肥 24.58%。而后在后代的卵期进行严格选择，淘汰了卵色不齐、孵化不良蛾区。华合仅留下 4 蛾，东肥留下 3 蛾。在同期又饲养了 1 g 蚁量的杂交种，进行杂交测定，结果克蚁收茧量达 5.25 kg，全龄经过 23 d，全茧量 2.30 g，茧层量 0.536 g，茧层率 23.30%，经安徽丝绸厂 400 粒茧解舒试验，茧丝长为 1 374 m，解舒率 68.54%，茧丝纤度 3.153 dtex。针对该品种不良性状进行连续多代单蛾育，分别在收蚁期、壮蚕期和收茧期进行比较各蛾区间的性状，选出优良蛾区，从选区中再选出好的个体。经过以上选育，使华合、东肥这两个品种的经济性状得到进一步提高，不良性状显著减少，于 1967 年育成该对品种。1968 年后在浙江、江苏、安徽、湖南、湖北、河北、陕西、山东等省春期推广，成为 20 世纪 70 年代全国大部分省份春期当家品种。

（二）原种基本性状

1. 华合

中国系统，一化四眠春用蚕品种。越年卵色灰绿色，卵壳淡黄色，间有白色。蚁蚕黑褐色，克蚁头数 2 200 头左右，孵化较齐，稚蚕期有趋密性和趋光性。壮蚕体型粗壮，体色青白，素斑，食桑旺盛，行动活泼。老熟齐涌，多结上层茧，双宫茧发生较多。茧形椭圆形，间有圆球形，茧色白，缩皱中等。蛾眼黑色，蛾体乳白色，蛾翅无花纹斑，雄蛾活泼，交配性能良好，蛾命长，每蛾产卵数 630 粒，产卵较快，产附一般。与东肥对交，需推迟 1 d 出库催青。

2. 东肥

日本系统、一化性、四眠、春用蚕品种。越年卵色紫褐色，卵壳白色。蚁蚕暗褐色，行动活泼，有逸散性，克蚁头数 2 100 头左右。稚蚕期易发生伏鲞蚕，各龄起蚕背光性强。壮蚕体型细长，体色深暗略带红色，普通斑，间有浅鹑斑。熟蚕体色带微红色，老熟欠齐，易结叶里茧，营茧缓慢，多结下层茧，不结茧蚕发生较多，有吐平板丝蚕，双宫茧发生较少。茧色白，荧光照射下茧色为淡紫色，茧形束腰形，偶有尖头茧与小茧发生，缩皱中等，茧衣少。蛹体黄褐带土色，体型细长。交配性能较差，不产卵蛾多，产卵速度快，蛾尿多，卵的胶着力弱，每蛾产卵数 500 粒左右。与华合对交，需提早 1 d 出库。

（三）杂交种基本性状

该品种为一化四眠春用多丝量蚕品种。孵化齐一，蚁蚕体色黑褐色，正交蚁蚕较文静，反交蚁蚕喜爬散，克蚁头数正交 2 380 头左右，反交 2 430 头左右。稚蚕有趋光性和密集性，眠起齐一，蚕体大小匀整。壮蚕蚕体大，体色青白，普通斑，5 龄食桑旺盛。上蔟齐涌。茧形大而整齐，茧色洁白，公斤茧粒数 400～440 粒，茧形浅束腰形，缩皱中等。产茧量高，茧层率为 22.00%～23.00%，茧丝长 1 200 m 左右，解舒率高且稳定，净度好，纤度较粗。

（四）原种、杂交种饲养成绩参考表

项目	原种基本性状		杂交种基本性状	
原种名	华合	东肥	杂交种名	华合 × 东肥
催青经过（d）	10	10	催青经过（d）	10
5 龄经过（d:h）	8:00	8:06	5 龄经过（d:h）	7:20
全龄经过（d:h）	25:04	25:16	全龄经过（d:h）	24:13
蛰中经过（d:h）	18:00	19:00	蛰中经过（d）	19
全期经过（d:h）	53:04	54:16	全期经过（d:h）	55:00
克蚁头数（头）	2200	2100	万头产茧量（kg）	23.80
克蚁收茧量（kg）	4.30	3.93	万头产茧层量（kg）	5.690
死笼率（%）	1.30	2.10	鲜茧出丝率（%）	23.90

续表

项目	原种基本性状		杂交种基本性状	
公斤茧粒数（粒）	—	—	公斤茧粒数（粒）	420
全茧量（g）	1.82	1.67	全茧量（g）	2.57
茧层量（g）	0.420	0.370	茧层量（g）	0.570
茧层率（%）	23.10	22.20	茧层率（%）	22.22
一蛾产卵数（粒）	630	500	茧丝量（g）	0.420
良卵率（%）	97.00	80.00	茧丝长（m）	1 189
克卵粒数（粒）	2 000	—	解舒率（%）	80.63
克蚁制种量（张）	14.00	14.00	茧丝纤度（dtex）	3.344
公斤茧制种量（张）	—	—	净度（分）	94.00
调查年季	1968 年春			
数据来源	中国农业科学院蚕业研究所			

苏3×苏4（苏蚕3号×苏蚕4号）

苏 3×苏 4 是中国农业科学院蚕业研究所于 1973 年育成的夏秋用蚕品种，具有产量高、解舒好、净度优等特性，能缫制高品位生丝。

（一）品种选育经过

以育成体质与 306×华 10 相仿，产量、丝质与 141×苏 12 相仿，即在恶劣的环境条件下，具有一定的抵抗性，保证一定的产量；在优良的环境条件下，能发挥更大的增产潜力，获得高产优质作育种目标，根据两个品种对体质、茧丝质量要求的不同，将其杂交后代分别采用不同的环境条件进行定向培育。中系品种苏 3 侧重于选择茧丝质量优，兼顾体质强健，将现行品种中综合性状好的一化性品种华合及茧层率高的二化性品种中华和一粒茧丝长长的宝中长，采用中·中复合杂交固定，即华合·中华×华合·宝中长。为使苏 3 的茧丝质量性状充分发挥出来，给予常温常湿和自然高温的环境条件进行培育。春季采用比一般饲养春用品种的温度稍高的 28～29 ℃，而夏秋季在自然高温下进行培育，效果较好。日系品种苏 4 要求体质强健，兼顾一定的茧丝质量，采用多化性品种 303（115 南高温系）与日系一化性品种东肥、二化性品种苏 12 杂交固定，即（303·东肥）× 苏 12。为了使其具有较强的抗逆性能，在培育时用高温多湿的环境条件进行定向培育。在杂交第 1～6 代进行高温饲育，加强对高温环境的适应性，1～3 龄的饲育温度为 29 ℃，4～5 龄为 32 ℃，1～5 龄盛食期都用塑料薄膜覆盖。F_6 代以后由于遗传性状相对稳定，为恢复茧质性状，保持体质不降低，则采用不过分偏劣的培育环境条件，春天饲育温度为 29 ℃，夏秋季则是自然高温，这样既保持体质强健度不降低，茧质又有一定程度的提高。培育条件对于选择效果的影响很大，在定向培育的基础上还需进行定向选择。该品种杂交后 F_1～F_3 代着重个体选择，原则上是淘汰两头选留中间。F_4～F_6 代性状分离很多，这时的选择效果也最明显。此时需扩大饲育蛾区数，对有不良性状的蛾区严加淘汰，经连续三代选择后，基本上能将不良性状选除。每一代的选择原则是，在体质强健的前提下，选择茧丝质优的系统和蛾区。春期饲育环境条件较好，着重数量性状的选择，夏秋期环境条件较差，则着重抗逆性选择。选择的对象主要是系统，首先选择优良的系统，然后再从优良的系统中选择优良的蛾区，再在优良的蛾区中选择该蛾区茧质平均数偏上的个体。交配的原则主要是同蛾区交配，只有在蛾区间、系统间、个体间的成绩相接近了、性状基本纯了才采用异蛾区交配。每代饲育规模的大小，杂交后代饲育蛾区数的多少，对于能否选到优良的品系和蛾区关系很大。饲育蛾区数的多少，随着两亲选育的世代及遗传性状的不同而异。该品种在 $F_1 \sim F_2$ 代性状分离不显著时，采用蛾区蚁量育，每一个材料收蚁 $0.3 \sim 0.5$ g，F_3 代开始由于两亲遗传基础较为复杂而后代性状分离也比较显著，采用蛾区育，每一个材料饲养 $5 \sim 8$ 蛾区。通过预测鉴定后，初步选出了配合力最佳的苏 $3 \times$ 苏 4，并适当扩大该品种的饲育蛾区数，以加快选择效果，每一个材料饲育 $15 \sim 20$ 蛾区。

（二）原种基本性状

1. 苏 3

中国系，二化四眠夏秋用品种。越年卵绿色，卵壳淡黄色。蚁蚕黑褐色，克蚁头数 2 400 头左右。孵化齐一，稚蚕期趋光性较强，容易密集成堆。收蚁及 1 ～ 2 龄用桑偏老易发生小蚕，大眠眠性较慢。食桑旺盛，食桑量较多，5 龄饷食后体色转变较慢。抗病力较弱，秋季遇高温多湿易发生细菌性病害。壮蚕体色青白，体型粗壮。老熟齐一，营茧较慢。茧形椭圆，比较匀整，有少数球形茧发生，缩皱中等。上蔟过密时有污染茧发生。茧层量重，茧层率在 24.00% 以上，茧丝质好，茧丝长 1 300 m 左右，解舒率 70.00% 左右，净度优，纤度适中。发蛾比较集中，雄蛾耐冷藏，雌蛾体大活泼，一蛾产卵数多，有少数生种发生，春制春种偶有异常卵发生。一蛾产卵 500 粒左右，产卵快，产附良，克卵粒数 1 600 ～ 1 700 粒。与苏 4 对交，宜提早 2 ～ 3 d 出库催青。

2. 苏 4

日本系，二化四眠夏秋用品种。越年卵灰紫色，有少数白卵、淡肉色卵（白卵蚕于各龄起蚕时呈油蚕状），卵壳乳白色。蚁蚕黑褐色，行动活泼，有趋光性和逸散性，克蚁头数 2 600 头左右。孵化欠齐（蛾区间发育开差大，转青不齐），不良卵粒多，偶有白死卵发生。各龄眠起齐一，如饲育温度在 27.5 ℃ 以下则眠起欠齐。食桑缓慢，1 ～ 2 龄易发生伏羸蚕，4 ～ 5 龄若饷食用桑偏老，易发生小蚕。壮蚕蚕体结实细长，普通斑，偶有少量白蚕，体色青白带微红。体质强健，饲养容易。秋期蚕种繁育如遇叶质偏老有少量五眠蚕发生。老熟齐一，一般都在早晨 5 时左右。上蔟头数过密则易发生不结茧蚕，熟蚕玉色透明，不吐乱丝，营茧速度较快，多结上层茧，双宫茧发生较多。茧形束腰，茧色白，缩皱中等偏细，茧丝长较长，净度优。蛹体色淡，蛹皮嫩，活动性强，易出血受伤。发蛾齐涌，蛾子活泼，雄蛾耐冷藏，交配性能差，易散对，产卵快，产附尚整齐。一蛾产卵 500 ～ 550 粒。不受精卵少。与苏蚕 3 号对交，宜推迟 2 ～ 3 d 出库催青。

（三）杂交种基本性状

二化四眠夏秋用蚕品种，越年卵正交为灰绿色，卵壳淡黄色，克卵粒数 1 800 粒左右。反交越年卵灰紫色，卵壳白色，克卵粒数 2 000 粒左右。蚕体发育尚齐一，眠性较慢，要加强提青分批。壮蚕蚕体大，体色青白，粗壮结实，斑纹为普通斑、素蚕相混。食桑较慢，对叶质要求高，稚蚕用桑更需注意适熟偏嫩，否则易发生小蚕。上蔟不太集中，耐药性和抗病性较强（但对空头性软化病抵抗性较差）。耐热性较差。张种产量、产值高，解舒好且稳定（解舒率 70.00% 以上），净度好，纤度适中，是缫制高品位生丝的好原料。

（四）原种与杂交种饲养成绩参考表

项目	原种基本性状		杂交种基本性状	
原种名	苏 3	苏 4	杂交种名	苏 3 × 苏 4
催青经过（d）	10	10	催青经过（d）	10
5 龄经过（d:h）	—	—	5 龄经过（d）	—
全龄经过（d:h）	24:07	22: 15	全龄经过（d:h）	21:13
蛰中经过（d:h）	17:00	16:00	蛰中经过（d）	15:00
全期经过（d:h）	51:07	48: 15	全期经过（d:h）	46:13
全茧量（g）	1.96	1.29	全茧量（g）	1.82
茧层量（g）	0.445	0.276	茧层量（g）	0.373
茧层率（%）	24.00	18.90	茧层率（%）	20.50
死笼率（%）	5.30	1.81	死笼率（%）	15.56
一蛾产卵数（粒）	500	450～500	万头产茧量（kg）	17.61
良卵率（%）	—	—	万头产茧层量（kg）	3.610
克卵粒数（粒）	1 600～1 700	1 900	茧丝长（m）	1 024
克蚁头数（头）	2 400	2 600	解舒丝长（m）	911
克蚁收茧量（kg）	2.27	2.08	解舒率（%）	88.00
克蚁制种量（张）	20.00	19.00～20.00	茧丝纤度（dtex）	3.03
公斤茧制种量（张）	—	—	净度（分）	—
调查年季	1973 年春		1972 年早秋	
数据来源	中国农业科学院蚕业研究所			

川蚕 3 号

川蚕 3 号（蜀 13·苏 13 × 南 6）是由四川省农业科学院蚕桑试验站（四川省农业科学院蚕业研究所前身）继 1963 年育成春用品种川蚕 1 号（成 2 × 成 3）、夏用品种川蚕 2 号（蜀 10 × 南 6）后，在此基础上，针对以上两个品种存在的问题进行改良和选育，并于 1970 年育成的。

（一）品种选育经过

1. 蜀 13

华 9 浙与苏 13 杂交后选育的品种。其中华 9 浙是丝量较多的品种，苏 13 是体质比较强健、茧形匀整、解舒好、茧丝纤度较细的品种。1961 年开始杂交定向培育，于第 4 代时发现凡有华 9 浙血缘的育种材料，产生大量不受精卵。为了提高蜀 13 的健康性，于第 5 代再用苏 13 回交，并继续进行性状稳定，在第 10 代后进行杂交鉴定，从中发现蜀 13 × 南 6 具有杂交优势强、产茧量较川 1 × 华 10 高等优点，其中茧丝长达 1 200 m 以上，且解舒好，解舒率达 90.00% 以上，解舒丝长达 1 000 m，为了解决多丝量品种制种比较困难的问题，再与苏 13 制成杂交原种，并配置成三元杂交组合蜀 13·苏 13 × 南 6（川蚕 3 号）。

2. 苏 13

从外地引进，然后通过系统育种育成。为了提高制种量，与蜀 13 组配成中系杂交原种。

3. 南 6

以丝质较好的苏 12 与南 2 的第一代为母本，以茧质及健康性较好的苏 14、苏 3 为父本进行多雄杂交固定，自 1960 年开始培育，1962 年进行杂交鉴定。从中发现凡与南 6 杂交的组合，均具有茧形匀整、下茧发生少、茧丝长长（在 1 200 m 以上）、解舒好等优点。于 1963 年育成蜀 10 × 南 6（川蚕 2 号）。

南 6、蜀 13 两个品种在培育过程中可分前期（第 6、第 7 代前）和后期两个阶段。前期采用全年春、夏、秋、晚秋四期培育，后期则以春、秋二期为主；前期以同蛾区交配为主，后期以异蛾区交配为主，并适当进行异系统交配。选择标准以健康性为主，参考茧质；健康性以结茧率和健蛹率为主，参考发育经过时间；茧质则以茧层量、茧层率、茧色为主，参考普通茧率。若健康性与茧质发生矛盾时，则以健康性为主，适当放宽茧质选择标准，在巩固健康性基础上，再提高茧质。对茧质特优而健康性较差的蛾区，则另立小系，作为预备材料。蛾区内个体间选择首先用肉眼和手触选择，选出茧形正常的个体，并着重剔除尖头茧等，然后进行逐个个体称量。前期的茧质选择是在一定茧层率标准上，尽可能选择全茧量、茧层量较高的个体。但到后期由于品种性状已趋稳定，应根据情况，在提高茧层率的前提下，适当将全茧量控制在一定范围内，以提高茧的匀整度。在杂交鉴定时，均以选种区的茧制种，生产鉴定用种由选种区抽样制种。品种培育中所用的桑叶品种，1～3 龄用荆桑，4～5 龄用湖桑。

（二）原种基本性状

1. 蜀 13·苏 13

中国系统，二化四眠杂交原种。越年卵以蜀 13 为母本的青灰带绿色，以苏 13 为母本的比蜀 13 的稍深，卵壳淡黄色，克蚁头数 2 200 头左右。杂交原种强健性好，生长旺盛。食桑习性从下到上，无踏叶现象，食桑快。各龄都有趋密性，尤其是小蚕期易打堆。眠起整齐，眠蚕和熟蚕体色变化不大。壮蚕体色青白，素蚕。老熟整齐，多结上层茧，吐浮丝较多。茧形椭圆，均匀，全茧量重，茧层率 21.00% 左右，茧色白，缩皱中等。蛹体变色前阶段慢，后阶段快。发蛾整齐，交配性能好，产卵慢，一蛾产卵量多，产附良好。以苏 13 为母本的雌蛾羽化较迟。与南 6 对交，宜推迟 2d 出库催青。

2. 南 6

日本系统，二化四眠品种。越年卵灰紫色，深浅不一，卵壳白色。孵化尚齐，蚁蚕棕黑色，克蚁头数 2 100 头左右。食桑活泼，发育整齐。各龄起蚕体色带黄，3 龄起蚕特别显著。壮蚕体色青白，普通斑间有个别素蚕。在饲养条件差时易发生小蚕，使 5 龄期发病增加和发生不结茧蚕。近老熟时体色呈淡赤锈色。老熟不太集中，上蔟营茧吐浮丝较少。茧形束腰，大小匀整，全茧量重，茧层率 23.00% 左右，茧色洁白，茧丝质好。发蛾拖沓，雄蛾活泼，交配性能好，散对少，拆对后产卵快，产附欠平整，有叠卵发生，与蜀 13·苏 13 对交，宜提早 2d 出库催青。

（三）杂交种基本性状

该品种为二化四眠春用三元杂交蚕品种。正交越年卵灰绿色，卵壳淡黄色，孵化整齐，克蚁头数 2 200～2 300 头。反交越年卵紫灰色，深浅不太一致，卵壳白色，有叠卵，但不影响孵化，孵化齐一，克蚁头数 2 100 头左右。蚁蚕黑色略带棕色。食桑旺盛，发育整齐，就眠快，眠起齐一，眠中经过短，龄期经过亦短。各龄起蚕体色带黄，尤其是 3 龄起蚕更为显著。壮蚕体色青白，普通斑，间有极少数素蚕。老熟齐一，营茧快，浮丝少。正交多结上层茧，反交多结下层茧。茧形长椭圆，大小匀整，茧层率 20.00%～21.00%，茧色白，下脚茧少，茧丝质优，适宜在四川省春季饲养。

（四）原种、杂交种饲养成绩参考表

项目	原种基本性状		杂交种基本性状	
原种名	蜀 13·苏 13	南 6	杂交种名	华合 × 东肥
催青经过（d）	11	11	催青经过（d）	10
5 龄经过（d:h）	8:00	8:06	5 龄经过（d）	8:00
全龄经过（d:h）	26:00	27:00	全龄经过（d:h）	27:00
蛰中经过（d:h）	17:00	18:00	万头产茧量（kg）	20.87
全期经过（d:h）	54:00	56:00	万头产茧层量（kg）	5.100
克蚁收茧量（kg）	4.34	3.49	鲜茧出丝率（%）	14.14
死笼率（%）	3.88	3.75	公斤茧粒数（粒）	505
公斤茧粒数（粒）	495	482	全茧量（g）	2.08
全茧量（g）	2.06	2.06	茧层量（g）	0.445
茧层量（g）	0.430	0.485	茧层率（%）	21.39
茧层率（%）	20.87	23.54	茧丝长（m）	1 121
一蛾产卵数（粒）	499	561	解舒丝长（m）	891
良卵率（%）	97.61	97.95	解舒率（%）	76.77
克蚁制种量（张）	13.10	12.40	茧丝纤度（dtex）	2.99
公斤茧制种量（张）	3.70	3.50	净度（分）	93.33
调查年季	1969 年秋		1970—1972 年 3 年春季	
数据来源	四川省农业科学院蚕桑试验站			

华合×东肥·671

华合 × 东肥·671 是中国农业科学院蚕业研究所于 1970 年育成的春用家蚕品种，与华合 × 东肥的性状相似，具有好养、高产、优质等特点，于 1973 年引入云南推广应用。

（一）品种选育经过

671 是中国农业科学院蚕业研究所以日本系统二化性品种为材料，采用系统育种的方法，于 1968 年选育成的春用蚕品种，1969—1970 年选配成华合 × 东肥·671 三元杂交种，它既保持了华合 × 东肥的各项优良性状，且使单位制种量提高 30% 左右。1973—1984 年在江苏、湖南、湖北、河南、河北、陕西、云南、四川、北京等省、市推广 300 多万张杂交种。

（二）原种基本性状

1. 华合

详见华合 × 东肥。

2. 东肥

详见华合 × 东肥。

3. 671

日本系统，二化四眠春用品种。越年卵大部分深灰紫色，但也有少数淡绿色，前者卵壳为白色，后者为淡黄色。两种卵色的蚕经饲养比较，在蚕的斑纹、体色、体质与茧质等方面均无差异。蚁蚕黑褐色，克蚁头数 2 050 头左右。孵化较东肥齐，1 日孵化率在 80.00% 以上。蚁蚕与稚蚕的趋光性和趋密性不明显，行动尚活泼。1～3 龄有少数小蚕发生，以后各龄不再出现。眠性较东肥稍快，食桑较东肥旺盛。壮蚕体型较东肥粗壮结实，蚕体匀整，体色青白，普通斑。熟蚕老熟尚齐，不吐乱丝，不伏藜做茧，也不乱爬，营茧速度慢，死笼率较高。茧形长椭圆，微束腰，欠匀整，茧色洁白，缩皱中等。茧层率 24.00%～25.00%，茧丝长较长，解舒、净度优，茧丝纤度中等。发蛾不够集中，有陆续羽化现象。交配性能好，产附较好，不受精卵、死卵发生较少，一蛾产卵 500 粒以上。

4. 东肥·671

日本系统，二化四眠春用互交原种。越年卵深灰带紫，反交大部分为紫色，但也有少数灰绿色，卵壳白色，反交有少数淡黄色。卵粒较大，不良卵少而集中。蚁蚕体色为黑褐色，克蚁头数正交为 2 067 头、反交为 2 086 头，行动不够活泼，收蚁时用棉纸不易吸引。稚蚕期逸散性较东肥好。各龄眠起齐、发育快，食桑旺盛，残桑少，体质较强健。壮蚕蚕体粗大结实，蚕体匀整，体色青白。熟蚕老熟较东肥涌，行动较东肥活泼，营茧速度快，伏藜做茧比东肥显著少。蔟中比较干净，但上蔟过密易增加不结茧蚕和死笼茧。茧形微束腰，大小匀整，茧色白，缩皱中等。茧层率 23.00%～24.00%，蛾体较大。茧丝长较长，解舒好，净度优，茧丝纤度中等。发蛾迟并有陆续羽化现象，雄蛾耐冷藏，交配性能好，一蛾产卵 500 粒左右，产卵较快，产附好。与华合对交，蚁量相等。收蚁分批：与华合同日收蚁，注意对华合在蛹期进行调节分批；东肥·671（正反交）

早一天收蚁，华合则与其同天收蚁 50%，第二天再收蚁 50%。

（三）杂交种基本性状

本品种除制种性状优于华合 × 东肥外，其余性状均与华合 × 东肥相同，详见华合 × 东肥。

（四）原种与杂交种饲养成绩参考表

项目	原种基本性状		杂交种基本性状	
原种名	华合	东肥·671		
催青经过（d:h）	10	10	催青经过（d）	10
5 龄经过（d:h）	8:00	8:06	5 龄经过（d:h）	7: 18
全龄经过（d:h）	25:00	24:05	全龄经过（d:h）	24:01
蛰中经过（d:h）	18:00	18:00	蛰中经过（d）	18
全期经过（d:h）	53:00	52:05	全期经过（d:h）	52:01
克蚁头数（头）	2 050	2 067	万头产茧量（kg）	25.78
克蚁收茧量（kg）	—	—	万头产茧层量（kg）	5.729
死笼率（%）	7.05	2.28	鲜茧出丝率（%）	18.98
公斤茧粒数（粒）	—	—	公斤茧粒数（粒）	390
全茧量（g）	1.71	1.87	全茧量（g）	2.57
茧层量（g）	0.430	0.442	茧层量（g）	0.570
茧层率（%）	24.10	23.57	茧层率（%）	22.22
一蛾产卵数（粒）	500	500	茧丝量（g）	0.358
良卵率（%）	—	—	茧丝长（m）	1 230
克卵粒数（粒）	—	—	解舒率（%）	84.00
克蚁制种量（盒）	19.52	16.92	茧丝纤度（dtex）	3.92
公斤茧制种量（盒）	6.18	5.18	净度（分）	95.00
			—	—
调查年季	1970 年春		1969 年春	
数据来源	中国农业科学院蚕业研究所			

781×782·734（川蚕 4 号）

781×782·734 是四川省农业科学院蚕业研究所于 1981 年通过审定的春用蚕品种，1984 年引入云南楚雄试繁饲养，1990 年停止使用。

（一）品种选育经过

1974 年引进 7 字号品种，作为引配材料。引进后，对 7 字号等品种继续进行纯系培育和选择，同时开展选配测定试验工作。"7"字号品种一般具有茧层率高、茧色白、大小均匀和茧丝长的特点，其中中系品种体质较强、好饲养，唯日系品种还存在健康性差、产卵量少、死卵多、不受精卵多和孵化率低等弱点。经过研究人员三年的系统选择，针对某些缺点，用单项选择，使某些经济性状和特性稳定下来，以符合生产上的要求。三年中都采用单蛾育，以蛾区选择的方法，进行单项性状选择，在供试品种进行蛾区间比较和个体选择的同时，还重视体质和茧质、蛾区和个体的关系。具体方法：严格从卵、蚕、茧、蛹、蛾、丝六个阶段依次选择，注意发育齐一，蚕儿健康，食桑旺盛；在经济性状上选收蚁结茧率、健蛹率、全茧量、茧层率高的优良蛾区，从中选择优良个体种茧留种，用同蛾区交配和同亲异蛾区交配。在饲育中，桑叶质量、技术处理在统一环境条件下进行。

（二）原种基本性状

1. 781

中国系统，二化四眠春用品种，有781A、781B两个系统：781A越年卵灰绿色，深浅不一，间有灰紫色，蛾区间有差异，蛾区内也不一致，卵壳淡黄色，有深有浅，间有乳白色。蚕卵孵化整齐，蚁蚕黑褐色，行动文静，克蚁头数2 200头左右。稚蚕有趋光性、趋密性，各龄眠起整齐。壮蚕体色青白，体型粗壮，匀整，素蚕，行动活泼，食桑旺盛，发育整齐。每龄饷食时吃桑缓慢，以后加快，尤其是盛食期吃桑更快。5龄期有小蚕发生。在秋季桑叶质量较差时，偶有五眠蚕发生。大蚕抗病力稍弱，秋季更为显著，老熟比较集中，营茧快，多结中上层茧。茧形椭圆，比较匀整，有少数球形茧发生，茧色白，缩皱中等。死笼率春季低，秋季高，有粘尾蛹和黑头蛹发生，尤其是吃老桑叶时，健蛹率下降更为呈著。发蛾整齐，见苗蛾后第2天即大批出蛾。雄蛾活泼耐冷藏，交配性能好，拆对较难，蛾命长。产附平整，有生种和再出卵发生。781B和781A的性状基本相似，不同之处是孵化欠齐，茧层量、茧层率、一蛾产卵量比781A稍高。出库催青应与对交品种同日。

2. 782

日本系统，二化四眠春用品种。越年卵灰紫色，深浅不一，间有紫褐色，卵壳白色，间有乳白色。孵化欠齐，蚁蚕黑褐色，行动活泼，春季孵化较齐，秋季有孵化不齐现象，逸散性强，克蚁头数2 200头左右。稚蚕期有毛毛蚕发生，有深有浅，体型中等，普通斑，大眠起蚕有的尾部有褐色液体，不是病蚕，抗病力不强，特别是秋季结茧率低。老熟欠齐，熟蚕喜爬边、爬壁，有背光性，营茧缓慢，不结茧蚕多。茧形浅束腰，较匀整。茧色白，缩皱中等。化蛹较慢，秋季易出现不化蛹、半蜕皮蛹、粘尾蛹和黑死蛹。全茧量1.75 g左右，茧层量0.430 g左右，茧层率25.00%左右。发蛾较齐，见苗蛾后2～3 d大批出蛾。交配性能较差，产卵快，一蛾产卵550粒左右。产附较差，有生种和再出卵发生。催青经过11 d，5龄经过8 d，全龄经过26 d左右，蛰中经过18 d左右，全期经过55 d左右。

3. 734

日本系统，二化四眠春用品种。越年卵灰紫色，有少数灰紫带绿色，卵壳白色，间有乳白色，少数淡黄色。孵化较齐，蚁蚕黑褐色，逸散性强，克蚁头数2 300头左右。稚蚕易发生小蚕，在低温时容易产生伏襤蚕。各龄眠起欠齐，入眠时有逸散爬边现象，起蚕饷食迟就会向箔边乱爬。壮蚕蚕体细长，普通斑，有少数多星纹斑蚕，蚕体带赤锈色，食桑较快，行动活泼，大眠起蚕体色转变缓慢，有少数个体尾部有褐色液体。强健性较好，发病较少。老熟较齐，多结中上层茧。茧形浅束腰，间有长筒形，茧色白，缩皱中等。蛹体瘦长，长筒形茧的蛹体较大。全茧量 1.90 g 左右，茧层量 0.450 g 左右，茧层率 24.00% 左右。发蛾较齐，见苗蛾后 2～3 d 大批出蛾，雄蛾活泼，蛾命长，交配性能好，拆对后产卵快，一蛾产卵 600 粒左右，产附较好，有时有生种和再出卵发生。催青经过 11 d，5 龄经过 8 d，全龄经过 25 d 左右，蛰中经过 18 d 左右，全期经过 54 d 左右。

4. 782·734

日本系统，二化四眠杂交原种。以 782 为母本的越年卵灰紫色，间有紫褐色，深浅不一，卵壳白色，间有乳白色，孵化不够整齐；以 734 为母本的卵紫褐色，卵壳白带微黄色，孵化比较整齐。蚁蚕黑褐色，逸散性强，克蚁头数 2 200～2 300 头。以 782 为母本的各龄眠起较齐。食桑慢，踏叶，蚕体细长，普通斑，壮蚕对甲醛的耐性差；以 734 为母本的眠起较齐，稚蚕期易发生伏蔟蚕而遗失，壮蚕带赤锈色，普通斑，有少数多星纹斑蚕。老熟欠齐，以 782 为母本的熟蚕易爬边、爬壁。茧形浅束腰，有长筒形，茧色白，缩皱中等；以 734 为母本的茧形浅束腰，多筒形茧，茧色有白色和浅青竹色两种，缩皱较粗。均易发生半蜕皮蛹、粘尾蛹、黑死蛹和不化蛹，尤以秋季为多。发蛾欠齐，雄蛾不耐冷藏，产卵快。出库催青应与对交品种同日。

（三）杂交种基本性状

二化四眠春用三元杂交蚕品种。孵化、眠起、老熟齐一，饲养管理容易；食桑快，生长旺盛，蚕体结实，属丰产型品种，克蚁收茧量达 4.50～5.00 kg，大面积生产每张蚕种（卵量为 25 000 粒）产茧量在 35 kg 左右；茧色白，茧形匀整，茧层较厚，纤度适中，清洁、净度好，适于缫制高品位生丝；缫折较低，每缫 100 kg 生丝少耗原料茧 7.50～10.00 kg；茧质较好，每张种收入比对照种提高 10%；日系采用杂交原种制种提高了繁育系数，每千克茧可制种 3.50～4.00 张。

（四）原种、杂交种饲养成绩参考表

项目	原种基本性状		杂交种基本性状	
原种名	781	782·734	杂交种名	华合 × 东肥
催青经过（d）	11	11	催青经过（d）	11
5 龄经过（d:h）	8:10	7:12	5 龄经过（d:h）	7:14
全龄经过（d:h）	27:16	27:10	全龄经过（d:h）	27:05
蛰中经过（d:h）	18:00	18:00	万头产茧量（kg）	21.30
全期经过（d:h）	56:16	56:10	万头产茧层量（kg）	5.260
克蚁收茧量（kg）	3.71	4.00	公斤茧粒数（粒）	545
死笼率（%）	0.45	0.50	鲜茧出丝率（%）	19.92
公斤茧粒数（粒）	554	556	全茧量（g）	2.31
全茧量（g）	1.83	1.84	茧层量（g）	0.580

续表

项目	原种基本性状		杂交种基本性状	
茧层量（g）	0.456	0.460	茧层率（%）	25.11
茧层率（%）	24.95	25.38	茧丝量（g）	0.449
一蛾产卵数（粒）	471	539	茧丝长（m）	1 393
良卵率（%）	98.66	97.75	解舒丝长（m）	1 153
克卵粒数（粒）	—	—	解舒率（%）	82.60
克蚁制种量（张）	14.10	13.00	茧丝纤度（dtex）	3.23
公斤茧制种量（张）	3.81	3.90	净度（分）	93.50
调查年季	1982 年和 1983 年春		1981 年春	
数据来源	四川省农业科学院蚕业研究所			

781×7532（川蚕6号）

781×7532 是四川省农业科学院蚕业研究所于 1983 年育成并通过四川省家蚕品种审定委员会审定的夏秋用蚕品种，因其较强的抗逆性易于饲养，现已成为云南主要推广应用的家蚕品种之一。

（一）品种选青经过

鉴于 20 世纪 80 年代四川省夏秋季蚕品种急需更换的现状，以选育健康性强（接近或超过东 34×603·苏 12）、茧丝质量好（接近或超过苏蚕 3 号×苏蚕 4 号），适宜全省各地饲养的夏秋季用新品种作为育种目标。四川省农业科学院蚕业研究所 1978 年春从广西蚕业指导所引进 7532 品种，并进一步选育、稳定。用一方带多化性血缘，健康性、茧丝质皆好的品种材料与另一方多丝量、较易饲养的品种材料组配杂交种并筛选，历时 6 年研究试验，选配出 781×7532，适合四川省夏秋季使用，是一对有显著增产增收效果的优良新品种，1983 年通过四川省家蚕品种审定委员会审定，并开始作为四川省夏秋季推广品种。

（二）原种基本性状

1. 781

详见 781×782·734。出库催青应比对交品种提早 4d。

2. 7532

日本系统含多化性血缘的二化四眠品种。越年卵灰紫色，卵壳白色，间有乳白色。孵化齐一，蚁蚕黑褐色，行动活泼，逸散性强，克蚁头数 2 300～2 400 头。稚蚕宜偏高温饲养。各龄眠起齐一，食桑缓慢，行动活泼，体质强健，易发生伏鞴蚕。壮蚕体色青白，素蚕（略现半月纹），体形细小。老熟齐一，营茧快，熟蚕体色灰白，避光性强，5 龄后期温度偏低老熟易在夜间，并易发生不结茧蚕。茧形小，浅束腰，间有圆筒形，茧色白，缩皱中等。蛹体棕褐色，蛹皮薄。发蛾涌，一般雌蛾比雄蛾先出，雄蛾生命力强，交配性能好，蛾尿多，产附平整。出库催青应比对交品种推迟 4 d。

（三）杂交种基本性状

含多化性血缘的二化四眠夏秋用蚕品种，具有抗逆性强、好饲养、茧丝质优等特点。正交越年卵灰绿色，间有灰紫色，卵壳淡黄色，深浅不一，间有乳白色，孵化整齐，克蚁头数 2 300 头左右，克重良卵粒数 1 800 粒左右。反交越年卵灰紫色，卵壳白色，间有乳白色，产附不太平整，有少数再出卵和不受精卵发生，克蚁头数 2 400 头左右，克重良卵粒数 1 900 粒左右。蚁蚕活泼，逸散性强，蚁体黑色，壮蚕素蚕。各龄眠起整齐，起蚕体色略带微黄，发育整齐，食桑快，蚕体健康，容易饲养。宜偏高温度（27 ℃ 左右）饲养。熟蚕白色，老熟集中，正交较反交拖沓。蔟中温度亦宜偏高，多结中上层茧，茧形长椭圆，茧色白，缩皱中等。张种产茧 30～35 kg（每张种卵粒 25 000 粒左右），公斤茧用桑 16 kg，4 龄起蚕结茧率 93% 左右。

（四）原种、杂交种饲养成绩参考表

项目	原种性状		杂交种性状	
原种名	781	7532	催青经过（d）	10
催青经过（d）	11	10	5 龄经过（d:h）	8:20
5 龄经过（d:h）	8:10	7:00	全龄经过（d:h）	25:12
全龄经过（d:h）	27:16	25:00	万头产茧量（kg）	18.82
蛰中经过（d:h）	18:00	17:00	万头产茧层量（kg）	3.555
全期经过（d:h）	56:16	52:00	公斤茧粒数（粒）	512
克蚁收茧量（kg）	3.71	4.13	鲜茧出丝率（%）	17.47
死笼率（%）	0.45	3.14	全茧量（g）	1.91
公斤茧粒数（粒）	554	600	茧层量（g）	0.447
全茧量（g）	1.83	1.60	茧层率（%）	23.55
茧层量（g）	0.456	0.370	茧丝量（g）	0.363
茧层率（%）	24.95	23.00	茧丝长（m）	1 362
一蛾产卵数（粒）	471	510	解舒丝长（m）	1 074
良卵率（%）	98.66	98.47	解舒率（%）	78.83
克蚁制种量（张）	14.10	15.50	茧丝纤度（dtex）	2.82
公斤茧制种量（张）	3.81	4.00	净度（分）	96.12
调查年季	1978—1982 年 5 年秋		1979—1982 年 4 年秋	
数据来源	四川省农业科学院蚕业研究所			

苏蚕 5 号 × 苏蚕 6 号

苏蚕 5 号 × 苏蚕 6 号是江苏省农业厅蚕桑处、中国农业科学院蚕业研究所和江苏省蚕种公

司联合育成的春用品种，于 1977 年通过全国农作物品种审定委员会审定。

（一）品种选育经过

1973 年进行数对引进品种的室内外鉴定比较试验，从中筛选出适合于江苏省春期饲养的新蚕品种苏蚕 5 号 × 苏蚕 6 号（苏 5 × 苏 6）。此后又对该品种的中、日系纯种进行多代系统选育。同时进行杂交种室内多次鉴定、农村试养和 1975 年、1976 年连续两年春期的全江苏省农村生产鉴定。1977 年开始在江苏省大面积推广，并被选定为江苏省春期主要推广品种。

（二）原种基本性状

1. 苏蚕 5 号（苏 5）

中国系统，二化四眠春用品种。越年卵灰绿色，卵壳淡黄色。蚁蚕呈褐色，行动较活泼，眠起齐一，壮蚕体型粗壮，体色青白，素蚕。老熟齐，熟蚕排尿多，营茧速度慢。茧色洁白，茧形短椭圆形，偶有球形茧发生。羽化早，发蛾齐一，雄蛾活泼，蛾体鳞毛易脱落，交配性能一般，产卵迟，一蛾产卵 450 粒左右，克卵粒数 1 550 粒左右。与苏蚕 6 号对交，需推迟 2 d 出库催青。

2. 苏蚕 6 号（苏 6）

日本系统，二化四眠春用品种。越年卵深紫褐色，卵壳乳白色。蚁蚕黑褐色，行动活泼，眠性慢，壮蚕体型细长，体色青白带微红，普通斑，食桑缓慢，行动欠活泼。老熟不够齐，营茧速度慢。茧色白，茧形浅束腰形，雌蛾活泼，交配性能良好。与苏蚕 5 号对交，需提早 2 d 出库催青。

（三）杂交种基本性状

二化四眠春用蚕品种。越年卵灰带绿色，卵色欠齐一，卵壳淡黄，卵粒较大，克卵粒数少。其反交种呈紫褐色，卵壳乳白色。据 1976 年调查，克卵粒数春制种正反交平均 1 718 粒、秋制种正反交平均 1 768 粒。孵化率高，1 日孵化率可达 90.00% 左右，一般两日收齐。蚁体黑褐色，反交种蚁体为暗黑色。各龄眠起齐一，就眠快，体质较强，食桑旺盛，起蚕食桑后转青早，5 龄第 3 日就开始吃叶狠，容易饲养。壮蚕体色青白，蚕体粗壮结实，普通斑，大而匀整。龄期经过与华合 × 东肥正反交相比，5 龄稍长，全龄相仿。用桑量较华合 × 东肥稍多，上蔟齐而涌，营茧快，多结上层茧，双宫茧稍多，茧形大而匀整，长椭圆形，茧色洁白，缩皱中等，多内印茧发生，茧层率高，干壳量重，屑茧发生少，张种产茧量略高，张种产值比华合 × 东肥提高 10% 以上，50 kg 桑产茧量相仿，50 kg 桑产值比华合 × 东肥高 3.00% ～ 9.00%。茧丝长，解舒率在正常情况下稍低于华合 × 东肥，在不良蔟中环境下还欠稳定，净度好，纤度在 3.10 dtex 左右。

（四）原种与杂交种饲养成绩参考表

项目	原种性状		杂交种性状	
原种名	苏蚕 5 号	苏蚕 6 号	杂交种名	苏蚕 5 号 × 苏蚕 6 号
催青经过（d）	11	10	催青经过（d）	11
5 龄经过（d:h）	—	—	5 龄经过（d:h）	7:20

续表

项目	原种性状		杂交种性状	
全龄经过（d:h）	25:00	26:00	全龄经过（d:h）	25:04
蛰中经过（d:h）	17:00	19:00	万头产茧量（kg）	20.78
全期经过（d:h）	53:00	55:00	万头产茧层量（kg）	5.254
克蚁收茧量（kg）	—	—	鲜茧出丝率（%）	19.35
死笼率（%）	3.00	1.40	全茧量（g）	2.06
全茧量（g）	2.00	1.66	茧层量（g）	0.522
茧层量（g）	0.500	0.450	茧层率（%）	25.30
茧层率（%）	25.00	27.50	茧丝量（g）	0.431
一蛾产卵数（粒）	450	—	茧丝长（m）	1 381
良卵率（%）	—	—	解舒丝长（m）	954
克卵粒数（粒）	1 550	—	解舒率（%）	69.48
克蚁制种量（张）	—	—	茧丝纤度（dtex）	3.10
公斤茧制种量（张）	—	—	净度（分）	94.34
调查年季	1982 年和 1983 年春			
数据来源	中国农业科学院蚕业研究所		全国桑蚕品种审定委员会	

浙蕾 × 春晓

浙蕾 × 春晓是浙江省农业科学院蚕桑研究所育成的春用品种，于 1983 年通过全国农作物品种审定委员会审定，于 1987 年引入云南楚雄，直至 2001 年停止使用，是该时间段云南楚雄蚕区推广应用的主推品种之一。

（一）品种选青经过

1. 浙蕾

母本为 753，具有体质较强、茧质优、丝量多、配合力好的特点，但解舒较差。父本为 757，具有茧层率高、茧丝量多、净度优、配合力好的特点，但发育经过较长、体质较差。

年份	期	世代	饲育形式	饲养数量（蛾）	全龄经过（d:h）	虫蛹率（%）	全茧量（g）	茧层量（g）	茧层率（%）	茧丝长（m）	解舒率（%）	解舒丝长（m）	茧丝纤度（dtex）	净度（分）
1974	夏	F_1	○	0.5	24:06	92.48	1.76	0.368	20.91	—	—	—	—	—
	中秋	F_2	○	0.5	24:20	92.92	1.74	0.414	23.91	—	—	—	—	—
1975	春	F_3	○	0.5	24:00	94.58	1.96	0.458	23.36	—	—	—	—	—
	中秋	F_4	○	0.5	25:00	90.45	1.83	0.440	24.04	—	—	—	—	—

续表

年份	期	世代	饲育形式	饲养数量（蛾）	全龄经过（d:h）	虫蛹率（%）	全茧量（g）	茧层量（g）	茧层率（%）	茧丝长（m）	解舒率（%）	解舒丝长（m）	茧丝纤度（dtex）	净度（分）
1976	春	F₅	□	5	26:00	95.96	2.04	0.524	25.69	1 366	—	—	3.20	—
	中秋	F₆	□	6	27:12	59.98	1.75	0.425	24.28	—	—	—	—	—
1977	春	F₇	□	5	25:19	83.95	1.75	0.383	21.88	1 212	—	—	2.74	—
1978	春	F₈	□	5	25:22	93.46	2.09	0.531	25.41	1 425	63.54	905	2.74	99.13
	中秋	F₉	□	6	23:07	73.53	1.40	0.305	21.78	973	71.13	692	2.21	—
1979	春	F₁₀	□	12	26:12	93.18	1.99	0.500	25.12	1 557	56.69	883	2.64	94.33
	中秋	F₁₁	□	10	23:21	84.54	1.82	0.430	23.63	1 259	43.81	552	2.49	95.80
1980	春	F₁₂	□	10	26:13	88.24	1.95	0.483	24.77	1 302	61.87	806	2.77	94.47
	中秋	F₁₃	□	10	27:07	80.50	1.41	0.344	24.40	1 050	64.42	676	2.38	97.12
1981	春	F₁₄	□	10	24:12	94.11	1.82	0.470	25.82	1 367	64.43	881	2.72	95.29

2. 春晓

母本为春4，具有茧质与丝质优、丝量多、配合力好的特点。父本为758，具有茧质优、丝量多、解舒和净度优、配合力好的特点，但发育经过较长，体质较差。

春晓育成经过

年份	期	世代	饲育形式	饲养数量（蛾）	全龄经过（d:h）	虫蛹率（%）	全茧量（g）	茧层量（g）	茧层率（%）	茧丝长（m）	解舒率（%）	解舒丝长（m）	茧丝纤度（dtex）	净度（分）
1974	夏	F₁	○	0.5	23:20	88.76	1.61	0.334	20.74	—	—	—	—	—
	中秋	F₂	○	0.5	25:20	86.04	1.76	0.398	22.61	—	—	—	—	—
1975	春	F₃	○	0.5	25:19	92.84	1.93	0.442	22.90	—	—	—	—	—
	中秋	F₄	○	0.5	25:12	86.75	1.66	0.398	23.97	—	—	—	—	—
1976	春	F₅	□	0.5	25:20	95.36	1.97	0.506	25.68	—	—	—	—	—
	中秋	F₆	□	0.5	28:01	36.78	1.64	0.386	23.54	—	—	—	—	—
1977	春	F₇	□	5	26:05	83.70	1.67	0.346	20.72	1 016	—	—	2.93	—
	中秋	F₈	□	5	24:13	51.11	1.75	0.380	21.71	—	—	—	—	—
1978	春	F₉	□	10	25:10	95.70	2.09	0.521	24.93	1 271	84.57	1075	3.42	96.25
	中秋	F₁₀	□	10	23:13	79.60	1.41	0.327	23.19	983	88.74	872	2.47	97.46
1979	春	F₁₁	□	12	25:13	94.42	1.97	0.489	24.82	1 235	73.68	910	3.36	96.19
	中秋	F₁₂	□	10	23:20	73.57	1.79	0.424	23.69	—	—	—	—	—

年份	期	世代	饲育形式	饲养数量（蛾）	全龄经过（d:h）	虫蛹率（%）	全茧量（g）	茧层量（g）	茧层率（%）	茧丝长（m）	解舒率（%）	解舒丝长（m）	茧丝纤度（dtex）	净度（分）
1980	春	F_{13}	□	10	26:10	93.88	1.88	0.453	24.09	1 153	68.38	788	3.11	93.65
	中秋	F_{14}	□	10	27:11	85.78	1.44	0.363	25.20	1 014	76.33	774	2.61	96.25
1981	春	F_{15}	□	10	25:12	92.31	1.71	0.434	25.38	1 287	69.92	900	2.74	96.20

浙蕾、春晓在1974年春期配制育种材料，历代培育环境和选育方法大体相同。育种早期世代采用混合蚁量育，着重个体选择，严格做到蚕期淘汰虚弱小蚕、迟小蚕等，种茧期选择茧形匀整、茧色白、缩皱均匀而茧层厚的上茧逐颗称量，注意控制全茧量，提高茧层量和茧层率。经过连续几代的个体选择，茧质提高。1976年春期，浙蕾茧层率为25.69%，春晓为25.68%，达到了育种目标。育种中后期世代采用蛾区育，以蛾区选择为主，结合个体选择。留种蛾区根据丝质、茧质、体质综合成绩来选定，其中以丝质为主。各发育阶段都进行严格的选择，卵期选择产附好、卵量多、不良卵少、孵化率高的蛾区。蚕期向发育齐、蚕体匀、经过较短的方向选择。茧期根据种茧调查成绩，选出茧色白、茧形匀整、茧质优、丝质成绩优的蛾区留种。在留种蛾区中选出优秀个体，两品种经过十多代的培育与选择，各项性状已经稳定，其一代杂交种主要经济性状基本上达到育种目标的要求。

（二）原种基本性状

1. 浙蕾

中国系统，二化四眠春用品种。越年卵呈绿、灰绿色，卵壳淡黄色。克卵粒数1 700粒左右。孵化较齐，实用孵化率92.90%左右，克蚁头数2 300头左右，蚁蚕体色黑褐，比较文静。各龄眠性快，眠起较齐。若收蚁及1龄用桑偏老，易发生小蚕。壮蚕体色青白，素蚕，食桑旺盛，体型粗壮，大小匀整。抗湿性较弱，5龄及蔟中要注意通风排湿。4～5龄忌用嫩叶、湿叶，要求叶质充分成熟。老熟齐，营茧较快，多营上层茧，双宫茧发生少，茧色白，茧形椭圆、少数短椭圆，大小匀整，缩皱中等。发蛾集中，蛾体活泼，耐冷藏，交配性能好，产卵较快，产附良好。出库催青应比对交品种推迟1 d。

2. 春晓

日本系统二化四眠春用品种。越年卵灰紫色，卵壳白色，少数淡黄色，卵粒大。克卵粒数1 600粒左右。蚕种孵化较齐，实用孵化率95.30%左右，克蚁头数2 190头左右，蚁蚕体色黑褐，蚁蚕及小蚕有趋光性和趋密性。1～3龄眠起齐，发育较快，大眠较慢，1龄用桑以适熟偏嫩为宜；壮蚕期用桑要充分成熟，蚕行动欠活泼，食桑较慢，不宜厚饲。壮蚕体色青带赤色，普通斑，蚕体结实，大小匀整。老熟尚齐，营茧较快，双宫茧发生较多，茧色白，浅束腰茧，少数束腰形，大小匀整，缩皱中等。发蛾较慢，蛾子活泼，交配性能好，产卵较快，产附良好。出库催青应比对交品种提早1 d。

（三）杂交种基本性状

二化四眠春用蚕品种。孵化齐一，蚁蚕黑褐色，正交较文静，反交活泼。正交克蚁头数约2 300头，反交克蚁头数约2 200头。小蚕期有密集性和趋光性，要注意扩座、匀座工作。眠起齐一，眠性快，加眠网要适当偏早，各龄少食期食桑较慢，不宜厚饲，盛食期食桑快，应使充分饱食，5龄食桑不踏叶。蚕体粗壮结实，体色带米色、普通斑。龄期经过比华合×东肥长6 h左右。熟蚕体色带粉红色，老熟齐快，喜营上层茧，易结双宫茧，上蔟宜适熟偏生，要稀上匀上，尽量采用方格蔟上蔟，以减少双宫茧发生。茧形大而匀整，茧色洁白，缩皱中等。

（四）原种、杂交种饲养成绩参考表

项目	原种性状		杂交种性状	
原种名	浙蕾	春晓	催青经过（d）	10
催青经过（d）	10	10	5龄经过（d:h）	7:19
5龄经过（d:h）	8:07	8:11	全龄经过（d:h）	24:22
全龄经过（d:h）	24:06	24:06	万头产茧量（kg）	21.57
蛰中经过（d:h）	17:00	18:00	万头产茧层量（kg）	5.357
全期经过（d:h）	51:06	52:06	公斤茧粒数（粒）	—
克蚁收茧量（kg）	3.97	3.95	鲜茧出丝率（%）	19.16
死笼率（%）	3.40	2.40	全茧量（g）	2.17
公斤茧粒数（粒）	—	—	茧层量（g）	0.539
全茧量（g）	2.24	1.98	茧层率（%）	24.84
茧层量（g）	0.514	0.494	茧丝量（g）	0.439
茧层率（%）	22.95	24.95	茧丝长（m）	1 402
一蛾产卵数（粒）	554	512	解舒丝长（m）	1 047
良卵率（%）	96.50	96.90	解舒率（%）	75.19
克蚁制种量（张）	—	—	茧丝纤度（dtex）	3.16
公斤茧制种量（张）	—	—	净度（分）	94.95
调查年季	1979年春		1981年和1982年春	
数据来源	浙江省农业科学院蚕桑研究所		全国桑蚕品种审定委员会	

菁松 × 皓月

菁松 × 皓月是中国农业科学院蚕业研究所于1982育成并通过全国农作物品种审定委员会审定的春用家蚕品种，于1986年引进云南蚕区试验推广，是云南推广应用时间最长、数量最多的家蚕品种。

（一）品种选育经过

1. 菁松

是中中杂交固定的中系品种，母本是 781，具有体质强、好养、产茧量高的优点。父本是 757，具有体质强、眠性快、饲养容易、食桑活泼、净度优、配合力好的特性，但抗湿性差，不受精卵多。经过多代选择，逐渐固定。

年份	期	代数	饲育形式	饲养数量（蛾）	全龄经过（d:h）	虫蛹率（%）	全茧量（g）	茧层量（g）	茧层率（%）	茧丝长（m）	解舒率（%）	净度（分）
1973	春	P₁	781 ○	0.2	26:10	83.89	2.26	0.551	24.38	1 248	47.89	94.58
		P₂	757 ○	0.2	24:23	82.00	2.23	0.565	25.39	1 610	63.24	98.28
	夏	F₁	○	0.2	21:02	56.17	1.49	0.358	24.09	1 184	53.19	96.67
1974	春	F₂	○	0.4	24:07	92.25	1.78	0.454	25.17	1 421	70.70	96.25
	夏	F₃	A□ B□	4	21:20	84.37	1.64	0.389	23.66	1 298	40.90	97.50
	秋	F₄	A□ B□	4	23:10	83.83	1.72	0.445	25.88	1 317	76.66	96.25
1975	春	F₅	A□ B□	3 5	26:03	80.74	1.97	0.506	25.67	1 401	75.98	96.50
	秋	F₆	A□	6	22:16	50.78	1.57	0.375	23.87	1 231	78.65	96.50
			B□	5	21:13	37.29	1.55	0.387	24.99	—	58.31	97.50
1976	春	F₇	A□	6	27:07	89.09	1.98	0.551	25.80	1 441	71.56	96.95
			B□	5	26:03	92.38	1.98	0.494	24.07	1 548	73.10	97.22
	秋	F₈	A□ B□	12	25:13	88.18	1.77	0.441	24.88	1 377	79.06	96.67
1977	春	F₉	A□	12	24:17	86.12	2.20	0.562	25.52	1 434	57.88	95.28
			B□	6	24:03	79.06	2.20	0.546	24.85	1 562	46.21	96.15
	秋	F₁₀	A□	11	24:19	84.39	1.73	0.428	24.72	1 385	73.11	95.52
			B□	15	24:04	86.11	1.73	0.421	24.38	1 345	68.40	96.57
1978	春	F₁₁	A□	11	26:06	94.64	1.67	0.416	24.89	1 344	76.02	95.33
			B□	13	26:04	93.65	1.70	0.422	24.81	1 298	67.38	95.24
	夏	F₁₂	A□ B□	5	22:07	20.70	1.29	0.295	22.81	—	—	—
	秋	F₁₃	A□	17	25:20	13.68	1.19	0.272	22.86	—	—	—
			B□	16	26:80	34.01	1.19	0.273	22.92	—	—	—
1979	春	F₁₄	A□	18	26:18	92.65	1.79	0.482	26.94	1 526	69.49	93.96
			B□	9	24:23	91.92	1.86	0.499	26.77	1 439	76.64	95.56
	秋	F₁₅	A□	6	25:20	73.66	1.51	0.373	24.66	1 060	51.02	94.79
			B□	6	25:21	65.23	1.46	0.350	23.91	1 186	30.32	94.66

注：1. ○混合蚁量育；□蛾区育；A□B□为同一品种的小系。下同。

2. 饲养数量中有小数点的表示是蚁量克数。下同。

3. "期"为养蚕季别，一般为春期、夏期、中秋、晚秋等，两广地区为"造"。下同。

2. 皓月

是日日杂交固定的日系品种，母本是 782，具有好养、体质较强、产茧量高的优点。但纤度粗，有不结茧蚕、三眠蚕发生等不良性状。父本是 758，具有茧丝质优良、产丝量多、解舒优、配合力好的特点，但发育经过长、体质差、产卵量少、有再出卵等不良性状。经过多代选择后，逐渐固定。其中，在 F_5 代开始分为 A 系和 B 系，到 F_9 代时 B 系回交了 A 系后继续培育，到 1979 年选育至 F_{13} 代。

年份	期	代数	饲育形式	饲养数量（蛾）	全龄经过 (d:h)	虫蛹率 (%)	全茧量 (g)	茧层量 (g)	茧层率 (%)	茧丝长 (m)	解舒率 (%)	净度 (分)
1973	春	P_1	782 ○	0.2	27:07	80.23	1.91	0.459	24.06	990	83.43	98.75
		P_2	758 ○	0.2	25:12	89.00	2.05	0.533	25.97	1 295	70.43	96.94
	夏	F_1	○	0.2	22:21	52.74	1.53	0.370	24.18	1 072	60.79	94.16
1974	春	F_2	○	0.4	24:04	90.91	1.74	0.433	24.87	1 199	78.30	93.33
	夏	F_3	○	0.4	23:01	72.85	1.40	0.321	22.92	927	73.86	91.66
	秋	F_4	□	4	26:16	74.42	1.56	0.376	24.13	1 072	94.11	97.71
1975	春	F_5	A □	6	26:11	84.37	1.82	0.455	25.02	1 163	81.54	96.33
			B □	2								
	秋	F_6	A □	8	24:07	46.05	1.54	0.355	22.92	—	—	—
			B □	4	23:21	45.46	1.44	0.339	23.26	—	—	—
1976	春	F_7	A □	7	26:00	85.91	1.89	0.467	24.76	1 319	74.17	95.28
			B □	3	25:01	81.94	1.81	0.447	24.64	1 063	84.77	91.25
	秋	F_8	A □ B □	15	26:23	89.69	1.64	0.387	23.33	1 175	90.75	96.56
1977	春	$F_{8\sim9}$	A □	20	25:22	69.64	1.88	0.452	24.10	1 250	69.13	96.66
			B ○	0.2	24:20	95.68	2.03	0.513	25.22	1 350	71.43	98.33
	夏	F_{10}	A □ B ○	12	22:14	20.73	1.39	0.281	20.27	—	—	—
	秋	$F_{10\sim11}$	A □	20	25:06	81.86	1.61	0.389	24.11	1 099	85.36	95.67
		F_1BC	B ○	3	25:04	86.72	1.59	0.396	25.04	1 043	79.00	93.09
1978	春	$F_{9\sim11}$	A □ B □	16	25:21	95.00	1.60	0.402	25.15	1 136	84.51	93.75
		F_1BCF_1	B □	□ 4 ○ 3								
	夏	F_{12}	A □	6	21:21	43.66	1.10	0.237	21.65	775	68.49	99.17
		F_1BCF_2	B □	3	22:12	65.98	1.26	0.293	23.25	882	76.69	97.08
	秋	$F_{11\sim12}$	A □	20	26:15	31.08	1.09	0.244	22.44	—	—	—
		F_1BCF_3	B □	5	26:10	37.89	1.13	0.256	22.87	—	—	—
1979	春	$F_{11\sim12}$	A □	20	25:13	93.14	1.72	0.455	25.86	1 288	82.66	95.71
		F_1BCF_4	B □	5	25:06	94.79	1.71	0.440	25.72	1 280	82.93	96.11

续表

年份	期	代数	饲育形式	饲养数量（蛾）	全龄经过(d:h)	虫蛹率（%）	全茧量(g)	茧层量(g)	茧层率（%）	茧丝长(m)	解舒率（%）	净度（分）
	秋	$F_{12\sim13}$	A□	10	25:09	57.69	1.41	0.289	22.59	—	—	—
		F_1BCF_5	B□	10	24:23	56.41	1.31	0.292	22.13	1 166	70.92	94.17

在育种早期世代，采用分区混合蚁量育，分批饲食，进行活蛹缫丝，着重个体的茧丝长与解舒选择，严格做到龄期选择中淘汰虚弱蚕、迟小蚕、迟熟蚕等；种茧期严格选除小茧、多层茧、薄头茧等不良茧，选择茧形匀整、茧色洁白、茧层与缩皱均匀、茧层厚的上茧100粒左右。其中，2/3的个体雌雄逐粒称量，控制全茧量，提高茧层量；1/3的个体进行活蛹缫丝，选留丝长长、切断次数少的个体继代，同时着手分成两个系统，以备双杂交用。育种中期采用蛾区育后，以蛾区选择为主，结合个体选择。中选蛾区再根据茧质、丝质综合成绩，春季以丝质为主，秋季以强健性为重点兼顾丝质。蛾区选择数代后，开始系统选育，在系统选择的基础上再行蛾区选择。

（二）原种基本性状

1. 菁松

中国系统，二化四眠春用品种，越年卵青灰色，间有黄绿色，分A、B两个系统。卵壳色淡黄有深浅之分。蚁蚕黑褐色，行动活泼，趋光性强，克蚁头数为2 100头左右，各龄眠性快，眠起齐一。食桑旺盛，体质强健。壮蚕体型粗壮，素蚕，A系体色青白，B系体色青白略带米色，熟蚕体色乳白，易密集成堆，老熟集中，不吐乱丝，营茧速度快，多结上层茧。茧形大，椭圆略短，有球形茧发生，茧色洁白，缩皱中等偏细。发蛾齐一，发蛾率高，交配性能好，不易散对，一蛾产卵500粒左右，但有黑头蛹、粘尾蛹、蚕头蛹发生，易感染细菌病而发生后期死蛹。与皓月对交，应推迟2 d出库催青。

2. 皓月

日本系统，二化四眠春用品种，越年卵紫褐色，分A、B两个系统。卵壳乳白色，产卵整齐，一蛾产卵450粒左右。孵化齐一，蚁蚕暗褐色，行动活泼，逸散性强，克蚁头数为2 100头左右，各龄就眠时有吐丝现象，眠起齐，但就眠时间较长。壮蚕体型细长而匀整，普通斑。5龄少数起蚕尾部有褐色分泌液，食桑较慢，对农药较敏感，耐氟性能差，对真菌抵抗力差，易发僵病。老熟齐一，不活泼，喜静伏在桑叶下，多结下层茧。茧形小，较匀整，浅束腰，茧色白，缩皱中等偏细，丝质优。发蛾欠齐一，羽化迟，交配性能好。与菁松对交，应提早2 d出库催青。

（三）杂交种基本性状

二化四眠春用蚕品种。孵化齐一，蚁蚕体色为黑褐色，有逸散性。稚蚕期趋光性强，要注意匀座扩座。各龄眠起齐一，眠性快，壮蚕期蚕儿有趋光性、趋密性，易密集成堆，应注意匀座。各龄食桑活泼，壮蚕食桑快而旺盛，不踏叶，应注意良桑饱食。体质强健，饲养容易，蚕体匀整，壮蚕体色青白，普通斑，蚕体大而结实，5龄期及蔟中抗湿性稍差，应注意通风排湿。熟蚕体米红色，老熟齐而涌，结上层茧，茧形大而匀整，茧色洁白，缩皱中等，公斤茧粒数正交446粒、反交 432 粒，茧层率 25.00% 左右。

（四）原种与杂交种饲养成绩参考表

项目	原种性状		杂交种性状	
原种名	菁松	皓月	催青经过（d）	10
催青经过（d）	11	11	5 龄经过（d:h）	8:00
5 龄经过（d:h）	—	—	全龄经过（d:h）	24:23
全龄经过（d:h）	25:20	25:10	万头产茧量（kg）	22.00
蛰中经过（d:h）	17:00～18:00	19:00～20:00	万头产茧层量（kg）	5.575
全期经过（d:h）	52:00～53:00	54:00～55:00	公斤茧粒数（粒）	—
克蚁收茧量（kg）	—	—	鲜茧出丝率（%）	20.45
死笼率（%）	—	—	全茧量（g）	2.19
公斤茧粒数（粒）	—	—	茧层量（g）	0.556
全茧量（g）	1.67	1.64	茧层率（%）	25.32
茧层量（g）	0.430	0.426	茧丝量（g）	—
茧层率（%）	25.75	25.97	茧丝长（m）	1 427
一蛾产卵数（粒）	500	450	解舒丝长（m）	1 119
良卵率（%）	—	—	解舒率（%）	78.80
克蚁制种量（张）	—	—	茧丝纤度（dtex）	3.27
公斤茧制种量（张）	—	—	净度（分）	94.44
调查年季	1980 年和 1981 年春			
数据来源	全国桑蚕品种审定委员会			

苏菊 × 明虎

苏菊 × 明虎是江苏省浒墅关蚕种场育成的春秋兼用蚕品种，于 1995 年通过全国农作物品种和审定委员会审定，1998 年引入云南开始试验推广，因茧丝纤度较粗，2005 年后逐渐退出应用。

（一）品种选育经过

为解决中秋用蚕品种的产量低、丝质差，春用品种在中秋又难以发挥高产特点的矛盾，育成了苏（829）、菊（827）、明（7910）、虎（8214）四个家蚕新品种，并将它们组配成四元杂交种苏·菊 × 明·虎。根据系统分离育种的原理，对引进素材 827、829、7910、8214 进行选育，按育种目标加以选择提高。首选虫蛹率高、幼虫生命率高、死笼率低的蛾区内个体继代，通过丝质测定，选择出体质强健、茧丝质优良的蛾区内个体继代，每次收蚁挑选 1 日孵化率高的蛾区，每隔 2 年在 5 龄期高温冲击一次，以提高各亲本材料的强健性，达到体质、丝质兼顾。其次在各发育阶段仔细观察，重视壮蚕体色、斑纹、茧形、卵面、卵色的的选择，提高各亲本材料的纯度。坚持每一代选择 5 龄期经过短的蛾区，并从中选留优良个体作为母种继代，促使杂交后代群体发育齐、快。

苏（829）的育成经过

年份	期	世代	饲育形式	饲养数量（蛾）	5龄经过（d:h）	虫蛹率（%）	死笼率（%）	全茧量（g）	茧层量（g）	茧层率（%）	茧丝长（m）	解舒率（%）	净度（分）	备注
1985	春	F_1	○	1	8:05	98.46	0.20	1.98	0.490	24.75	1 495	76.92	96.70	目测选茧继代
1986	春	F_2	○	1	11:15	78.30	3.73	1.43	0.368	25.70	1 162	89.55	97.50	—
1987	春	F_3	□	7	8:07	89.24	6.55	1.71	0.419	24.50	—	—	—	—
1988	春	F_4	□	8	8:04	95.35	2.37	1.79	0.449	25.17	1 306	81.12	90.00	—
1989	春	F_5	□	11	9:11	91.62	6.49	1.74	0.425	24.43	1 130	48.96	90.00	—
1990	春	F_6	□	23	9:01	91.49	7.19	1.87	0.461	24.69	—	—	—	开始一粒茧称量
1991	春	F_7	□	34	8:12	91.70	4.98	2.05	0.524	25.49	—	—	—	—
1992	春	F_8	□	29	8:03	98.19	1.21	1.70	0.426	25.11	—	—	—	选择净度好的继代
1993	春	F_9	□	30	8:14	90.31	2.40	1.96	0.508	25.96	—	—	—	加强卵色选择
1994	春	F_{10}	□	32	7:19	95.95	3.57	1.87	0.455	24.37	—	—	—	加强卵色选择
1995	春	F_{11}	□	62	9:04	91.81	5.11	1.87	0.466	24.95	—	—	—	—

菊（827）的育成经过

年份	期	世代	饲育形式	饲养数量（蛾）	5龄经过（d:h）	虫蛹率（%）	死笼率（%）	全茧量（g）	茧层量（g）	茧层率（%）	茧丝长（m）	解舒率（%）	净度（分）	备注
1984	春	F_1	○	1	7:23	82.76	0.85	1.92	0.492	25.57	—	—	—	目测选茧继代
1985	春	F_2	○	1	7:23	96.94	1.38	2.02	0.485	24.08	1 413	78.13	86.70	—
1986	春	F_3	○	1	10:22	66.26	3.76	1.37	0.337	24.61	1 120	92.59	98.30	—
1987	春	F_4	□	6	9:14	60.65	11.08	1.74	0.439	25.23	—	—	—	—
1988	春	F_5	□	8	8:12	85.93	8.90	1.93	0.497	25.78	1 262	69.95	81.70	—
1989	春	F_6	□	7	9:21	81.71	11.07	1.77	0.447	25.29	1 227	52.63	82.50	—
1990	春	F_7	□	23	9:18	88.64	8.94	2.04	0.521	25.44	—	—	—	开始一粒茧称量
1991	春	F_8	□	28	9:02	92.05	3.77	2.13	0.559	26.22	—	—	—	5龄期高温冲击
1992	春	F_9	□	30	8:50	96.15	3.30	1.95	0.496	25.38	—	—	—	选择净度好的继代

续表

年份	期	世代	饲育形式	饲养数量（蛾）	5龄经过（d:h）	虫蛹率（%）	死笼率（%）	全茧量（g）	茧层量（g）	茧层率（%）	茧丝长（m）	解舒率（%）	净度（分）	备注
1993	春	F₁₀	□	39	9:07	92.82	4.15	2.27	0.569	26.19	—	—	—	母种卵面选择
1994	春	F₁₁	□	32	7:19	96.89	2.23	2.09	0.525	25.27	—	—	—	母种卵面选择
1995	春	F₁₂	□	62	9:16	94.43	4.12	2.17	0.555	25.64	—	—	—	—

明（7910）的育成经过

年份	期	世代	饲育形式	饲养数量（蛾）	5龄经过（d:h）	虫蛹率（%）	死笼率（%）	全茧量（g）	茧层量（g）	茧层率（%）	茧丝长（m）	解舒率（%）	净度（分）	备注
1984	春	F₁	○	1	8:20	94.91	2.75	1.78	0.467	26.24	—	—	—	目测选茧继代
1985	春	F₂	○	1	8:14	96.96	1.20	1.84	0.459	25.01	1 260	78.13	92.50	—
1986	春	F₃	○	1	9:12	85.15	4.49	1.40	0.353	25.15	—	—	—	—
1987	春	F₄	□	7	8:01	80.96	7.13	1.57	0.389	24.28	—	—	—	—
1988	春	F₅	□	11	8:02	90.45	6.62	1.79	0.468	26.10	1 220	84.75	91.70	—
1989	春	F₆	□	12	9:13	88.74	8.31	1.68	0.417	24.85	—	—	—	—
1990	春	F₇	□	22	9:16	88.70	6.79	1.73	0.430	23.84	—	—	—	开始一粒茧称量
1991	春	F₈	□	28	8:06	89.05	6.30	1.85	0.487	26.38	—	—	—	发现斑纹不同，选择
	秋	F₉	□	9	9:02	81.46	12.31	1.43	0.318	22.29	—	—	—	选斑纹，异蛾区交配
1992	春	F₁₀	□	29	8:01	91.91	8.08	1.71	0.441	25.81	—	—	—	继续选斑纹
	秋	F₁₁	□	24	8:23	83.91	9.87	1.49	0.357	24.18	—	—	—	斑纹选择效果稳定
1993	春	F₁₂	□	34	8:18	93.43	5.06	1.80	0.455	25.32	—	—	—	开始分组交配
1994	春	F₁₃	□	31	8:17	91.78	6.61	1.72	0.436	25.44	—	—	—	—
1995	春	F₁₄	□	64	9:12	95.17	3.83	1.69	0.437	25.81	—	—	—	—

菊（8214）的育成经过

年份	期	世代	饲育形式	饲养数量（蛾）	5龄经过（d:h）	虫蛹率（%）	死笼率（%）	全茧量（g）	茧层量（g）	茧层率（%）	茧丝长（m）	解舒率（%）	净度（分）	备注
1984	春	F₁	○	1	8:00	82.76	10.55	1.76	0.424	24.09	1 182	90.91	96.70	目测选茧继代
1985	春	F₂	○	1	8:05	92.40	2.91	1.81	0.419	23.33	1 124	83.33	97.50	—

续表

年份	期	世代	饲育形式	饲养数量（蛾）	5龄经过（d:h）	虫蛹率（%）	死笼率（%）	全茧量（g）	茧层量（g）	茧层率（%）	茧丝长（m）	解舒率（%）	净度（分）	备注
1986	春	F_3	○	1	9:13	87.17	4.75	1.57	0.367	23.38	1 134	90.91	98.30	—
1987	春	F_4	□	1	9:14	73.07	8.05	1.49	0.360	24.18	—	—	—	—
1988	春	F_5	□	2	8:06	92.85	4.49	1.73	0.435	25.24	1 182	89.29	95.00	—
1989	春	F_6	□	6	9:17	87.57	9.36	1.74	0.410	23.59	—	—	—	—
1990	春	F_7	□	22	9:23	85.68	6.68	1.86	0.441	23.76	—	—	—	开始一粒茧称量
1991	春	F_8	□	28	8:18	89.06	5.74	1.90	0.483	25.40	—	—	—	发现斑纹不一致
	秋	F_9	□	8	9:03	85.52	9.37	1.44	0.339	23.53	—	—	—	选斑纹，异蛾区交配开始分组交配
1992	春	F_{10}	□	28	8:10	98.84	7.41	1.84	0.438	23.88	—	—	—	
	秋	F_{11}	□	25	9:10	79.82	10.62	1.48	0.317	22.41	—	—	—	—

（二）原种基本性状

1. 苏·菊

中国系统，二化四眠杂交原种。越年卵灰绿色，卵壳淡黄色。蚁蚕黑褐色，克蚁头数 2 250 头左右。孵化尚齐，有趋光性和趋密性。各龄食桑活泼，食桑量大于一般品种，眠性快，眠起齐一，素蚕，上蔟齐涌。结中上层茧，茧形短椭圆。发蛾集中，交配性能好，产卵慢、产附好。一蛾产卵 530 粒左右，不良卵发生少，产卵量高。雄蛾耐冷藏。出库催青应比对交品种推迟 1 d。

2. 明·虎

日本系统，二化四眠杂交原种。越年卵灰紫色，卵壳白色，克蚁头数 2 300 头左右。孵化齐一，蚁蚕黑褐色、活泼，有逸散性和趋光性。壮蚕体色玉白，普通斑。体质强健。各龄眠性快，眠起尚齐一，食桑慢，有踏叶现象。老熟欠齐，结中下层茧，化蛹时偏干易发生半化蛹，发蛾偏慢、集中度不高。交配性能良好，产卵快，产附好，一蛾产卵 480 粒左右。出库催青应比对交品种提早 1 d。

（三）杂交种基本性状

二化四眠春秋兼用四元杂交蚕品种。正交越年卵灰绿色，卵壳黄色，克卵粒数 1 650 粒左右；反交越年卵灰紫色，卵壳白色，克卵粒数 1 700 粒左右。蚁蚕黑褐色。正交蚁蚕安静，有趋密性；反交蚁蚕活泼，略有逸散性。孵化、眠起、上蔟齐一，发育快、食桑旺盛，群体匀整，壮蚕体色青白，蚕体结实，普通斑。体质强健、好养，抗逆性强、稳产性好，对不良环境与叶质有较强的适应能力。上蔟较涌，营茧快，结上层茧。茧形长椭圆，茧色白，缩皱中等，茧幅整齐，茧形大，干壳量高，解舒好，茧丝强力强，净度好，茧丝质优良。

（四）原种、杂交种饲养成绩参考表

项目	原种性状		杂交种性状	
原种名	苏·菊	明·虎	催青经过（d）	11
催青经过（d）	11	11	5龄经过（d:h）	7：18
5龄经过（d:h）	8：08	8：13	全龄经过（d:h）	24：20
全龄经过（d:h）	25：03	25：04	万头产茧量（kg）	19.62
蛰中经过（d:h）	15：00～17：00	16：00～18：00	万头产茧层量（kg）	4.760
全期经过（d:h）	51：00～53：00	52：00～54：00	公斤茧粒数（粒）	496
克蚁收茧量（kg）	3.81	3.57	鲜茧出丝率（%）	16.62
死笼率（%）	3.52	3.89	全茧量（g）	2.01
公斤茧粒数（粒）	589	613	茧层量（g）	0.488
全茧量（g）	1.94	1.66	茧层率（%）	24.25
茧层量（g）	0.468	0.424	茧丝量（g）	—
茧层率（%）	24.76	24.35	茧丝长（m）	1 329
一蛾产卵数（粒）	560	534	解舒丝长（m）	1 160
良卵率（%）	—	—	解舒率（%）	87.28
克蚁制种量（张）	18.86	17.21	茧丝纤度（dtex）	3.00
公斤茧制种量（张）	4.95	4.82	净度（分）	96.18
调查年季	1997年春		1993年和1994年中秋	
数据来源	江苏省浒墅关蚕种场		江苏省实验室共同鉴定	

秋丰 × 白玉

秋丰 × 白玉是中国农业科学院蚕业研究所于1989年育成并通过审定的夏秋用蚕品种，因其耐氟性强，21世纪初引入云南，至今仍有少量应用。

（一）品种选育经过

1. 秋丰

1980年开始采用中系斑纹限性品种755为母本，依次杂交中系品种37中（白）和丰秋。每代进行斑纹和性别的限性鉴别，经逐代选择，固定斑纹限性这一遗传性状。春、夏期采用人为高温，早秋期自然高温，着重强健性选择。F₁～F₄代为混合蚁量育，F₅代开始蛾区育，自然高温下培育，累代选择生命率高的蛾区继代。

在培育过程中，自始至终均采用含氟量比较高的桑叶饲育，春期桑叶含氟量在40 mg/kg以上，秋期桑叶含氟量在60 mg/kg以上，经累代含氟量高的桑叶饲育选择，故该品种的耐氟性较强。

2. 白玉

1981年开始培育，选用镇3改与含有303血缘的强健性品种403杂交，F₁～F₃代采用混合蚁量育，为加大强健性选择强度，进行人为高温饲养。F₄代开始蛾区育，在自然温度下培育选择。选育目标是适于夏秋期饲养的具有一定丝量的品种，夏秋期侧重于选择生命率高的蛾区继代。F₆再与532杂交和回交，经逐代选择固定成日系数蚕品种。在选育过程中均采用含氟量高的桑叶饲育，通过多代耐氟积累性的选择，使该品种具有较强的耐氟性。F₁₃代开始分系，选择茧色洁白、茧形较大的蛾区，连续8代定向选择，与原先的主力系造成性状上的差别，并将主力系定名为A系。新系统定名为B系，1987年F₁₆代时A系又经充血改良成C系。经饲养鉴定，双系原种白玉A·B、白玉A·C性状明显优于单系。由双系原种组成的双交原种，饲养成绩优良。

（二）原种基本性状

1. 秋丰

中国系统，含有少量多化性血缘的二化四眠夏秋用品种。越年卵深灰色，少数蛾圈略带淡绿色，卵壳带白，略微黄。收蚁孵化齐一，蚁体黑褐色，克蚁头数2 100头左右。小蚕趋密性较强，有少量小蚕发生。1～3龄眠起较齐，大眠就眠较慢，5龄食桑较旺盛，克蚁用桑量80 kg左右。壮蚕体色青白，体型粗壮。雌蚕眼状斑纹清晰，背部有淡褐色散状细点，雄蚕为素蚕，雌雄鉴别容易。有背光性。抗湿性稍差，对各类农药较敏感，但耐氟性能较好。上蔟较齐一，熟蚕排尿多，绕脚丝多，营茧较快。茧形椭圆，尚匀整，有球形茧发生，春期茧层率23.00%左右，茧丝长1 100 m，解舒、净度良好。发蛾较涌，雌雄蛾趋光性较强，蚕蛾体色青白，有少量灰色蛾和小翅蛾发生。雄蛾活泼，冷藏温度宜偏低。雌蛾产卵较迟，盛产卵时间在晚上8时左右，蛾尿较多，一蛾产卵春制种550粒左右，良卵率90.00%以上，春制秋用种良卵率95.00%以上；秋制种450粒左右，良卵率95.00%，残存在蛾体内的卵较多。产附良好，有再出卵和少量生种发生。秋期不受精卵发生较多。出库催青应比对交品种推迟1 d。

2. 白玉

日本系统，二化四眠夏秋用品种。越年卵铁褐色，化性稳定，卵壳乳白，卵排列紧密，蚁蚕孵化齐一，蚁体淡黄褐色；蚁蚕活泼，逸散性强，克蚁头数2 150头左右。各龄眠起较齐一。1、2龄就眠比秋丰慢，3、4龄就眠比秋丰快，有少量小蚕发生。壮蚕体色青白，素蚕，食桑较秋丰慢，体型中粗细长，大眠起蚕后1～3 d在胸腹部前几对气门处常呈现铁锈色黄点，5龄饱食后易产生空头性起缩蚕。克蚁用桑量75 kg左右。老熟齐一，盛熟常在早上，营茧较快，喜结匾边茧和叶里茧。茧形长微束，尚匀整，缩皱中等偏粗，有尖头茧发生，春期茧层率21.00%以上，茧丝长1 000 m左右，解舒、净度良好。雌蛾体型大，翅上蝶形纹明显，雌雄蛾趋光性较强，交配性能良好，但易散对，产卵快，盛产卵时间在下午5时左右，产出卵率高。一蛾产卵春制种可在500粒以上，良卵率94.00%，春制秋用种良卵率达98.00%；秋制种一蛾产卵430粒左右，良卵率96.00%，产附良好，卵胶着力较差，秋期干燥季节多落卵。耐氟性能良好。出库催青应比对交品种提早1 d。

（三）杂交种基本性状

含多化性血缘的二化四眠夏秋用蚕品种。正交为斑纹限性，花白蚕各半，反交为白蚕。克卵粒数正交为 1 735 粒，反交为 1 670 粒左右。克蚁头数正交 2 200 头左右，反交为 2 040 头左右。孵化齐一，一日孵化率可在 85.00% 以上，蚕儿眠起齐一，饲养容易，夏期饲养有少数三眠蚕发生，食桑旺盛，蚕体较大，壮蚕体色青白。营茧快，熟蚕排尿量较多，结中下层茧，上蔟过密多发生黄斑茧。产茧量较高，茧形中等，茧层紧，茧形匀整，长椭或微束，缩皱中等。茧丝长夏秋期可在 1 100 m 左右，解舒好而稳定，净度 93.00 分以上，出丝率较现行的夏秋蚕品种高。耐氟性能好，据调查，桑叶含氟量达 50～60 mg/kg 仍不会影响其产茧量和茧丝量。该品种是目前体质比较强健、产量较高、茧丝质优良、适于夏秋期，特别适宜于中秋期饲养的一对单限性蚕品种，也适宜于春期氟污染蚕区饲养。

（四）原种与杂交种饲养成绩参考表

项目	原种性状		杂交种性状	
原种名	秋丰	白玉	催青经过（d）	10
催青经过（d）	10	10	5 龄经过（d:h）	6:18
5 龄经过（d:h）	7:15	7:12	全龄经过（d:h）	20:20
全龄经过（d:h）	23:08	23:06	万头产茧量（kg）	16.80
蔟中经过（d:h）	16:00	17:00	万头产茧层量（kg）	3.590
全期经过（d:h）	56:23	57:18	公斤茧粒数（粒）	548
克蚁收茧量（kg）	3.24	3.39	鲜茧出丝率（%）	16.57
死笼率（%）	2.20	1.80	全茧量（g）	1.80
公斤茧粒数（粒）	606	652	茧层量（g）	0.390
全茧量（g）	1.79	1.63	茧层率（%）	21.47
茧层量（g）	0.405	0.350	茧丝量（g）	0.320
茧层率（%）	23.18	21.49	茧丝长（m）	1 130
一蛾产卵数（粒）	550	486	解舒丝长（m）	951
良卵率（%）	95.00	95.40	解舒率（%）	84.12
克蚁制种量（张）	21.00	20.00	茧丝纤度（dtex）	2.85
公斤茧制种量（张）	—	—	净度（分）	97.50
调查年季	1989 年春		1989 年中秋	
数据来源	中国农业科学院蚕业研究所			

秋丰×平 28

秋丰×平 28 是浙江省农业科学院蚕桑研究所育成的夏秋用雄蚕品种，于 2007 年通过浙江省农作物品种审定委员会审定，2005 年开始在云南试验推广，应用的数量较少。

（一）品种选育经过

1. 秋丰

详见秋丰 × 白玉。

2. 平 28

选育强健优质家蚕性连锁平衡致死系是实现专养雄蚕的技术关键，为进一步提高性连锁平衡致死系平 30 的茧丝质性状，用平 30 作为性连锁平衡致死系的基础材料，选用抗病性较强、茧丝质较优的夏秋用常规日系蚕品种白玉作为优良基因的供体亲本，通过杂交、自交和回交 3 个过程向平 30 导入优良基因，育成了经济性状优良的新家蚕性连锁平衡致死系平 28。由于平衡致死系平 28 含有白玉品种的血缘，根据白玉与常规原种秋丰具有较好的配合力的特点，选择茧丝质优、抗性强的夏秋用斑纹限性中系品种秋丰作为平 28 的对交母本。

年份	期	世代	饲育形式	5 龄经过（d:h）	全龄经过（d:h）	虫蛹率（%）	死笼率（%）	全茧量（g）	茧层量（g）	茧层率（%）
2000	夏	F_1	○	6:16	22:22	86.50	5.96	1.39	0.306	22.01
	秋	F_2	○	7:08	21:06	73.59	15.00	1.21	0.252	20.76
2001	春	G_1	○	5:17	21:05	93.40	3.12	1.57	0.325	20.76
	夏	G_2	○	5:20	22:08	86.42	7.49	1.10	0.224	20.15
	秋	G_3	○	6:16	22:21	83.53	3.42	1.16	0.234	20.15
2002	春	G_4	□	7:07	23:12	93.23	1.58	1.74	0.359	20.66
	夏	G_5	□	6:10	21:22	81.76	12.19	1.40	0.292	20.81
	秋	G_6	□	7:06	23:23	78.72	6.23	1.20	0.266	22.14
2003	春	G_7	□	7:11	24:08	97.31	0.31	1.70	0.344	20.23
	夏	G_8	□	6:17	22:15	84.55	4.77	1.19	0.261	21.99
	秋	G_9	□	6:23	23:20	71.76	12.59	1.08	0.209	19.33
2004	春	G_{10}	□	6:23	22:20	92.44	1.41	1.63	0.355	21.78
	秋	G_{11}	□	7:23	24:20	76.60	9.12	1.39	0.280	20.19
2005	春	G_{12}	□	7:01	23:07	92.71	0.80	1.65	0.347	20.99
	秋	G_{13}	□	7:08	24:19	77.77	4.66	1.26	0.265	21.05
2006	春	G_{14}	□	7:00	22:01	91.13	1.93	1.65	0.351	21.23

（二）原种基本性状

1. 秋丰

详见秋丰 × 白玉。本品种与平 28 对交应推迟 1～2 d 出库催青。

2. 平 28

日本系统，二化四眠卵色限性性连锁平衡致死系品种。越年卵雌性灰紫色，雄性黄色。一蛾产卵 450 粒左右。因属平衡致死系原种，雌雄各有一半在胚胎期死亡，孵化率 35.00% 左右。孵化齐一，蚁蚕黑褐色。稚蚕有趋光、趋密性，稚蚕用叶要求适熟偏嫩。壮蚕体色灰褐，普通斑，体质强健好养。茧色白，茧形浅束腰，缩皱中等。利用其卵色限性可区分雌雄，雄性黄卵，雌性黑卵，在繁雄蚕杂交种时，可只饲养雄性黄卵。由于雄蛾可以多次交配，为降低制种成本，生产雄蚕杂交种时，一般控制雌雄原种饲养比例为♀：♂=（2.0～2.5）：1。与秋丰对交应提早 1～2d 出库催青。

（三）杂交种基本性状

二化四眠优质好养的夏秋用雄蚕品种。越年卵灰绿色，卵壳淡黄色或白色。只有秋丰 × 平 28 一种交配形式，无反交。由于雄蚕种雌性蚕卵在胚胎期死亡，只有雄卵孵化，理论孵化率接近 50.00%，但实际往往会出现 50.00% 以上的情况，除因制种质量外，有时会有部分雌蚕孵出，但到 1～2 龄自然死亡，属正常情况。各龄蚕眠起齐一，食桑旺盛，壮蚕体色灰白，普通斑，大小均匀。雄蚕种由于性别单一，发育齐，老熟涌，茧层率高，蔟中要注意通风排湿，避免上蔟过密，以提高茧丝质量。

（四）原种与杂交种饲养成绩参考表

项目	原种性状		杂交种性状	
原种名	秋丰	平 28	催青经过（d）	11
催青经过（d）	10	11	5 龄经过（d:h）	7:02
5 龄经过（d:h）	7:05	7:01	全龄经过（d:h）	22:21
全龄经过（d:h）	22:02	23:07	万头产茧量（kg）	15.51
蔟中经过（d）	16	17	万头产茧层量（kg）	3.727
全期经过（d:h）	48:02	51:07	公斤茧粒数（粒）	—
克蚁收茧量（kg）	—	—	鲜茧出丝率（%）	17.66
死笼率（%）	0.80	0.80	全茧量（g）	1.57
公斤茧粒数（粒）	—	—	茧层量（g）	0.378
全茧量（g）	2.07（♀）	1.65（♂）	茧层率（%）	23.99
茧层量（g）	0.400（♀）	0.347（♂）	茧丝量（g）	—
茧层率（%）	19.32（♀）	20.99（♂）	茧丝长（m）	1 198
一蛾产卵数（粒）	450	450	解舒丝长（m）	919
良卵率（%）	95.00	94.00	解舒率（%）	76.70
克蚁制种量（张）	—	—	茧丝纤度（dtex）	2.55
公斤茧制种量（张）	—	—	净度（分）	95.84
调查年季	2005 年春		2003 年和 2004 年秋	
数据来源	浙江省农业科学院蚕桑研究所		浙江省桑蚕品种审定委员会	

秋华 × 平 30

秋华 × 平 30 是浙江省农业科学院蚕桑研究所育成的夏秋用雄蚕品种，于 2005 年通过浙江省农作物品种审定委员会审定，2005 年引入云南开展试验推广工作，陆续在云南的景东、昌宁和隆阳区等蚕区应用，是当前云南蚕桑生产上应用数量最多的雄蚕品种。

（一）品种选育经过

1. 秋·华

中国系统，二化四眠夏秋用品种，是斑纹限性品种秋丰与华光组成的中系杂交原种，在繁殖雄蚕杂交种时，只利用雌蛾，为降低雄蚕种制种成本，4 龄第二天淘汰雄性白蚕，只饲养雌性普通斑蚕。

2. 平 30

利用从俄罗斯引进的家蚕性连锁平衡致死系原种 S-14 为性连锁平衡致死基因的供体亲本，以我国生产用品种白云为受体亲本，采用自行设计的家蚕性连锁平衡致死基因导入方法，把 S-14 的有关性别控制基因导入白云体内，育成了经济性状优良的新家蚕性连锁平衡致死系平 30。

年份	期	世代	交配形式	饲养数量	5 龄经过（d:h）	全龄经过（d:h）	虫蛹率（%）	死笼率（%）	全茧量（g）	茧层量（g）	茧层率（%）
1996	夏	F_1	白云 × S-14	—	7:00	22:06	91.23	3.70	1.62	0.376	23.31
			S-14 × 白云	—	7:00	22:06	89.11	4.70	1.56	0.334	21.41
			（S-14 × 白云）F1 × 白云	—	6:09	22:21	74.66	5.06	1.34	0.279	20.82
	秋	BC_1	白云 ×（S-14 × 白云）L_1F_1	—	6:09	22:21	75.53	6.30	1.40	0.285	20.36
			白云 ×（S-14 × 白云）L_2F_1	—	6:09	22:21	78.24	5.16	1.38	0.280	20.29
			（S-14 × 白云）BC_1 × 白云	—	6:20	22:21	98.88	0.66	1.63	0.375	23.00
1997	春	BC_2	白云 ×（S-14 × 白云）L_1BC_1	—	6:20	22:21	99.14	0.57	1.52	0.360	24.66
			白云 ×（S-14 × 白云）L_2BC_1	—	6:20	22:21	99.34	0	1.52	0.360	24.66
			（S-14 × 白云）BC_2 × 白云	—	5:23	21:05	96.30	1.57	1.46	0.336	23.00
	夏	BC_3	白云 ×（S-14 × 白云）L_1BC_2	L_1	5:23	21:05	95.40	3.80	1.38	0.314	22.76
			白云 ×（S-14 × 白云）L_2BC_2	—	5:19	21:06	91.26	5.78	1.50	0.332	22.15
			（S-14 × 白云）BC_3 × L_1	—	7:09	24:06	96.40	1.47	1.14	0.240	21.06
	秋	BC_4	白云 ×（S-14 × 白云）L_1BC_3	L_1	7:09	24:06	93.63	2.05	1.24	0.275	22.14
			白云 ×（S-14 × 白云）L_2BC_3	L_2	7:14	24:11	95.65	1.12	1.27	0.284	22.35
1998	春	G_1	（S-14 × 白云）BC_3 × L_1 × L_2	A	6:00	22:21	96.67	0	1.43	0.310	21.68
			（S-14 × 白云）BC_3 × L_1 × L_2	B	7:09	22:21	98.91	1.09	1.34	0.304	22.69
	秋	G_2	平 30（A × B）	10	7:03	23:18	92.43	1.29	1.11	0.241	21.71
1999	春	G_3	—	8	6:15	22:13	100.00	0	1.44	0.314	21.80
	秋	G_4	—	5	7:02	23:14	68.14	8.30	1.24	0.248	20.00

年份	期	世代	交配形式	饲养数量	5龄经过（d:h）	全龄经过（d:h）	虫蛹率（%）	死笼率（%）	全茧量（g）	茧层量（g）	茧层率（%）
2000	春	G₅	—	20	7:05	23:16	96.99	1.43	1.39	0.311	22.34
	夏	G₆	—	15	6:09	23:09	88.48	6.27	1.21	0.279	23.17
	秋	G₇	—	25	6:23	21:21	88.05	6.01	1.49	0.318	21.39
2001	春	G₈	—	30	7:06	24:21	91.72	4.05	1.59	0.334	21.03
	夏	G₉	—	20	6:11	22:23	87.45	5.60	1.24	0.280	22.58
	秋	G₁₀	—	16	6:20	23:17	80.81	6.37	1.16	0.250	21.55
2002	春	G₁₁	—	30	8:00	24:21	95.13	0.81	1.78	0.373	20.97
	秋	G₁₂	—	14	9:07	25:04	70.96	11.80	1.11	0.258	23.21
2003	春	G₁₃	—	12	6:19	24:00	96.73	0.70	1.52	0.320	21.10
	秋	G₁₄	—	20	6:18	23:15	76.22	1.21	1.10	0.226	20.64
2004	春	G₁₅	—	30	6:18	22:23	94.22	1.97	1.55	0.332	21.35

注：因是性连锁平衡致死系培育，其世代用 BC 表示基因导入世代，G 表示导入的选育世代（下同）。饲养数量中的 L_1L_2 意为含有 l_1l_2 的全饲养。

（二）原种基本性状

1. 秋丰

详见秋丰 × 白玉。

华光：中国系统，二化四眠品种。越年卵呈绿色、灰绿色，卵壳淡黄，孵化齐一。蚁蚕文静，蚁体黑褐色。壮蚕体型稍短、粗壮，体色青白，斑纹限性，普通斑为雌，素蚕为雄。眠起齐一，食桑旺盛，行动活泼。5龄期用叶过老，易吐胃液，属正常现象。熟蚕营茧快，茧色洁白，茧形椭圆，缩皱中等，茧丝质优良，发蛾较集中，产卵性能好。

2. 平30

日本系统，二化四眠性连锁平衡致死系品种。雌雄越年卵限性，雌性灰紫色，雄性黄色有深浅，在繁殖雄蚕杂交种时，只饲养雄性黄卵。因是平衡致死系，雌雄各有一半蚕卵在胚胎期死亡，孵化率35.00%左右。蚕卵孵化齐一，蚁蚕黑褐色，行动活泼。稚蚕趋密性强，发育整齐度一般，稚蚕用叶要求适熟偏嫩，中秋期饲养若稚蚕用叶偏老，易发生五眠蚕。壮蚕体色灰褐，普通斑，强健好养，茧色白，茧形浅束腰，缩皱中等，蚕蛾交配性能尚可。出库催青应比对交品种提早3d。

3. 秋·华

中国系统，二化四眠夏秋用杂交原种，斑纹限性品种秋丰与华光组成的中系杂交原种。越年卵灰绿、灰紫色，卵壳淡黄色有深浅。蚕卵孵化齐一，蚁蚕黑褐色，文静。各龄眠起齐一，食桑旺盛，行动活泼，强健好养。壮蚕体色青白，斑纹限性，雌蚕普通斑，雄蚕素蚕。在繁殖雄蚕杂交种时，只利用雌蛾，为降低雄蚕种制种成本，4龄第二天淘汰雄性白蚕，只养雌性普通斑蚕。熟蚕营茧快，茧色洁白，茧形椭圆，缩皱中等。发蛾集中，宜分批收蚁。出库催青应比对交品种推迟3 d。

（三）杂交种基本性状

二化四眠夏秋用雄蚕三元杂交蚕品种，雄蚕率高达98.00%以上。越年卵灰紫色。体质强健好养。丝质优良，茧层率和出丝率高，能缫制高品位生丝。卵壳淡黄色或白色。因是平衡致死系雄蚕杂交种，只有正交，无反交。雌卵几乎全在胚胎期死亡，有时虽有少量孵化，但在1~2龄期自然死亡，只有雄性能正常发育。各龄眠起齐一，食桑旺盛，注意充分饱食，壮蚕体色灰白，普通斑，大小均匀。因是雄蚕杂交种，性别单一，发育齐，老熟齐涌，茧层率高，蔟中要特别注意通风排湿，避免上蔟过密，以提高茧丝质量。

（四）原种与杂交种饲养成绩参考表

项目	原种性状		杂交种性状	
原种名	秋·华	平30	催青经过（d）	11
催青经过（d）	10	11	5龄经过（d:h）	6:21
5龄经过（d:h）	6:13	7:00	全龄经过（d:h）	22:00
全龄经过（d:h）	22:07	23:06	万头产茧量（kg）	14.57
蛰中经过（d:h）	16:00	17:00	万头产茧层量（kg）	3.586
全期经过（d:h）	48:07	51:06	公斤茧粒数（粒）	—
克蚁收茧量（kg）	—	—	鲜茧出丝率（%）	19.08
死笼率（%）	—	—	全茧量（g）	1.50
公斤茧粒数（粒）	—	—	茧层量（g）	0.368
全茧量（g）	2.09（♀）	1.52（♂）	茧层率（%）	24.60
茧层量（g）	0.460（♀）	0.324（♂）	茧丝量（g）	—
茧层率（%）	22.01（♀）	21.31（♂）	茧丝长（m）	1 230
一蛾产卵数（粒）	500	450	解舒丝长（m）	931
良卵率（%）	95.00	92.00	解舒率（%）	76.00
克蚁制种量（张）	—	—	茧丝纤度（dtex）	2.51
公斤茧制种量（张）	—	—	净度（分）	93.02
调查年季	2005年春		2001年和2002年秋	
数据来源	浙江省农业科学院蚕桑研究所		浙江省桑蚕品种审定委员会	

华康2号

华康2号是中国农业科学院蚕业研究所2013年育成的抗血液型脓病的家蚕品种，对BmNPV

具有高度的抵抗力，具有抗逆性、抗病性强，产茧量稳定的特点，2014 年开始在云南红河、楚雄等地试验推广，因其健康好养的特性，随后迅速成为云南主推的家蚕品种之一，2021 年后，因细菌病发生率高的原因，逐渐退出云南的蚕种市场。

（一）品种选育经过

1. 秋丰 N

以耐病性品种 N 作母本，以秋丰为父本进行杂交，从 F_1 代开始用秋丰作轮回亲本的父本，连续回交 4 次，使实用品种的遗传成分占 96.875%（理论值），最后一次的回交后代设定为 B_1 世代。在回交过程中每代添食 BmNPV，选择耐病个体留种。从 B_1 世代开始自交并进行耐病基因的纯合固定。至 B_4 世代，经检测并验证确定 5 个耐病基因纯合的小系（蛾区）。B_4 世代之后，是耐病品种（系）综合经济性状提高、稳定阶段。在这一阶段采用了强化茧质、丝质等性状的选择技术手段。增加饲养蛾区和留种蛾区，扩大选择范围，在蛾区选择的基础上进行个体选择，每个留种区进行丝质性状检验。每个蚕期的饲养量在 15～20 蛾区，留种蛾区 4～8 区，每区留雌性种茧 20 颗左右，雄性种茧数量低于雌性，严格选择、淘汰。从 2006 年起，经过 B_1～B_{13} 共 13 个世代的选育，目标性状基本稳定。育成的耐病品系表现出对 BmNPV 耐受力强、体质强健的特性，且茧丝质性状成绩均达到或超过原品种秋丰。将该中系耐病品系定名为秋丰 N。

年份	蚕季	世代	饲育形式	饲养区数	全龄经过	虫蛹率（%）	死笼率（%）	全茧量（g）	茧层量（g）	茧层率（%）	茧丝长（m）	解舒率（%）	解舒丝长（m）	茧丝纤度（dtex）	洁净（分）
	春	B_1	混合育	1	26:12	92.5	2.5	2.02	0.483	23.91	—	—	—	—	—
2006	夏	B_2	混合育	2	22:06	90.0	3.0	1.95	0.416	21.33	—	—	—	—	—
	秋	B_3	单蛾育	16	24:07	93.1	2.3	1.52	0.333	21.94	—	—	—	—	—
2007	春	B_4	单蛾育	21	22:22	90.6	3.7	1.50	0.356	23.74	994	64.99	646	2.71	91.7
	秋	B_5	单蛾育	12	25:12	86.5	7.4	1.28	0.303	23.70	988	51.52	509	2.33	94.7
	春	B_6	单蛾育	16	22:04	93.6	4.3	1.62	0.399	24.63	—	—	—	—	—
2008	夏	B_7	单蛾育	15	23:05	88.9	5.0	1.38	0.311	22.52	—	—	—	—	—
	秋	B_8	单蛾育	18	23:18	93.8	4.4	1.52	0.354	23.32	1 161	61.15	710	2.66	95.0
	春	B_9	单蛾育	20	23:05	99.6	0.0	1.64	0.390	23.81	1 062	79.38	843	2.72	92.5
2009	春	B_{10}	单蛾育	24	23:12	89.5	4.0	1.46	0.349	23.92	952	78.15	744	—	92.5
2010	秋	B_{11}	单蛾育	15	22:12	96.8	1.9	1.66	0.389	23.43	957	64.79	620	2.89	92.7
	春	B_{12}	单蛾育	14	25:00	98.2	0.3	1.76	0.423	24.12	—	—	—	—	—
2011	秋	B_{13}	单蛾育	8	23:06	96.1	2.7	1.66	0.378	22.76	969	66.87	648	2.64	89.7

2. 白玉 N

以耐病性品种 N 作母本，以白玉为父本进行杂交，对杂交后代 F_1 代用白玉连续回交 4 次，使白玉的遗传成分在回交后代中占 96.875%（理论值），最后一次的回交后代设定为 B_1 世代。在回交过程中进行抗病性筛选，选留耐病个体继代。从 B_1 世代开始进行耐病主效基因的纯合固定，至 B_6 世代检出 3 个耐病基因纯合的小系（蛾区）。之后，着重耐病品系的综合经济性状选择，选育方法同秋丰 N。至 2011 年秋季，经过 14 个世代的选育，目标性状基本稳定。育成的耐病改良品系对 BmNPV 的耐受力强、体质强健，茧丝质达到或超过原品种白玉。将该日系耐病品系定名为白玉 N。

年份	蚕季	世代	饲育形式	饲养区数	全龄经过	虫蛹率（%）	死笼率（%）	全茧量（g）	茧层量（g）	茧层率（%）	茧丝长（m）	解舒率（%）	解舒丝长（m）	茧丝纤度（dtex）	洁净（分）
2006	春	B_1	混合育	1	27:00	—	—	1.96	0.476	24.31	—	—	—	—	—
	夏	B_2	混合育	2	22:06	84.0	4.0	1.84	0.409	22.23	—	—	—	—	—
	秋	B_3	单蛾育	2	25:00	93.1	1.5	1.52	0.325	21.14	—	—	—	—	—
2007	春	B_4	单蛾育	16	22:20	94.2	2.0	1.46	0.332	22.72	938	64.93	609	2.67	92
	夏	B_5	单蛾育	16	21:19	83.7	5.5	1.37	0.298	21.76	—	—	—	—	—
	秋	B_6	单蛾育	18	25:05	84.0	3.2	1.35	0.296	21.94	1 015	57.64	585	2.61	88.3
2008	春	B_7	单蛾育	15	22:00	92.6	2.8	1.59	0.363	22.84	1 193	60.18	718	2.12	95.0
	夏	B_8	单蛾育	16	22:22	95.3	3.6	1.44	0.309	21.42	—	—	—	—	—
	秋	B_9	单蛾育	20	23:05	90.2	4.4	1.75	0.382	21.81	1 127	63.35	714	2.28	90.3
2009	春	B_{10}	单蛾育	20	24:00	99.8	0.2	1.69	0.357	21.13	1 169	64.93	759	2.30	95.0
	秋	B_{11}	单蛾育	20	24:02	84.9	5.5	1.35	0.288	21.34	912	58.88	537	2.11	92.5
2010	春	B_{12}	单蛾育	24	22:04	99.0	0.5	1.70	0.352	20.72	—	—	—	—	—
2011	春	B_{13}	单蛾育	14	23:07	99.3	0.3	1.74	0.355	20.43	—	—	—	—	—
	秋	B_{14}	单蛾育	7	23:06	94.8	3.2	1.66	0.377	22.71	918	61.22	562	2.28	93.6

（二）原种基本性状

1. 秋丰 N

中国系统，二化，四眠，化性稳定，有少量再出卵，卵灰绿色，卵壳黄色。催青经过 10 d 左右。孵化齐一，蚁蚕黑褐色，趋光性强，小蚕眠性快，壮蚕素斑，食桑旺盛，抗逆性强，上蔟齐涌。发蛾较为集中，单蛾产卵约 550 粒，产卵性能较好。与白玉 N 对交，推迟 1～2 d 收蚁为宜。

2. 白玉 N

日本系统，二化，四眠，化性稳定，卵灰紫色，卵壳白色。催青经过春季 11 d，夏秋季 10 d 左右。孵化齐一，蚁蚕黑褐色，有逸散性，小蚕入眠稍慢，壮蚕素斑，食桑旺盛，抗逆性强，健蛹率高。发蛾集中，产卵快，单蛾产卵约 600 粒，产附良好。与秋丰 N 对交，应提前 1～2 d 收蚁。

（三）杂交种基本性状

二化四眠二元杂交种，对由 BmNPV 引起的家蚕血液型脓病具有高度的抵抗性，其对 BmNPV 的致死中浓度（LC_{50}）达到 109，比常规品种的 LC_{50} 高 3～4 个数量级。正交卵色灰绿色、青灰色，卵壳淡黄色，克卵粒数 1 780 粒左右；反交卵色灰紫色，卵壳白色，克卵粒数 1 750 粒左右。蚁蚕黑褐色，正交克蚁头数为 2 150 头左右，反交克蚁头数 2 120 头左右。壮蚕体色青白，素斑，各龄蚕发育及眠起整齐，发育快，5 龄经过 6.5～7.0 d，全龄经过 22.5～23.0 d。盛食期食桑旺盛，不踏叶，耐粗食，抗逆性强。上蔟后结茧快，茧形中等，颗粒匀整，普茧率高，茧层紧而厚，茧色洁白，缩皱中等，产量稳定，担桑产茧量高，万头收茧量 19.12 kg，万头茧层量 4.22 kg。4 龄起蚕虫蛹率 97.58%，全茧量 1.920 g，茧层量 0.422 g，茧层率 21.98%，茧丝长 1 093 m，洁净 97 分，解舒好，洁净优，纤度中等。

华康 3 号

华康 3 号是中国农业科学院蚕业研究所育成的抗血液型脓病的家蚕品种，于 2018 年 3 月通过四川省蚕品种审定委员会审定，迅速成为云南 2020 年前后主推的家蚕品种之一。

（一）品种选育经过

1. 菁松 N

从 B_1 世代开始按照显性基因纯合固定的技术方法，经过初检、复检、鉴定纯合固定抗性基因。选育至 B_4 世代，经检测并验证确定，检出抗性基因纯合的小系（蛾区）4 个。B_4 世代之后，是抗病品种（系）综合经济性状提高、稳定阶段。在这一阶段采用强化茧质、丝质等性状的选择技术手段。增加饲养蛾区和留种蛾区，扩大选择范围，在蛾区选择的基础上进行个体选择，每个留种区进行丝质性状检验。每个蚕期的饲养量 20～30 个蛾区，留种蛾区 4～6 区，每区留雌、雄性种茧各 20 颗左右，其余淘汰。从 2008 年夏季起，经过 B_1～B_{17} 共 17 个世代的选育，目标性状基本稳定，育成的菁松抗病品种表现出对 BmNPV 抵抗力强、体质强健的特性，且茧丝质已达到或接近原品种菁松，定名为菁松 N。

菁松 N 育成经过

年份	蚕季	世代	饲育形式	饲养区数	全龄经过	虫蛹率（%）	死笼率（%）	全茧量（g）	茧层量（g）	茧层率（%）	茧丝长（m）	解舒率（%）	解舒丝长（m）	茧丝纤度（dtex）	洁净（分）
2008	夏	B_1	混合育	1	22:12	92.50	2.50	1.65	0.39	23.50	—	—	—	—	—
	秋	B_2	混合育	1	22:06	90.00	2.11	1.73	0.41	23.60	—	—	—	—	—
2009	春	B_3	单蛾育	3	24:00	98.93	0.80	1.86	0.46	23.73	—	—	—	—	—
	秋	B_4	单蛾育	15	24:01	94.70	4.10	1.58	0.39	23.70	1 344	73.5	988	95.0	2.36
2010	春	B_5	单蛾育	18	23:12	94.70	3.30	1.75	0.42	24.20	1 337	65.1	871	95.7	2.61
	夏	B_6	单蛾育	19	22:17	91.20	5.30	1.43	0.33	23.00	1 290	61.7	796	94.6	2.10
	秋	B_7	单蛾育	16	22:07	79.70	13.50	1.43	0.34	23.80	1 252	61.7	772	96.7	2.19

续表

年份	蚕季	世代	饲育形式	饲养区数	全龄经过	虫蛹率（%）	死笼率（%）	全茧量（g）	茧层量（g）	茧层率（%）	茧丝长（m）	解舒率（%）	解舒丝长（m）	茧丝纤度（dtex）	洁净（分）
2011	春	B₈	单蛾育	16	23:20	97.30	1.90	1.59	0.39	24.40	1 264	61.0	771	95.1	2.48
	秋	B₉	单蛾育	16	24:06	77.80	6.40	1.61	0.36	22.60	—	—	—	—	—
2012	春	B₁₀	单蛾育	21	26:09	95.97	2.90	1.79	0.43	24.03					
	秋	B₁₁	单蛾育	12	23:04	96.67	2.22	1.84	0.42	22.78					
2013	春	B₁₂	单蛾育	15	23:21	97.56	0.82	1.74	0.41	23.56					
	秋	B₁₃	单蛾育	12	22:07	94.54	3.16	1.68	0.39	23.30					
2014	春	B₁₄	单蛾育	12	23:06	97.56	0.94	1.77	0.41	22.86					
	秋	B₁₅	单蛾育	9	22:16	81.67	8.26	1.66	0.38	22.89					
2015	春	B₁₆	单蛾育	9	23:09	97.22	0.99	1.73	0.39	22.29					
	秋	B₁₇	单蛾育	15	22:10	95.35	1.88	1.62	0.37	22.84					

2. 皓月 N

从 B₁ 世代开始进行抗性主效基因的纯合固定，至 B₃ 世代检出 4 个抗性基因纯合的小系（蛾区）。随后，着重抗病品系的综合经济性状选择，选育方法同菁松 N。从 2009 年春开始经过 14 个世代的选育，目标性状基本稳定。育成的抗病改良品种对 BmNPV 的抵抗力强，体质强健，茧丝质接近或达到原品种皓月，定名为皓月 N。

年份	蚕季	世代	饲育形式	饲养区数	全龄经过	虫蛹率（%）	死笼率（%）	全茧量（g）	茧层量（g）	茧层率（%）	茧丝长（m）	解舒率（%）	解舒丝长（m）	茧丝纤度（dtex）	洁净（分）
2009	春	B₁	混合育	1	24:12	92.50	2.50	1.82	0.40	21.80	—	—	—	—	—
	秋	B₂	混合育	1	25:00	—	—	1.47	0.30	20.70					
2010	春	B₃	单蛾育	4	23:15			1.75	0.38	21.70					
	秋	B₄	单蛾育	8	22:18	81.90	14.10	1.43	0.29	20.28	992	62.50	620	95.0	2.21
2011	春	B₅	单蛾育	6	24:07	98.18	1.25	1.49	0.32	21.70	990	72.78	724	93.3	2.61
2011	秋	B₆	单蛾育	11	25:18	79.00	13.50	1.49	0.32	21.80					
2012	春	B₇	单蛾育	22	25:18	96.40	2.40	1.70	0.37	21.60	1 111	81.70	909	94.8	2.68
	秋	B₈	单蛾育	22	23:12	94.40	4.00	1.72	0.37	21.51	1 126	72.70	819	95.5	2.60
2013	春	B₉	单蛾育	20	23:07	97.18	1.27	1.63	0.35	21.47					
	秋	B₁₀	单蛾育	12	23:18	94.35	3.77	1.31	0.27	20.76					
2014	春	B₁₁	单蛾育	20	24:18	97.98	0.43	1.72	0.38	22.35					
	秋	B₁₂	单蛾育	15	23:06	87.10	5.94	1.71	0.36	21.05					

续表

年份	蚕季	世代	饲育形式	饲养区数	全龄经过	虫蛹率（%）	死笼率（%）	全茧量（g）	茧层量（g）	茧层率（%）	茧丝长（m）	解舒率（%）	解舒丝长（m）	茧丝纤度（dtex）	洁净（分）
2015	春	B₁₃	单蛾育	12	23:08	98.27	1.51	1.66	0.34	20.48	—	—	—	—	—
	秋	B₁₄	单蛾育	11	21:10	91.95	4.58	1.67	0.37	22.16	—	—	—	—	—
2016	春	B₁₅	单蛾育	12	22:18	95.85	2.68	1.81	0.38	20.99	—	—	—	—	—
	秋	B₁₆	单蛾育	12	21:12	94.82	2.85	1.36	0.30	22.10	—	—	—	—	—

（二）原种基本性状

1. 菁松 N

中国系统，二化，四眠，卵色青灰间有绿色，卵壳淡黄色，单蛾产卵粒数春季 590 粒左右，秋季 550 粒左右，克卵粒数 1 800 粒左右，不良卵率 3.5%，孵化较齐一。二化性标准催青经过时间 11 d，蚁蚕活泼，趋光性强。全龄经过时间 23.5 d，蛰中经过时间 16 d。蚕儿发育快，壮蚕体色青白，素斑，食桑旺盛，有趋密性，易密集成堆。老熟集中，营茧快，喜结上层茧。茧形大，短椭圆，茧色洁白，缩皱中等偏细。发蛾齐一，发蛾率高，交尾快，但易散对，产卵较慢，不集中。与皓月 N 对交，以推迟 2 d 收蚁、迟 1 d 上蔟为宜。

2. 皓月 N

日本系统，二化，四眠，单蛾产卵粒数春季 560 粒左右，秋季 500 粒左右，克卵粒数 1 750 粒左右，蚁蚕体色暗褐色，蚁蚕活泼，逸散性强。各龄起蚕活泼，眠性慢，大眠时见眠到止桑时间较长。大蚕发育齐一。5 龄经过时间 7.5 d 左右，全龄经过时间 24 d，蛰中经过时间 17 d。老熟齐一，熟蚕静伏在桑叶下，不活泼，多结上层茧。茧色白、浅束腰，茧形匀整，缩皱中等偏细。发蛾尚齐一，早晨蚕蛾羽化迟，雄蛾交配性能好，与菁松 N 交配不易散对，拆对后产卵快，蛾尿多。与菁松 N 对交，以提早 2 d 收蚁、提早 1 d 上蔟为宜。

（三）杂交种基本性状

属中 × 日杂交种，二化，四眠。卵色正交灰绿色，反交紫褐色，卵壳正交淡黄色，反交白色。克卵粒数正交 1 800 粒左右，反交 1 750 粒左右，孵化齐一，蚁蚕黑褐色，逸散性强。蚕儿眠起齐一，体色青白，普斑。各龄食桑活泼，眠性较快，发育齐一，蚕体匀整。熟蚕老熟齐一，茧形椭圆，茧色白，缩皱中等。

苏豪 × 钟晔

苏豪 × 钟晔是江苏省苏豪集团、江苏省蚕种公司、镇江蚕种场、浒关蚕种场经 6 年合作研制的新品种，经 2002 年、2003 年两年农村和实验室的鉴定，于 2005 年 1 月通过江苏省蚕品种审定委员会的审定，适宜于春期饲养。

（一）原种基本性状

1. 苏·豪（苏镇 A·春蕾 A）

中国系统，二化性双交原种。卵灰绿色，卵壳黄色。蚁体黑褐色，孵化整齐，克卵粒数 1 657 粒，稚蚕趋光性，壮蚕体型粗壮，体色青白，素斑。各龄眠起整齐，熟蚕营茧较快。产附平整，单蛾卵量秋期在 579 粒左右。全茧量 1.98 g，茧层量 0.474 g，茧层率 23.94%。催青经过 10 d，5 龄经过 7.5 d，全龄经过 25 d，蛹中经过 18 d。

2. 钟·晔（春光 A·24）

日本系统，二化性四眠双交原种。卵为灰紫色，卵壳为白色。蚁蚕为黑褐色。孵化整齐，克卵粒数为 1 654 粒。稚蚕有逸散性，眠起整齐。壮蚕体型粗壮，普通斑纹。熟蚕营茧速度快，茧形长椭圆，茧色白，缩皱中等。单蛾卵量 632 粒，全茧量 2.07 g，茧层量 0.514 g，茧层率 23.69%。催青经过 11 d，5 龄经过 7.0 d，全龄经过 23.3 d，蛹中经过 20 d。

（二）杂交种性状

杂交种苏豪 × 钟晔 2 号是四元杂交春用品种，二化性、四眠。体质强健、好养，茧形大，匀度好。茧丝质性状优，茧层率为 25.24%，茧丝长为 1 390 m，解舒率为 87.40%，解舒丝长为 1 216 m，纤度为 3.389 dtex，茧丝纤度综合均方差 0.637。清洁为 97 分，净度为 94.3 分以上。张种产量为 49.05 kg。5 龄担桑产茧量为 3.304 kg，5 龄担桑产丝量为 0.623 kg。

（三）杂交种饲养注意事项

（1）严格执行催青标准。掌握催青起点胚子丙 2 + 丙 2，催青后期温度偏高 0.5 ℃ 保护，要求第 9 日上午转齐，以保证蚕种孵化齐一。

（2）保持良好的饲育环境。注意稚蚕期温度偏高 0.5～1 ℃ 保护。大蚕尤其是 5 龄要开门开窗，保持干燥、通风的环境，避免闷湿。

（3）扩足蚕座面积。提前扩座、分箔，要求 5 龄张种（25 000 头）最大蚕座面积达到 32～35 m²。

（4）做到良桑饱食。掌握稚蚕用桑适熟偏嫩、壮蚕用桑优良成熟，要求稚蚕、壮蚕均应给足桑叶，特别是 5 龄期更要注意饱食，防止饿眠和青头蚕上蔟。

（5）抓好蔟中管理。以 24～25 ℃、差 3～4 ℃ 保护，并保持适宜的气流。

（6）种茧期要抓好发育调节工作。要求日系比中系提前 2 d 收蚁、1 d 上蔟。

（四）原种与杂交种饲养成绩参考表

项目	原种性状		杂交种性状	
品种名	苏豪	钟晔	杂交种名	苏豪 × 钟晔
催青经过 (d)	10	11	催青经过 (d)	10
5 龄经过 (d:h)	6:18	7:00	5 龄经过 (d:h)	7:07
幼虫经过 (d:h)	23.6	23:06	幼虫经过 (d:h)	23:06

续表

项目	原种性状		杂交种性状	
蛹期经过 (d:h)	17	20	茧丝纤度 (dtex)	2.739
一克卵粒数（粒）	1657	1654	万头产茧量 (kg)	19.80
死笼率 (%)	3.34	5.33	万头茧层量 (kg)	4.99
公斤茧粒数（粒）	505	483	鲜茧出丝率（%）	20.3
全茧量 (g)	1.98	2.07	全茧量 (g)	1.91
茧层量 (g)	0.474	0.514	茧层量 (g)	0.480
茧层率 (%)	23.94	23.69	茧层率 (%)	25.20
一蛾产卵数（粒）	579	632	茧丝量 (g)	0.434
良卵率 (%)	97	96.6	茧丝长 (m)	1 458
克蚁制种量（张）	21.08	18.32	解舒率 (%)	77.91
公斤茧制种量（张）	4.94	4.75	净度（分）	94

参考文献

董占鹏，白兴荣，廖鹏飞，等，2013.春秋兼用雄蚕新品种蒙草 × 红平 4 的育成 [J].西南农业学报，26（2）：820-825.

董占鹏，廖鹏飞，白兴荣，等，2012.春秋兼用雄蚕新品种云蚕 7× 红平 2 的育成 [J].蚕业科学，38（2）：352-357.

胡福胜，徐林生，2007.新品种苏·豪 × 钟·晔的性状 [J].安徽农学通报（2）：148.

黄平，廖鹏飞，谢道燕，等，2011.云南蚕区部分家蚕品种资源对 BmNPV 抵抗性的初步调查 [J].蚕业科学，37（2）：308-311.

李涛，刘敏，廖鹏飞，等，2013.云南省部分家蚕品种资源对杀虫剂溴虫腈的敏感性调查 [J].蚕业科学，39（4）：824-827.

廖鹏飞，陈安利，朱水芬，等，2014.一种将性连锁平衡致死系限性卵色和致死基因导入现行家蚕品种的方法 [J].蚕业科学，40（6）：1011-1016.

廖鹏飞，丁善明，陈安利，等，2017.家蚕红色卵致死突变 Fuyin-lre 的性状特点与遗传分析 [J].西南农业学报，30（4）：969-974，981.

廖鹏飞，朱水芬，黄平，等，2013.家蚕斑纹双限性品种云限 1 号的选育初报 [J].安徽农业科学，41（9）：3928-3930，3935.

廖鹏飞，朱水芬，黄平，等，2013.家蚕品种云蚕 8 的斑纹限性定向转育 [J].蚕业科学，39（5）：01016-1022.

刘敏，吴克军，2009.家蚕种质资源的研究及展望 [J].云南农业科技（S1）：94-95.

刘敏，吴克军，田梅惠，等，2013.春用家蚕皮斑双限性品种"云蚕 10 号"的选育 [J].西南农业学报，26（5）：2147-2152.

刘增虎，李涛，杨海，等，2016.基于 ISSR 分子标记分析云南蚕区 44 份家蚕品种资源的亲缘关系 [J].蚕业科学，42（4）：722-726.

鲁成，徐安英，2015.中国家蚕实用品种系谱 [M].重庆：西南师范大学出版社.

罗坤，张泽，龚元圣，2018.云南蚕业志 [M].昆明：云南科技出版社.

孟智启，王永强，2014.浙江家蚕种质资源 [M].北京：中国农业出版社.

沈正伦，张金祥，罗坤，等，1998.家蚕新品种"云蚕 7× 云蚕 8"的选育及示范 [J].中国农学通报（6）：50-52.

沈正伦，张金祥，罗坤，等，2002.家蚕新品种"云蚕 5× 云蚕 6"的鉴定与示范 [J].云南农业科技（2）：19-21.

向仲怀，1994.家蚕遗传育种学 [M].北京：农业出版社.

徐安英，林昌麒，钱荷英，等，2013.耐家蚕核型多角体病毒病蚕品种"华康 2 号"的育成 [J].蚕业科学，39（2）：275-282

徐安英，钱荷英，孙平江，等，2019.家蚕抗血液型脓病新品种华康 3 号的育成 [J].蚕业科学，45（2）：201-211.

杨碧楼，1985.云南家蚕品种演变和新品种 802×781 杂交组合的育成、推广 [J].云南蚕桑通讯（1）：7-10.

杨碧楼，曹德徽，吕荣惠，1989.家蚕四元杂交新组合云蚕 1× 云蚕 2 的选育 [J].西南农业学报（2）：67-70.

杨碧楼，肖汗卿，1980.桑蚕新品种滇 13 滇 14（东肥、671）的选育与推广 [J].云南蚕桑通讯（4）：20-24.

赵爱春，向仲怀，2017.家蚕转基因技术及应用 [M].上海：上海科学技术出版社.

朱水芬，陈松，钟健，等，2012.家蚕品种资源部分茧丝质成绩调查初报 [J].中国蚕业，33（3）：23-26.

朱水芬，廖鹏飞，杨文，等，2011.云南家蚕种质资源的搜集保存及创新利用 [J].四川蚕业，39（4）：52-53，59.

朱水芬，杨海，李平平，等，2018.人工饲料高摄食率家蚕新品系的建立 [C]// 中国蚕学会.第十四届暨国家蚕桑产业技术体系家（柞）蚕遗传育种学术研讨会论文集：154.

朱水芬，杨海，杨文，等.云南保存的 102 份家蚕品种资源对人工饲料适应性调查 [J].中国蚕业，2017，38（2）：8-11.

朱水芬，杨文，黄平，等，2017.强健性多丝量家蚕品种云蚕 9 号 [J].中国蚕业，38（3）：77-79.

Chen A L，Liao P F，Li Q Y，et al.，2015. The structural variation is associated with the embryonic lethality of a novel red egg mutant Fuyin-lre of silkworm, *Bombyx mori*[J]. PLOS ONE, 10（6）：e0128211.

Chen A L，Liao P F，Li Q Y，et al.，2021. Phytanoyl-CoA dioxygenase domain-containing protein 1 plays an important role in egg shell formation of silkworm（*Bombyx mori*）[J]. PLOS ONE, 16（12）：e0261918.